GUWU YU GUWU HUAXUE GAILUN

谷物与
谷物化学概论

国娜　和秀广　等著

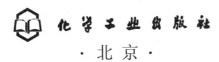

化学工业出版社

·北京·

本书从宏观和微观角度研究谷物外部形态特征、种类变化，化学成分的结构、性质、功能及谷物在加工和储藏过程中发生的物理、化学和生物化学变化，为改善谷物品质、开发食品新资源、革新食品加工工艺和储运技术、科学调整膳食结构、加强食品品质控制及提高食品原料加工和综合利用水平提供理论依据。

本书注重理论与实践相结合，具有较强的实用性和适用性。适合大中专院校粮食工程类专业的学生学习，也可供粮食工程类专业技术人员参考使用。

图书在版编目（CIP）数据

谷物与谷物化学概论/国娜等著.—北京：化学工业出版社，2017.9（2023.3重印）

ISBN 978-7-122-30122-2

Ⅰ.①谷… Ⅱ.①国… Ⅲ.①谷物-概论②谷物化学-概论 Ⅳ.①S37②TS210.1

中国版本图书馆 CIP 数据核字（2017）第 157565 号

责任编辑：张　彦

责任校对：边　涛　　　　　　　　　　　装帧设计：王晓宇

出版发行：化学工业出版社（北京市东城区青年湖南街 13 号　邮政编码 100011）
印　　装：北京七彩京通数码快印有限公司
787mm×1092mm　1/16　印张 13¾　字数 338 千字　2023 年 3 月北京第 1 版第 2 次印刷

购书咨询：010-64518888　　　　　　售后服务：010-64518899
网　　址：http：//www.cip.com.cn
凡购买本书，如有缺损质量问题，本社销售中心负责调换。

定　　价：68.00 元

前言
FOREWORD

　　谷物主要是指禾本科植物的种子，系粮食作物的总称。作为一种具有战略意义的特殊商品——谷物，是国家安全战略的重要组成部分，对国民经济的稳定发展具有重要的战略意义。

　　谷物与谷物化学是研究各类谷物的物理、生理生化性质和谷物的合理利用的一门学科。本书从宏观和微观角度研究谷物外部形态特征、种类变化，化学成分的结构、性质、功能及谷物在加工和储藏过程中发生的物理、化学和生物化学变化，为改善谷物品质、开发食品新资源、革新食品加工工艺和储运技术、科学调整膳食结构、加强食品品质控制及提高食品原料加工和综合利用水平提供理论依据。

　　本书内容完整，浅显易懂，实用性强，注重理论与实践相结合，增设了实验实训操作技术的内容（8个实验），具有较强的适用性。为了便于读者自学和练习，每章后附有练习，附录中附有综合测试题、各章练习及综合测试答案。本书适用于大专院校粮食工程类专业的学生学习，也可供粮食工程类专业技术人员参考使用。

　　全书共十章，包括导论、谷物子粒结构与化学成分、谷物中的糖类、谷物中的脂类、谷物中的蛋白质、谷物中的酶类、谷物中的维生素、谷物中的水分和矿物质、谷物在储藏和加工过程中的变化、实验操作技术等内容。

　　本书由国娜、和秀广、朱莹、张甄撰写，国娜统稿。国娜撰写第二、第三、第四、第八、第九、第十章；和秀广撰写第一、第五、第六和第七章；张甄撰写第二、第三、第四和第五章练习及其答案；朱莹撰写第六、第七、第八、第九章练习和综合测试（一）～（三）及其答案。

　　本书在研究撰写过程中得到参与者所在单位的大力支持，在此表示感谢。笔者还向有关参考文献的专家、学者表示衷心感谢。

　　由于笔者水平有限，书中有不妥之处在所难免，恳请读者批评指正。

著者
2017 年 6 月于哈尔滨

目录
CONTENTS

第一章 导 论

研究要点

1. 谷物与谷物化学的概念与研究的意义
2. 《谷物与谷物化学概论》研究的内容和学习方法

第一节 谷物与谷物化学的概念与研究的意义

一、谷物与谷物化学的概念

人类在漫长的演变及发展过程中，一直把植物性食物作为一个重要的营养来源。当人类发展到一定阶段后，植物种植经济替代了植物采集经济。一些植物因被人们选作主食食料，经过世世代代的栽培而成了粮食作物。

人们种植粮食作物主要是以收获成熟果实为目的。这些成熟果实分为谷物、豆类、油料和薯类。其中谷物主要是指禾本科植物的种子，系粮食作物的总称。它包括稻谷、小麦、玉米及其他杂粮（如小米、黑米、荞麦、燕麦、薏仁米、高粱等）。谷物通过加工成为主食，为人类提供 $50\%\sim80\%$ 的热能、$40\%\sim70\%$ 的蛋白质、60% 以上的维生素 B_1，同时也提供一定量的无机盐。谷类因种类、品种、生长条件和加工方法的不同，其营养成分的含量有很大的差别。

豆类和油料本不属于谷物范畴，但由于它同谷物栽培方法相近，其果实具有很高的营养价值，食用中也同谷物密切相关，在我国又是与谷物共同经营的，因此，我们把油料和豆类也作为本书的内容加以研究。

作为我国人的传统饮食——谷物，几千年来一直是人们餐桌上不可缺少的食物之一，在我国的膳食中占有重要的地位，被当作传统的主食。据近年来的估算，谷物占世界食品总产量的 60% 以上。尽管在一些国家，特别是工业化国家中，谷物的产品消耗相对减少，但谷物在人类营养摄取中的重要作用仍保持不变，这归功于谷物所具有的高能量、良好的耐储存性以及谷物品种的多样化。

谷物化学是研究各类谷物的物理、生理生化性质和谷物的合理利用的一门学科。从宏观和微观角度研究谷物外部形态特征、种类变化、化学成分的结构、性质、功能及谷物在储藏和加工过程中发生的物理、化学和生物化学变化。同时为改善谷物品质、开发食品新资源、改进食品加工工艺和储运技术、科学调整膳食结构、加强食品品质控制及提高食品原料加工和综合利用水平等奠定理论基础。

二、谷物与谷物化学与其他学科的关系及研究意义

（一）谷物与谷物化学与其他学科的关系

谷物与谷物化学是食品科学的一个重要组成部分。它的研究是以物理学、化学为基础，在许多方面都涉及生物学、育种学、畜牧学、粮油储藏学、粮油检验、粮油加工、饲料加工以及粮食安全等农业学科（图1-1）。特别是谷物作为人类的主食或副食，它与人体营养学有着最为密切的联系。

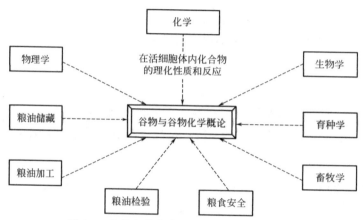

图 1-1　谷物与谷物化学与其他学科关系示意

谷物与谷物化学有它自己需要研究和解决的特殊问题，这些问题对于谷物储藏和加工是至关重要的。与生物科学相比，谷物科学更关注以下几点。

① 谷物中各种物质所固有的特性和变化规律。

② 环境因素对谷物中各种物质的影响。

③ 在储藏和加工条件下，谷物中各组分可能发生的物理、化学和生物化学变化以及这些变化对食品品质的影响。

生物科学的主要关注点则是在与生命相适应的环境条件下，生物所进行的生长、繁殖和变化。

如上所述，可以认为现代的谷物与谷物化学已成为一个综合性的学科。谷物科学在近年中发展很快，究其原因，一方面它受益于其他相关学科如生物化学、分子生物学等的快速发展；另一方面则受到世界人口增多，人类普遍要求提高生活水平和改善营养条件的压力所致。

（二）《谷物与谷物化学概论》研究的意义

谷物是人类赖以生存的生活物质，是人类发展的重要物质基础。"民以食为天，国以粮为本"，我国是一个农业大国和粮食生产、消费大国，我国国民的食物结构以植物

蛋白为主，直接消费的谷物所占比例较大，由谷物转化为肉、蛋、奶的消费量较少。谷物是食品工业的重要基础原料，无论是直接消费还是间接转化后消费，它与人类的密切程度是其他商品无法替代的。谷物作为一种特殊商品，是国家安全战略的重要组成部分，对国民经济的稳定发展具有重要的战略意义。研究谷物及其加工制品的物理、化学和生物学特性，对指导谷物安全储藏和谷物加工具有重要的意义，同时对其他许多领域的发展都有深远的影响。

《谷物与谷物化学概论》就是要阐明谷物在储藏、加工等过程中各种营养成分的结构、性质、变化和对人体健康的影响，为谷物储藏及加工工艺、新技术和新产品的研究与开发、膳食结构的科学调理和食品包装的改进等提供理论依据。随着科技的进步和基础学科在食品科学方面的应用，谷物与谷物化学在揭示食品营养方面有了较快发展，谷物中有毒、有害成分的研究，已成为保障食品质量与安全的理论基础。由此可见，谷物与谷物化学在食品科学中有着重要的作用。

第二节　《谷物与谷物化学概论》研究的内容和学习方法

一、《谷物与谷物化学概论》研究的内容

全书共十章。第一部分介绍了粮油的分类、谷物子粒构造、化学成分及分布等情况；第二部分介绍了谷物中的糖类、脂类、蛋白质、酶类、维生素、水分和矿物质等营养成分的结构、性质及功能；第三部分从谷物储藏和加工的角度介绍了谷物在储藏和加工过程中营养成分的变化规律；第四部分介绍了常用的谷物与谷物化学实验。为了使学习者能更好地掌握所学的知识，本教材各章均附有习题，书后附有综合测试题及答案。

二、《谷物与谷物化学概论》学习方法

《谷物与谷物化学概论》是粮食工程类专业的专业基础课程。学习本课程应具备无机及分析化学、有机化学等基本知识，并为后续课程如粮食微生物、储粮害虫与防治技术、粮油储藏技术、粮油检验技术、粮油质量安全管理、粮油加工技术、饲料加工技术等奠定基础。

《谷物与谷物化学概论》学习方法不同于《无机化学》和《有机化学》等基础化学学科，它既不以周期系为体系，也不以官能团性质为体系，而是以谷物生物学功能为体系来研究谷物生物体系的化学组成及其性质，从生物整体功能协调的基础上来认识机体内的静态和动态变化过程。谷物体系中的化学反应都是多步骤、相互联系的过程，这就要求我们用新的学习方法来掌握新的知识。因此，在学习过程中首先要确立谷物生理功能是谷物生物体系中成分分类的基本出发点；其次要知道谷物生物体系中的反应是分阶段、分步骤的过程；再次要建立谷物化学反应过程中相互联系和相互制约的关系。在学习方法上要善于运用"归纳、对比与分析"，经过归纳、对比与分析，从而使知识点便于理解和记忆。如食物中的成分是多种多样的，根据其溶解特性可归纳为水溶性及脂溶性两类；生物体内各种反应数以千计，可归纳为分解反应与合成反应两大类等。学习者学习时要注意复习，这样既有利于原有知识的加深巩固，又有利于新知识的理解与记忆。

《谷物与谷物化学概论》也是一门实验性较强的学科，它运用了化学学科中的实验手段与方法来分析谷物的组成成分以及在机体内所发生的各种化学变化。通过实验学生不但可以掌握基本操作技能，提高分析问题和解决问题的能力，同时可以帮助学生更好地理解所学的基本知识和基本理论。因此，学生必须对实验课给予高度重视，并按要求完成各项实验内容。

第二章　谷物子粒结构与化学成分

 研究要点

1. 粮油的分类及粮油子粒的基本结构
2. 主要谷物子粒形态与结构
3. 谷物的主要化学成分及其分布

第一节　概　　述

一、粮油的分类

粮油通常是指谷物、油料及其初加工品的总称。根据粮油商品的性质、用途，通常可将其分为粮食、油料与油脂、粮油副产品和粮油食品四大类。

粮油的分类如图 2-1 所示。

（一）粮食

粮食是人类主食食料的统称，它包括原粮和成品粮。

1. 原粮

原粮是指收获后尚未经过加工的粮食的统称。按照它们的某些植物学特征和化学成分以及用途的不同，又可分为谷类、豆类和薯类。

（1）谷类　如稻谷、小麦、玉米、大麦、燕麦、高粱、粟、黍（稷）等。它们有发达的胚乳，内含丰富的淀粉，一般作为主食食用。

（2）豆类　如大豆、花生、蚕豆、豌豆、绿豆、小豆等。它们的种子无胚乳，但有两片发达的子叶，内含丰富的蛋白质、脂肪或淀粉。豆类在我国一般作为副食食用。大豆、花生因含油量多，通常也将其列为油料。

（3）薯类　主要是指甘薯、马铃薯和木薯。它们新鲜的块根或块茎中含有大量的水分，主要成分是淀粉。它们既可作为主食，也可作为蔬菜，但木薯需脱毒处理后才能食用。

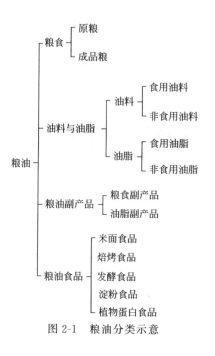

图 2-1　粮油分类示意

2. 成品粮

成品粮是原粮经过碾、磨加工而成的，符合一定质量标准的粮食成品。例如，大米、小麦粉、小米、黍米等。

对于一些不需经过加工即可直接蒸煮食用的粮食，如豆类，既可归属于原粮，也可归属于成品粮。

（二）油料与油脂

1. 油料

油料是指用来制取油脂的植物原料。它们的共同特点是子粒内（主要是子叶）含有丰富的脂肪。油料的种类很多，通常有以下分类方式。

（1）按用途分　可分为食用油料和非食用油料（或称工业用油料）。

食用油料是指可用于制取食用油脂的原料，如油菜籽、大豆、芝麻、花生、棉籽、小麦胚、玉米胚、米糠等。

非食用油料是指制取的油脂因有异味或毒素不宜供人食用而只适宜工业用途的油料，如桐籽、乌桕籽、蓖麻籽等。

（2）按植物学特征分　可分为草本油料和木本油料。

草本油料是指由草本植物所生产的油料，如油菜籽、大豆、花生、芝麻、葵花籽、蓖麻籽等，在我国90％以上的油料是草本油料。

木本油料是指由乔木或灌木所生产的油料，如油茶籽、油橄榄、乌桕籽等。

2. 油脂

油脂是油料经压榨或浸提等工艺制取得到的符合一定质量标准的油脂成品。与油料的分类相对应，油脂也可以分为食用油脂和非食用油脂两类。

（三）粮油副产品

粮油副产品是指粮油经加工除主产品以外的其他产物。它可分为粮食副产品和油脂副产

谷物与谷物化学概论

品 2 大类。

    （1）粮食副产品　如米糠、米栖、麸皮等。

    （2）油脂副产品　如各类饼粕、油脚提取物等。

（四）粮油食品

粮油食品是指以粮食或粮油副产品为原料加工而成的食品。它可以分为以下五大类。

    （1）米面食品　如米粉、各式面条、年糕等。

    （2）焙烤食品　如面包、饼干等。

    （3）发酵食品　如酱油、醋、味精、发酵酒类。

    （4）淀粉食品　如粉丝、食用淀粉等。

    （5）植物蛋白食品　如豆腐制品、面筋等。

二、粮油子粒的基本结构

粮油种类繁多，子粒的形状、大小、色泽等复杂多样，但粮油子粒的基本结构是相同的，即每个子粒都是由皮层、胚乳和胚三部分组成的。

（一）皮层

果皮和种皮合称皮层。果实的外围皮层是果皮，种子的外围皮层是种皮。对于果实，在果皮以内还有种皮。果皮和种皮的厚薄、色泽、层次等因粮油种类的不同而有较大的差异。

（1）果皮　一般可分为外果皮、中果皮和内果皮。外果皮通常由 1～2 层表皮细胞组成，常有茸毛和气孔，可依茸毛的有无和多少来确定品种。如硬粒小麦，上端无茸毛或不明显，而普通小麦茸毛很长。中果皮大多数只有一薄层；内果皮则由一至数层细胞组成。稻谷、小麦、玉米、高粱等禾谷类粮食的果皮分化不明显。果皮有颜色，是由于花青素或其他杂色体存在导致的。未成熟的果实中含有大量叶绿素。

（2）种皮　可分为外种皮和内种皮。外种皮革质、坚韧、质厚；内种皮多呈薄膜状。禾谷类粮食子粒到成熟时种皮只有残留痕迹，而豆类的种皮则比较发达。

果皮、种皮包裹着胚和胚乳，对湿、热、虫、霉有一定的抵御作用，可保护胚和胚乳免遭或缓遭不良环境的影响，这就是原粮比相应的成品粮容易保管的原因所在。

（二）胚乳

胚乳是谷类粮食养分的储存场所，为禾谷类粮食子粒萌动发芽时提供生长的养料，也是人类食用的主要部分。

谷类粮食的胚乳很发达，其中富含淀粉、蛋白质。在胚乳贴近种皮的部位，有一层组织叫糊粉层，含有较多的蛋白质，又叫蛋白层。

豆类和大部分油料，在发育过程中胚乳就被吸收消耗，成为无胚乳种子。无胚乳种子的营养成分储存在胚中。

（三）胚

胚是粮油子粒生理活动最强的部分，一旦水分、温度、氧气条件适宜就会发芽，形成新的个体——幼苗。

不同的粮油子粒，胚的形状、大小各不同，但基本结构是相同的，都是由胚根、胚茎（轴）、子叶和胚芽四部分组成。种子萌发后，胚根、胚茎和胚芽分别形成植物的根、茎、叶及其过渡区。谷类粮食只有 1 片较发达的子叶，属于单子叶植物；豆类和油料有 2 片肥大的子叶，属于双子叶植物。

粮食中的薯类可食用的部分是植物的块根或块茎，它们是由根或茎积累养分膨大而成的，其实质是变态了的根或茎，所以它们的结构组成与一般的粮食、油料不同。

第二节　主要谷物子粒形态与结构

一、稻谷

（一）稻谷的形态和结构

稻谷是由颖（稻壳）和颖果（糙米）两部分构成，一般为细长形或椭圆形。稻谷子粒的

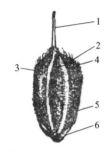

图 2-2　稻谷子粒结构
1—芒；2—外颖；3—内颖；
4—茸毛；5—脉；6—护颖

形状结构如图 2-2 所示。稻壳包括内颖（内稃）、外颖（外稃）、护颖和颖尖（伸长即为芒）四部分，即为稻谷加工后所得砻糠（俗称大糠）。内、外稃各有一瓣，呈船底形，彼此通过两个钩状结构连接，包裹着颖果，起着保护颖果的作用。护颖位于稻谷的基部内、外稃的外面，左右各一片呈针状，一般比内稃短小。内、外稃表面生有针状或钩状的茸毛，粳稻的茸毛密而长，籼稻的茸毛稀而短。外稃的尖端一般有芒，内稃的尖端一般无芒，也有的稻谷内、外稃均无芒或均有芒，均有芒的稻谷为双芒畸形稻。稻谷芒多，不仅增加了谷壳的重量，而且在加工过程中易堵塞机器，增加清理难度，影响清理效果。

稻谷加工去壳后的颖果部分，称为糙米，其形态与稻粒相似，一般为细长形或椭圆形。糙米由果皮、种皮、糊粉层、胚和胚乳所组成。其中稻壳占稻谷子粒的 18%～20%，作为胚乳的保护组织，含有大量的粗纤维和矿物质（硅），质地坚硬；果皮和种皮占稻谷子粒的 1.2%～1.5%，含有较多的纤维素、脂肪、蛋白质和矿物质；糊粉层占稻谷的 4%～6%，含有丰富的脂肪、蛋白质和维生素等，营养价值比果皮、种皮和珠心层高，但细胞壁较厚，不易消化；胚乳占稻谷子粒的 66%～70%，由含淀粉的细胞组织组成，细胞内充满淀粉粒，淀粉粒之间填充蛋白质。胚乳含蛋白质和脂肪较少，但却是稻谷子粒中最有价值的部分；胚占稻谷子粒的 2%～3.5%，含有较多的脂肪、蛋白质和维生素 B_1 等，营养价值高。近年来，上海和浙江等地培育巨胚稻，巨胚稻的胚比普通稻米的胚芽重 2～3 倍，其糙米中的蛋白质、脂肪、纤维素和烟酸等营养成分的含量明显高于普通稻米，是举世公认的高营养稻米。巨胚稻的糙米可作保健食品原料，制成适合小孩、老人和病人的天然保健食品，如婴儿米粉、速溶米糊等。

糙米有胚的一面叫腹面，为外稃所包；无胚的一面称为背面，为内稃所包。糙米两侧各有两条沟纹，其中较明显的一条在内、外稃钩合的相应部位，另一条与外稃脉迹相对应。背脊上也有一条沟纹称为背沟，糙米共有纵向沟纹 5 条。纵沟的深浅因品种不同而异，对碾米工艺影响较大。沟纹深的稻米，加工时不易精白，对出米率也有一定的影响。

糙米继续加工碾去皮层和胚（即细糠），基本上只剩下胚乳，就是我们平时食用的大米。

糙米的胚乳有角质和粉质之分。胚乳中的淀粉细胞腔中充满着晶状的淀粉粒，在淀粉的间隙中填充有蛋白质。若填充的蛋白质较多时，其胚乳结构紧密，组织坚实，米粒呈透明状，称为角质胚乳。粉质胚乳多位于米粒腹部和中心，当位于米粒腹部时称为"腹白"，位于米粒中心时称为"心白"。不同品种的稻谷，其米粒腹白和心白的有无及大小各不相同。同种稻谷，由于生产条件的不同，腹白和心白的有无及大小也有差异。一般粳稻腹白较少，籼稻中的早籼稻腹白较多。生长条件差、肥料不足的稻谷，其腹白或心白比生长条件好、肥料充足的稻谷大。腹白和心白组织松散，淀粉粒之间空隙较多，内部充满空气，呈不透明白粉状，质地脆，加工时易碾碎，影响出米率。

（二）稻谷的分类

我国稻谷品种繁多，分布极广，全国各地都有种植，品种达 6 万种以上。因此，稻谷的分类方法也有多种。

1. 根据种植地形、土壤类型、水层厚度和气候条件分

可将稻谷分为五种类型，即灌溉稻、无水低地稻、潮汐湿地稻、深水稻和旱稻。

① 按照栽种的地理位置、土壤水分不同将稻谷分为水稻和陆稻（旱稻）两类。

② 按照稻谷品种的不同可分为籼稻和粳稻两个亚种。

③ 按照稻谷生长期的长短不同，可以分为早稻、中稻和晚稻三类。

④ 按照稻谷淀粉性质的不同，稻谷又可分为黏稻（非糯稻）与糯稻两类。

2. 根据 GB 1350—2009《稻谷》的规定分

稻谷按其收获季节、粒形和粒质分为早籼稻谷、晚籼稻谷、粳稻谷、籼糯稻谷和粳糯稻谷五类。

（1）早籼稻谷 生长期较短、收获期较早的籼稻谷，一般米粒腹白较大，角质部分较少。

（2）晚籼稻谷 生长期较长、收获期较晚的籼稻谷，一般米粒腹白较小或无腹白，角质部分较多。

（3）粳稻谷 粳型非糯性稻的果实，糙米一般呈椭圆形，米质黏性较大，胀性较小。

（4）籼糯稻谷 籼型糯性稻的果实，糙米一般呈长椭圆形或细长形，米粒呈乳白色，不透明或半透明状，黏性大。

（5）粳糯稻谷 粳型糯性稻的果实，糙米一般呈椭圆形，米粒呈乳白色，不透明或半透明状，黏性大。

二、小麦

（一）小麦子粒的形态

小麦子粒是单种子果实，植物学名为颖果。成熟的小麦子粒多为卵圆形、椭圆形和长圆形等。卵圆形子粒的长宽相似；椭圆形子粒中部宽，两端小而尖。研究表明，子粒越接近圆形，越易磨粉，其出粉率越高，副产品越少。成熟的小麦子粒表面较粗糙，皮层较坚韧而不透明，顶端生有或多或少的茸毛，称作"麦毛"，麦毛脱落形成杂质。麦粒背面隆起，胚位于背面基部的皱缩部位，腹面较平且有凹陷称为"腹沟"，腹沟两侧为颊，两颊不对称，剖面近似心脏形状。小麦具有腹沟是其最大的特征，腹沟的深度及沟底的宽度随品种和生长条件的不同而异。腹沟内易沾染灰尘和泥沙，对小麦清理造成困难，且腹沟的皮层不易剥离，对小麦加工不利。腹沟愈深，沟底愈宽，对小麦的出粉率、小麦粉质量以及小麦的储藏影响也愈大。

小麦的胚乳也有角质和粉质两种结构。角质与粉质胚乳的分布或大小，因品种不同或栽培条件的影响也存在差异。有的麦粒胚乳全部为角质，有的全部为粉质，也有的同时有角质和粉质两种结构，其粉质部分常常位于麦粒背面近胚处。我国南方冬麦区的麦粒较大，皮厚、角质率低，含氮量低，出粉率也较低；而北方冬麦区的麦粒小，皮薄、角质率高，含氮量高，出粉率也较高。胚乳的结构对麦粒的颜色、外形、硬度等都有很大影响，它不仅是小麦分类的依据，而且与制粉工艺和小麦粉品质有着密切的关系。

（二）小麦子粒结构

小麦是由果皮、种皮、外胚乳、胚乳及胚组成。

果皮由皮下组织、横列细胞层及管状细胞层所组成。种皮是由两层斜向而又互相垂直交叉排列的长形薄壁细胞组成，外层细胞无色透明，称为透明层。内层细胞含有色素，称为色素层。麦粒所呈现的颜色取决于种皮内层细胞所含色素的颜色，白皮小麦内层细胞无色；红皮小麦内层细胞含有红色或褐色物质。外胚乳是珠心的残余，很薄，且没有明显的细胞结构。胚乳是由糊粉层和淀粉细胞两部分组成，占麦粒总质量的 $80\%\sim90\%$。糊粉层是胚乳最外的一层方形厚壁细胞，排列紧密而整齐；淀粉细胞位于小麦糊粉层内侧的大型薄壁细胞，内部充满淀粉粒。在硬质胚乳中，淀粉粒分散于蛋白质中而被其包围；在粉质胚乳中，淀粉粒相互挤压成多边形而被较少的蛋白质所包围。胚位于颖果背面的基部，有一面紧接于胚乳，它的另一面为种皮和果皮所覆盖，由子叶、胚根、胚轴、胚芽四部分组成。小麦子粒外部形态及结构如图 2-3、图 2-4 所示。

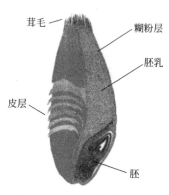

图 2-3 小麦子粒外部形态

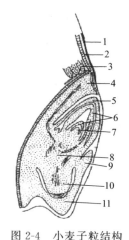

图 2-4 小麦子粒结构

1—果皮与种皮的愈合层；2—糊粉层；3—淀粉储藏细胞；
4—盾片；5—胚芽；6—幼叶；7—胚芽生长点；8—胚轴；
9—外胚叶；10—胚根；11—胚根鞘

（三）小麦的分类

小麦作为绿色高等植物，属于单子叶植物纲、禾本科、小麦属。目前我国种植的小麦大多属于普通小麦。其分类主要根据播种期、皮色或粒质进行。

1. 按播种期分

可将小麦分为冬小麦和春小麦。

2. 按皮色分

可将小麦分为红皮小麦和白皮小麦。

3. 按粒质分

可将小麦分为硬质小麦和软质小麦。角质率达 70％以上的小麦为硬质小麦；粉质率达 70％及以上的小麦为软质小麦。

4. 根据 GB 1351—2008《小麦》的规定分

小麦按其皮色和粒质分为硬质白小麦、软质白小麦、硬质红小麦、软质红小麦和混合小麦五类。

(1) 硬质白小麦　种皮为白色或黄白色的麦粒不低于 90％，硬度指数不低于 60 的小麦。

(2) 软质白小麦　种皮为白色或黄白色的麦粒不低于 90％，硬度指数不高于 45 的小麦。

(3) 硬质红小麦　种皮为深红色或红褐色的麦粒不低于 90％，硬度指数不低于 60 的小麦。

(4) 软质红小麦　种皮为深红色或红褐色的麦粒不低于 90％，硬度指数不高于 45 的小麦。

(5) 混合小麦　不符合硬质白小麦、软质白小麦、硬质红小麦和软质红小麦规定的小麦。

硬度指数是指在规定条件下粉碎小麦样品，留存在筛网上的样品占试样的质量分数，用 HI 表示。硬度指数越大，表明小麦硬度越高，反之表明小麦硬度越低。

三、玉米

（一）玉米的形态

玉米果穗一般呈圆锥形或圆柱形，果穗上纵向排列着玉米子粒。子粒的形态随玉米品种类型的不同而有差异，常呈现扁平形，靠基部的一端较窄而薄，顶部则较宽厚，并因品种类型不同有圆形、凹陷（马齿）形、尖形（爆裂形）等。在谷类粮食中，以玉米的胚为最大，占全粒质量的 10％～12％。玉米子粒的颜色一般为金黄色或白色，也有的品种呈红、紫和蓝等颜色。黄色玉米的色素多包含在果皮和角质胚乳中，红色玉米的色素仅包含在果皮中，蓝色玉米的色素仅存在于糊粉层中。

（二）玉米子粒结构

玉米子粒是由皮层（果皮、种皮）、胚乳和胚组成。果皮包括外果皮、中果皮、横列细胞和管状细胞；种皮、外胚乳极薄，没有明显的细胞结构。玉米皮层的特点是果皮较厚，果皮中含有色素，由于所含色素颜色不同，而使子粒显现不同颜色。胚乳位于皮层内，占子粒重量 80％～85％，由糊粉层和淀粉细胞两部分组成。糊粉层由单层近方形的细胞组成，壁较厚，细胞内充满淀粉粒，含有大量蛋白质。胚是由胚芽、胚根和子叶（小盾片）等组成。胚中脂肪含量很高，约为 35％，占全粒脂肪总量的 70％以上。一般谷物胚中不含淀粉，而玉米子叶所有细胞中都含有淀粉，胚芽、胚芽鞘及胚根鞘中也含有淀粉，这是玉米胚的特点。玉米子粒的外形和结构见图 2-5。

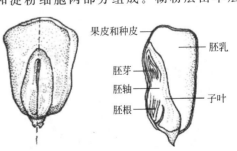

图 2-5　玉米子粒的外形和结构

（三）玉米的分类

1. 根据玉米籽粒外部形态和内部结构以及玉米籽粒中直链淀粉和支链淀粉的比例分

可将玉米分为硬质型、马齿型、半马齿型、糯质型、爆裂型、粉质型、甜质型和有稃型八个类型。

2. 按照玉米粒色分

可将玉米分为黄玉米、白玉米。当混入本类玉米超过 5.0%的称为混合玉米。

3. 按照玉米生育期长短分

可将玉米分为早熟品种、中熟品种、晚熟品种三类。

4. 按照用途分

可将玉米分为食用、饲用及食饲兼用三类。

5. 根据 GB 1353—2009《玉米》的规定分

玉米按其种皮颜色分为黄玉米、白玉米、混合玉米三类。

（1）黄玉米　种皮为黄色，或略带红色的子粒不低于 95%的玉米。

（2）白玉米　种皮为白色，或略带淡黄色或略带粉红色的子粒不低于 95%的玉米。

（3）混合玉米　不符合黄玉米或白玉米要求的玉米。

目前我国产量较大、储藏数量较多的玉米主要是硬质型、马齿型和半马齿型三种。硬质型玉米，由于角质胚乳较多，组织结构紧密，外部坚硬，故吸湿性相对较差，抗霉菌侵害能力强，储藏性能好。马齿型玉米胚部大，脂肪含量高，粉质胚乳也较多，粒质结构较疏松，因而吸湿性较强，抗霉菌侵害能力差，储藏性能不如硬质型好，但产量高。半马齿型玉米，角质胚乳和粉质胚乳的含量及组成等均介于硬质型和马齿型之间，其储藏性能也介于二者之间。在生产上应用广泛的品种还有粉质型玉米及甜玉米等品种。

四、大豆

（一）大豆种子的形态

大豆为豆科植物。大豆种子的形状因品种不同有球形、扁圆形、椭圆形和长椭圆形等。一般大粒种多为球形，中粒种多为椭圆形，小粒种则多为长椭圆形。大豆种子的种皮表面光滑，有的则有蜡粉或泥膜，因此对种子具有一定的保护作用。种皮外侧面有明显的种脐，种脐上端有一小孔为种孔（或称发芽口），是水分进入种子的主要途径。种脐区域为胚与外界之间空气交换的主要通道。大豆子粒形态和结构如图 2-6 所示。

（二）大豆种子的结构

大豆种子是双子叶无胚乳的种子，由种皮和胚两部分组成，子叶发达。大豆种皮约占子粒质量的 8%，表面光滑有光泽，由角质化的多层细胞组成，较坚韧。有少数品种的种皮局部破裂，也可以因为曝晒等引起种皮龟裂。有裂纹的大豆不耐藏。还有些品种的种皮特别坚硬（硬皮种），因不易吸水而使发芽率降低。大豆的胚是由子叶、胚芽、胚根、胚茎组成（图 2-6）。子叶占整个大豆子粒质量的 90%，是大豆营养物质的主要储存

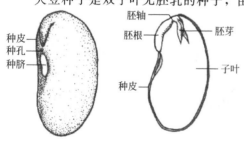

图 2-6　大豆子粒形态和结构示意

谷物与谷物化学概论

处。胚芽、胚根和胚茎只占整大豆子粒质量的 2%。大豆子叶充满了糊粉粒和脂肪滴，糊粉粒中含有较多的蛋白质，一般不含淀粉，但也有某些品种含有少量淀粉。

（三）大豆的分类

大豆一般根据其种皮的颜色和子粒的大小进行分类。

1. 按大豆子粒的大小分

可分为大粒、中粒和小粒三类，其大小可通过重量法或种粒大小指数来表示。重量法用百粒重来表示，百粒重在 20g 以上者为大粒；14～20g 者为中粒；14g 以下者为小粒。种粒大小指数是指种子长（以 mm 计）、宽（以 mm 计）、厚（以 mm 计）之积，其值在 300 以上者为大粒；150～300 者为中粒；150 以下者为小粒。

2. 根据 GB 1352—2009《大豆》的规定分

大豆按皮色分为黄大豆、青大豆、黑大豆、其他大豆和混合大豆五类。

（1）黄大豆 粒色为黄色、淡黄色，脐色为黄褐、淡褐或深褐色的子粒不低于 95% 的大豆。

（2）青大豆 种皮为绿色的子粒不低于 95% 的大豆。按其子叶的颜色分为青皮青仁大豆和青皮黄仁大豆两种。

（3）黑大豆 种皮为黑色的子粒不低于 95% 的大豆。按其子叶的颜色分为黑皮青仁大豆和黑皮黄仁大豆。

（4）其他大豆 种皮为褐色、棕色、赤色等单一颜色的大豆及双色大豆（种皮为两种颜色，其中一种为棕色或黑色，并且其覆盖粒面二分之一以上）等。

（5）混合大豆 不符合黄大豆、青大豆、黑大豆、其他大豆规定的大豆。

五、花生

（一）花生的形态

花生果是荚果，有普通型、葫芦形、串珠形和曲棍形等形状，表面有凸凹不平的网络，一般呈淡黄色。果仁一般有花生仁 2～3 粒，少的只有 1 粒，多的可达 7 粒。

花生仁是花生果脱去果壳后的种子。种子着生在荚果的腹缝线上，成熟的种子大体可分为椭圆形、圆锥形、桃形和三角形四种。含多枚种子的荚果其种子因受挤压而形状改变。花生种子表面有一层光滑的种皮，其上面分布许多维管束，种皮很薄，包在种子的最外边，对种子的保护性能很差，在成熟及收获期后的干燥过程中，不易形成硬实。种皮颜色大体可分为深红、红、褐和淡红四种，以淡红色为最多，褐色次之。

（二）花生种子的结构

花生种子是由种皮和胚两部分组成（图 2-7），无胚乳。种皮最外边有一层表皮细胞，向内有较厚一层薄壁细胞，维管束就分布在这一层内，靠近薄壁细胞为一层内壁细胞，靠近子叶的一层为珠心层。花生的种皮结构与一般豆科植物不同，没有栅状细胞和柱状细胞，因此很易脆裂。

胚中主要有两片肥大的子叶，内裹胚芽、胚茎和胚

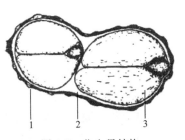

图 2-7 花生果结构
1—花生壳；2—花生种皮；3—花生子叶

根。两片子叶包在种皮里面，肥厚而具有光泽，呈淡黄白色或象牙色，子叶主要是由很多薄壁细胞构成，内含脂肪、淀粉粒及其他内含物，外面是一层子叶表皮细胞层。正常花生的子叶呈洁净的乳白色，而"走油"变质时，子叶变成半透明的蜡质状态，色泽也较深暗。

（三）花生的分类

根据 2008 年国家质量技术监督检验检疫局、国家标准化管理委员会批准发布的 GB/T 1533—2008《花生果》的规定将花生分为花生果和花生仁。

六、油菜籽

（一）油菜籽的形态

油菜为十字花科的作物，主要产地是在长江流域。油菜的种子称为油菜籽（又称菜籽），含油量为 35%～42%，是一种重要的油料。

油菜籽一般呈球形或近似球形，也有的呈卵圆形或不规则的菱形，子粒很小。芥菜型品种每千粒重 1～2g；白菜型品种每千粒重 2～3g；甘蓝型品种每千粒重 3～4g。种皮较为坚硬，并具有各种色泽，种皮颜色有淡黄、深黄、金黄、褐色、紫黑和黑色等多种。种皮上有网纹，黑色种皮的网纹较明显。种皮上还可以见种脐，与种脐相反的一面有一条沟纹。

（二）油菜籽的结构

油菜籽属于双子叶无胚乳种子，成熟的种子由种皮、胚和胚乳的遗迹三部分组成。种皮由珠被发育而成，油菜籽脱去种皮即为胚。胚是种子的主要部分，包括两片肾形的子叶、胚根、胚茎、胚芽，均为薄壁组织细胞组成。种子的大部分为子叶所充满，子叶呈黄色，内部细胞富含颗粒状油滴。胚芽上有两个叶原基（出苗后长出第一、第二两片真叶）和一个茎生长点，胚根在种子萌发后长成主根。种子的状况与出苗好坏、幼苗的壮弱及菜籽的出油率有很大关系。

（三）油菜籽的分类

1. 根据植物特征分

将油菜籽分为白菜型、芥菜型和甘蓝型。甘蓝型油菜籽中硫苷含量较低。

2. 根据 GB/T 11762—2006《油菜籽》的规定分

参照芥酸和硫苷的含量，将油菜籽分为普通油菜籽和双低油菜籽。双低油菜籽是指油菜籽的脂肪酸中芥酸含量不大于 3.0%，粕（饼）中的硫苷含量不大于 35.0μmol/g 的油菜籽。

七、高粱

（一）高粱种子的形态

高粱子粒是带壳的颖果，基部有两片护颖，护颖厚而隆起，表面光滑，尖端附近有的有茸毛，常有红、黄、黑和白等多种颜色。高粱的米粒大部分露在护颖外面。脱去壳的高粱米一般为圆形、椭圆形或卵圆形。胚位于种子腹部的下端，长达子粒的一半。高粱米也有红、黄、白和褐等多种颜色。

谷物与谷物化学概论

（二）高粱种子的结构

高粱子粒的稃壳由外表皮、中表皮、海绵薄壁组织及内表皮组成。果皮的外层组织角质化，比较坚硬，有利于储藏。果皮中有数层薄壁细胞含有淀粉粒。外胚乳有加厚的细胞壁。胚乳中有角质和粉质之分，一般胚乳外围为角质，中部为粉质。胚由盾片、胚芽、胚轴及胚根四部分组成。

（三）高粱的分类

高粱品种很多，分类方法不一。

1. 根据高粱用途不同分

（1）食用高粱　子粒大，饱满充实，粒形扁平，品质较佳，可供食用。

（2）糖用高粱　子粒品质差，其茎秆含有较多糖，可用于制糖。

（3）帚用高粱　品质最差，穗长而有较多枝梗，脱粒后穗可做帚把。

2. 根据高粱谷壳和谷皮颜色不同分

（1）黄壳高粱　谷壳及谷皮呈黄褐色，子粒大而重，品质优良，为良好的酿酒原料。

（2）红壳高粱　谷壳及谷皮呈红褐色，品质较黄壳高粱差，作酿酒原料和饲料。

（3）黑壳高粱　谷壳黑色，谷皮红褐色，子粒有红褐色斑点，粒小。

（4）白高粱　子粒白色或灰白色，含单宁极少，适于制高粱粉或淀粉。

（5）蛇眼高粱　谷壳黑色，谷皮淡褐色，子粒有褐色斑点，粒细长，两头尖，供食用。

3. 根据高粱米粒的黏性分

可为黏性与糯性两类。

4. 根据 GB/T 8231—2007《高粱》的规定分

将高粱按粒质分为以下两类。

（1）硬质高粱　粒质坚硬，角质部分占本粒二分之一以上的颗粒不少于70%。

（2）软质高粱　粒质松软，角质部分占本粒二分之一以上的颗粒低于70%。

八、芝麻

（一）芝麻种子的形态

芝麻为胡麻科一年生草本植物。芝麻的果实是一种蒴果，成熟时沿缝线开裂，种子脱落。一个蒴果可结籽50～100粒，甚至更多。蒴果的长度和颜色随环境条件和遗传基因的不同而从绿到深紫色不等。芝麻种子很小，扁平，一般呈椭圆形、卵圆形或梨形。长3～4mm、宽1.6～2.3mm，千粒重随品种不同差异较大。芝麻种子一面的中央有一条纵向脉纹，是种脊，种子边沿突出成棱角。种子表面有光滑和粗糙之分，颜色有白、黄、褐、紫和黑等颜色，各色又有深浅之分。以表面光滑的黄色芝麻品质最好，含油量最高，白色次之，表面粗糙、呈褐黑色的芝麻含油量最低。

（二）芝麻种子的结构

芝麻是双子叶有胚乳种子。种子最外面为种皮，中间为胚乳，内部有两片丰满的子叶。种皮包括外表皮、薄壁组织和内表皮三层组织。种子两个扁平面上的胚乳各有五层细胞，两侧只有两层细胞。胚乳细胞很小，细胞内充满糊粉粒，还可看到脂肪滴。子叶细胞较大，细胞内充满糊粉粒，也可看到脂肪滴。

（三）芝麻的分类

根据 GB/T 11761—2006《芝麻》的规定，芝麻按种皮颜色分为以下四类。

（1）白芝麻　种皮为白色、乳白色的芝麻在 95％及以上。

（2）黑芝麻　种皮为黑色的芝麻在 95％及以上。

（3）其他纯色芝麻　种皮为黄色、黄褐色、红褐、灰等颜色的芝麻在 95％及以上。

（4）杂色芝麻　不属于以上三类芝麻。

第三节　谷物的主要化学成分及分布

谷物是由不同的化学物质按一定比例组成的。谷物中的各种化学成分，不仅是谷物子粒本身生命活动所必需的物质，而且也是人类的营养源泉。了解谷物的化学成分及其在子粒中的分布，对于按不同用途来确定其利用价值、选择合理的加工方式、保证产品质量和提高出品率、采取有效的储藏措施、保持储粮品质等方面均具有重要的实际意义。

一、谷物化学成分

谷物及油料中的主要化学成分是指水分、糖类、脂肪、蛋白质、维生素、矿物质等物质。实际上，粮油子粒的化学组成因品种、土壤及栽培条件的不同而有较大的变化。

二、谷物中化学成分的含量及分布

（一）谷物中化学成分的含量

谷物及油料子粒中各种化学成分的含量，在不同种类谷物及油料之间相差很大。但在正常稳定的条件下，同一品种的化学成分变动幅度较小。表 2-1 为各种谷物及油料子粒的化学成分及含量。

表 2-1　各种谷物及油料子粒的化学成分及含量　　　　　　单位：％

种类	成分	水分	蛋白质	糖类	脂肪	纤维素	灰分
禾谷类	小麦	13.5	10.5	70.3	2.0	2.1	1.6
	精白粉	13.0	7.2	77.8	1.3	0.2	0.5
	标准粉	12.0	9.9	74.6	1.8	0.6	1.1
	大麦	14.0	10.0	66.9	2.8	3.9	2.4
	黑麦	12.5	12.7	68.5	2.7	1.9	1.7
	荞麦	14.5	10.9	61.0	2.8	9.0	1.9
	稻谷	14.0	7.3	63.1	2.0	9.0	4.6
	籼米（标二）	14.0	6.9	76.0	1.7	0.4	1.0
	粳米（标二）	13.0	8.2	75.5	1.8	0.5	1.0
	玉米	14.0	8.2	70.6	4.6	1.3	1.3
	高粱	12.0	10.3	69.5	4.7	1.7	1.8
	粟	10.6	11.2	71.2	2.9	2.2	1.9

成分 种类		水分	蛋白质	糖类	脂肪	纤维素	灰分
豆类	大豆	10.2	36.3	25.3	18.4	4.8	5.0
	豌豆	10.9	20.5	58.4	2.2	5.7	2.3
	绿豆	9.5	23.8	58.8	0.5	4.2	3.2
	蚕豆	12.0	24.7	52.5	1.4	6.9	2.5
	赤豆	14.0	19.4	58.0	0.5	5.1	3.0
	花生仁	8.0	26.2	22.1	39.2	2.5	2.0
油料	芝麻	5.4	20.3	12.4	53.6	3.3	5.0
	向日葵	7.8	23.1	9.6	51.1	4.6	3.8
	油菜籽	7.3	19.6	20.8	42.2	6.0	4.2
	棉籽仁	6.4	39.0	14.8	33.2	2.2	4.4
	油茶仁	8.7	8.7	24.6	43.6	3.3	2.6
薯类	甘薯	67.1	1.8	29.5	0.2	0.5	0.9
	马铃薯	79.9	2.3	16.6	0.1	0.3	0.8
	木薯	69.4	1.0	28.0	0.2	0.3	0.6

从表 2-1 中可得出以下结论。

① 粮油品种不同，其化学成分各异。化学成分是粮油分类的主要依据，如禾谷类子粒的主要化学成分 60%～70% 是糖类，其中主要是淀粉，故可称它们为淀粉质粮食；豆类含有丰富的蛋白质，特别是大豆，约含有 40% 的蛋白质，是最好的植物性蛋白质；油料子粒则富含大约 30%～50% 的脂肪，可作为榨油的原料，又称为油料。

② 带壳的子粒（如稻谷、小麦等）或种皮较厚的子粒（如蚕豆、豌豆等）一般都含有较多的纤维素；同时，含纤维素多的子粒，矿物质含量也较高。

③ 含脂肪多的种子，蛋白质含量也较多，如油料种子和大豆种子。

一般来讲，谷类粮食的化学成分以淀粉为主，种子具有发达的胚乳，大部分化学成分储存在胚乳中，常用作人类的主食；豆类含有较多的蛋白质，常作为副食；油料作物含有大量的脂肪，主要用于制油；豆类与油料作物一般具有发达的子叶，绝大部分化学成分储存在子叶内；大豆中除含有较多的蛋白质外，其脂肪的含量也较多，因此，既可作为副食，又可作为油料；薯类粮食的化学成分是以淀粉为主，主要用于生产淀粉和发酵产品。

（二）谷物中化学成分的分布

谷物及油料子粒中各种化学成分的分布很不平衡，在不同部位之间的含量相差很大，因此子粒各部分的生理生化特性也不一致。以稻谷、小麦子粒为例，其各部分的化学成分见表 2-2 和表 2-3。

表 2-2 稻谷子粒各部分的化学成分 单位：%

成分 种类	水分	粗蛋白质	粗脂肪	纤维素	矿物质	糖类
稻谷	11.68	8.09	1.80	8.89	5.02	64.52
糙米	12.16	9.13	2.00	1.08	1.10	74.53
胚乳	12.4	7.6	0.3	0.4	0.5	78.8
胚	12.4	21.6	20.7	7.5	8.7	29.1
米糠	13.5	14.8	18.2	9.0	9.4	35.1
稻壳	8.49	3.56	0.93	39.05	18.59	29.38

表 2-3　小麦子粒各部分的化学成分（以干基计）　　　　　　　　单位：%

子粒结构	各部位质量比例	蛋白质	脂肪	淀粉	低聚糖	多缩戊聚糖	纤维素	矿物质
完整子粒	100.00	16.07	2.24	63.07	4.32	8.10	2.76	2.18
胚乳	87.60	12.91	0.68	78.93	3.54	2.72	0.15	0.45
胚	3.24	37.63	1.04	0	25.12	9.74	2.46	2.36
糊粉层	6.54	53.16	8.16	9	6.82	15.64	6.41	13.93
果皮和种皮	8.93	10.56	7.46	0	2.59	51.43	23.73	4.78

　　从表 2-2 和表 2-3 中可以看出，作为主要储藏养分的淀粉全部集中在胚乳的淀粉细胞中，其他各部位均不含有淀粉。脂肪、蛋白质等营养物质则集中在胚和胚乳中，糊粉层内蛋白质含量也很丰富。低聚糖也大部分存在于胚中，其次是糊粉层和胚乳。纤维素主要存在于皮层中，而且以果皮中为最多，胚乳中含量很少。矿物质集中在糊粉层和皮层中，胚乳中含量很少。

本章练习

一、名词解释

原粮　　油脂　　成品粮　　粮油副产品　　糙米　　硬质小麦　　软质小麦
硬度指数　　花生仁　　双低油菜籽

二、单项选择（选择一个正确的答案，将相应的字母填入题内的括号中）

1. 平时食用的大米主要是（　　）部分。
A. 胚乳　　　　　　　　B. 皮层　　　　　　　　C. 胚　　　　　　　　D. 子叶

2. 下列谷类粮食中胚最大的是（　　）。
A. 小麦　　　　　　　　B. 稻谷　　　　　　　　C. 玉米　　　　　　　　D. 大豆

3. 下列哪类玉米不是我国产量较大，储藏量较多的（　　）。
A. 硬质型　　　　　　　B. 粉质型　　　　　　　C. 马齿形　　　　　　　D. 半马齿形

4. 下列不属于大豆结构的是（　　）。
A. 种皮　　　　　　　　B. 胚　　　　　　　　　C. 胚乳　　　　　　　　D. 子叶

5. 下列属于荚果的是（　　）。
A. 花生　　　　　　　　B. 玉米　　　　　　　　C. 小麦　　　　　　　　D. 水稻

6. 下列粮食作物中具有胚乳的是（　　）。
A. 花生　　　　　　　　B. 玉米　　　　　　　　C. 大豆　　　　　　　　D. 油菜籽

7. 油菜的种子称为油菜籽（又称菜籽），是一种重要的油料，其含油量为（　　）。
A. 10%～20%　　　　　B. 35%～42%　　　　　C. 20%～25%　　　　　D. 50%～56%

8. 用于制油的油料作物主要由于具有大量的（　　）。
A. 蛋白质　　　　　　　B. 糖类　　　　　　　　C. 脂肪　　　　　　　　D. 氨基酸

9. 玉米胚中含有（　　），这点与其他谷类粮食明显不同。

A. 淀粉　　　　　　　B. 脂肪　　　　　　　C. 蛋白质　　　　　　D. 矿物质

10. 粮油子粒由三部分组成，生理活动最强的部分是（　　　）。

A. 皮层　　　　　　　B. 胚乳　　　　　　　C. 胚　　　　　　　　D. 表层

三、多项选择（选择正确的答案，将相应的字母填入题内的括号中）

1. 根据原粮的某些植物学特征和化学成分以及用途的不同，可分为（　　　）。

A. 谷类　　　　　　　B. 豆类　　　　　　　C. 薯类　　　　　　　D. 粟类

2. 小麦按照播种期可分为（　　　）。

A. 春小麦　　　　　　B. 冬小麦　　　　　　C. 硬质小麦　　　　　D. 软质小麦

3. 稻谷是由哪些部分组成（　　　）。

A. 颖　　　　　　　　B. 荚果　　　　　　　C. 颖果　　　　　　　D. 种脐

4. 小麦是由哪些部分组成（　　　）。

A. 果皮　　　　　　　B. 种皮　　　　　　　C. 胚乳　　　　　　　D. 胚

5. 胚是由哪些部分组成（　　　）。

A. 子叶　　　　　　　B. 胚根　　　　　　　C. 胚轴　　　　　　　D. 胚芽

6. 下列粮食作物中不具有胚乳的是（　　　）。

A. 花生　　　　　　　B. 玉米　　　　　　　C. 大豆　　　　　　　D. 油菜籽

7. 粮油副产品可分为（　　　）。

A. 粮食副产品　　　　B. 油脂副产品　　　　C. 大豆　　　　　　　D. 油菜籽

8. 下列属于粮食副产品的是（　　　）。

A. 米糠　　　　　　　B. 米粞　　　　　　　C. 麸皮　　　　　　　D. 豆饼

9. 下列属于油脂副产品的是（　　　）。

A. 米糠　　　　　　　B. 豆饼　　　　　　　C. 豆粕　　　　　　　D. 油脚提取物

10. 玉米按其种皮颜色分为（　　　）。

A. 黄玉米　　　　　　B. 白玉米　　　　　　C. 红玉米　　　　　　D. 混合玉米

四、填空

1. 根据粮油商品的性质、用途，通常可将其分为（　　　）、（　　　）、（　　　）和
（　　　）。

2. 原粮是人类主食食料的统称，它包括（　　　）和（　　　）。

3. 粮油子粒是由（　　　）、（　　　）和（　　　）三部分组成。

4. 粮油子粒的胚是由（　　　）、（　　　）、（　　　）和（　　　）组成。

5. 糙米由（　　　）、（　　　）、（　　　）以及（　　　）所组成。

6. 小麦的胚乳具有（　　　）和（　　　）两种结构。

7. 玉米子粒是由（　　　）、（　　　）和（　　　）组成。

8. 大豆种子与禾谷类子粒的区别是（　　　）。

9. 芝麻按种皮颜色分为（　　　）、（　　　）、（　　　）和（　　　）。

10. 谷物及油料中的主要化学成分有（　　　）、（　　　）、（　　　）、（　　　）、（　　　）
和（　　　）等物质。

五、判断题（将判断结果填入括号中。正确的填"√"，错误的填"×"）

1. 糙米是稻谷加工去壳后的颖果部分。　　　　　　　　　　　　　　　　　　（　　　）

2. 糙米胚乳角质含量高，加工时易碾碎，影响出米率。　　　　　　（　　）

3. 我国北方冬麦区小麦较南方冬麦区出粉率高。　　　　　　　　　（　　）

4. 硬质小麦是指硬度指数不低于 45％的小麦。　　　　　　　　　（　　）

5. 马齿型玉米的储藏性能优于硬粒型。　　　　　　　　　　　　　（　　）

6. 玉米的胚不同于其他谷物的特点，主要因为其含有淀粉。　　　　（　　）

7. 大豆胚与外界之间空气交换的主要通道是种脐。　　　　　　　　（　　）

8. 大豆与禾谷类子粒的区别是双子叶无胚乳种子。　　　　　　　　（　　）

六、简答

1. 简述稻谷的分类。

2. 简述小麦的分类。

3. 简述玉米胚区别于一般谷物的特点。

4. 简述玉米的分类。

5. 简述大豆的分类。

6. 简述高粱的用途。

7. 简述小麦的化学成分与制粉的工艺关系。

8. 简述稻谷形态与出米率的关系。

9. 小麦为什么只能制粉而不能制米？

10. 在观察粮粒剖面时，为什么有些子粒或子粒的某些部分是不透明或粉质的，有些是玻璃质的？

第三章 谷物中的糖类

研究要点

1. 谷物中糖类化合物的概念及分类
2. 谷物中单糖、低聚糖和多糖的结构、性质
3. 谷物中糖类对谷物储藏的影响

　　糖是自然界中存在数量最多、分布最广且具有重要生理功能的有机化合物。从细菌到高等动物的机体都含有糖类化合物，以植物体中含量最为丰富，占干重的 $85\%\sim90\%$。植物依靠光合作用，将大气中的二氧化碳合成糖。其他生物则以糖类如葡萄糖、淀粉等为营养物质，从食物中吸收转变成体内的糖，通过代谢向机体提供能量；同时糖分子中的碳架以直接或间接的方式转化为构成生物体的蛋白质、核酸、脂类等各种有机物分子。所以糖作为能源物质和细胞结构物质以及在参与细胞的某些特殊的生理功能方面都是不可缺少的生物组成成分。

　　民以食为天，而谷物中的主要化学成分是糖类。糖类可以提供生命活动所需的能量，是人体热能最主要的来源。它在人体内消化后，主要以葡萄糖的形式被吸收利用。1g 葡萄糖在人体内氧化燃烧可放出 16.74kJ 热能。我国以淀粉类食物为主食，人体内总热能的 $60\%\sim70\%$ 来自食物中的糖类，主要是由大米、面粉、玉米、小米等含有淀粉的食品供给。

第一节　概　　述

一、糖类化合物的概念

　　糖类化合物是由 C、H、O 三种元素组成的，含有多羟醛或多羟酮及其缩聚物和某些衍生物的总称。早期发现的一些此类化合物的分子中 H 原子和 O 原子的比例恰好与水中的 H 原子和 O 原子的比例相同，即为 2：1，如同碳与水的化合物，因而有"碳水化合物"之称，其通式为 $C_n(H_2O)_m$。后来人们发现有些化合物如鼠李糖（$C_6H_{12}O_5$）和脱氧核糖（$C_5H_{10}O_4$），它们的结构和性质都属于糖类，但分子中 H、O 原子数之比并不是 2：1（不符合通式）；而有

些化合物,如乙酸($C_2H_4O_2$)、乳酸($C_3H_6O_3$)等,它们的分子式虽符合上述通式,但却不具有糖的结构和性质。因此将糖类称为"碳水化合物"是不确切的,但由于习惯,"碳水化合物"一词仍被广泛使用。

二、糖类物质的分类

根据水解情况,将糖类分为单糖、低聚糖和多糖三大类。

(一)单糖

单糖是指不能再水解的糖。根据它们分子中含有醛基或酮基可分为醛糖和酮糖,或按其分子中所含碳原子数目分为丙糖(三碳糖)、丁糖(四碳糖)、戊糖(五碳糖)、己糖(六碳糖)、庚糖(七碳糖)等。最简单的单糖是丙糖,如甘油醛和二羟基丙酮。自然界中存在的单糖主要是含有五个碳原子的戊糖(如核糖、脱氧核糖)及含有六个碳原子的己糖(如葡萄糖、果糖、半乳糖、甘露糖等)。谷物中的单糖多为含有五个或六个碳原子的糖。

(二)低聚糖

低聚糖又叫寡糖,是由2~10个单糖分子缩合而成的聚合物,彼此以糖苷键连接,水解后产生单糖。根据分子中含有的单糖数目的不同,可将低聚糖分为二糖(也叫双糖)、三糖、四糖等。自然界中的低聚糖主要以二糖分布最为普遍,如麦芽糖、蔗糖、纤维二糖、乳糖等。根据分子中含有的单糖种类,还可以将低聚糖分为同聚低聚糖和异聚低聚糖两类。同聚低聚糖是由相同的单糖组成;异聚低聚糖是由不同的单糖组成。

(三)多糖

由许多单糖分子失水缩合而成的大分子聚合物。组成多糖的基本单位是单糖,许多单糖以糖苷键连接形成多糖。多糖可分为同聚多糖和杂聚多糖两类。由同一种单糖缩合形成的多糖称为同聚多糖(或均一多糖),如淀粉、纤维素、糖原等都是由许多葡萄糖组成的。由两种以上单糖或其衍生物缩合形成的多糖称为杂聚多糖(或不均一多糖),如半纤维素、果胶等。自然界中存在的重要多糖有淀粉、纤维素、糖原等。

在生物体内,有些糖类可以与非糖物质共价结合形成复合体(复合多糖),如糖类与蛋白质结合形成的糖蛋白,糖类与脂类结合形成的糖脂等。有些糖类在生物体内还可以转变为相应的衍生物,如糖酸、糖胺等。

第二节 单 糖

单糖是糖类中最简单的类型,又是组成低聚糖和多糖的基本单位。谷物中的单糖主要为葡萄糖,双糖则为蔗糖。谷物收获及时,未遭雨淋、发芽等破坏,游离状态的单、双糖含量都很小,总数不超过5%~6%,其中蔗糖约为葡萄糖的2倍,在食用过程中也不会察觉其存在。然而它们对谷物储藏的稳定性以及谷物加工工艺品质影响很大。谷物收获过早或发芽,糖分有增高的现象。葡萄糖及蔗糖均是生物体最易吸收的营养物质,糖分高的谷物容易受害虫、霉菌的侵袭,引起谷物发热不易保管。谷物中的单、双糖含量虽然不多,但是谷物中主要的多糖如淀粉是由葡萄糖组成的。要了解多糖,必须先了解单糖。

一、单糖的结构

（一）单糖的开链式结构

最简单的单糖是含 3 个碳原子的丙糖，如丙醛糖（甘油醛）和丙酮糖（二羟基丙酮），它们的结构式如下。

$$
\begin{array}{ccc}
\text{CHO} & \text{CHO} & \text{CH}_2\text{OH} \\
| & | & | \\
\text{H—C}^*\text{—OH} & \text{HO—C}^*\text{—H} & \text{C}{=}\text{O} \\
| & | & | \\
\text{CH}_2\text{OH} & \text{CH}_2\text{OH} & \text{CH}_2\text{OH}
\end{array}
$$

D-(＋)-甘油醛　　　　　L-(＋)-甘油醛　　　　二羟基丙酮

在有机化合物分子中，与四个不相同的原子或基团相连接的碳原子叫作不对称碳原子。例如，甘油醛分子中第 2 位碳原子（C_2）就是一个不对称碳原子（用 C^* 表示），分别与四个不同的原子或基团相连，即氢原子（—H）、羟基（—OH）、醛基（—CHO）和伯醇基（—CH$_2$OH）。不对称碳原子上所连接的四个不相同的原子或基团在空间可以形成两种不同的排列方式，或者形成两种不同的构型。所谓构型就是指分子内部不对称碳原子上所连接的原子或基团空间排布的相对位置。一般以甘油醛作为标准，甘油醛的两种不同构型人为规定为 D-型和 L-型。D-型是指甘油醛不对称碳原子（C_2）上的—OH 投影在右侧的；L-型是指甘油醛不对称碳原子（C_2）上的—OH 投影在左侧的。像 D-甘油醛和 L-甘油醛这样的分子组成和构造相同，而构型不同的异构体叫作旋光异构体。旋光异构体在许多性质上是相同或相似的，但在旋光性质上是不同的。例如，D-甘油醛为右旋性，用（＋）表示；L-甘油醛为左旋性，用（－）表示。二羟基丙酮由于分子中没有不对称碳原子，所以只有一种空间排布形式，无构型的区分，也不具有旋光性。

含有 4 个或更多个碳原子的丁糖、戊糖、己糖等单糖分子中均含有不对称碳原子，因此都具有旋光异构体和旋光性。其他单糖的构型也可用 D-型或 L-型来表示，并以 D-甘油醛或 L-甘油醛作为标准进行比较来确定。确定时，看单糖分子中离羰基（或酮基）最远的不对称碳原子上所连接羟基的位置，如果与 D-甘油醛 C_2 上所连接羟基的位置相同，就规定为 D-型；如果与 L-甘油醛 C_2 上所连接羟基的位置相同，就规定为 L-型。值得注意的是，单糖的 D-型或 L-型是人为规定的，与旋光性质没有直接的对应关系，如 D-葡萄糖为右旋性，而 D-果糖为左旋性。

实验证明，天然存在的葡萄糖为右旋，属于 D-型，所以应写成 D-(＋)-葡萄糖，其结构式如下。

$$
\begin{array}{c}
\text{H} \\
| \\
\text{C}{=}\text{O} \\
| \\
\text{H—C}^*\text{—OH} \\
| \\
\text{HO—C}^*\text{—H} \\
| \\
\text{H—C}^*\text{—OH} \\
| \\
\text{H—C}^*\text{—OH} \\
| \\
\text{CH}_2\text{OH}
\end{array}
$$

D-(＋)-葡萄糖

单糖分子中如果含有 n 个不对称碳原子，应有 2^n 种旋光异构体。例如，己醛糖分子中含有 4 个不对称碳原子，应有 $2^4 = 16$ 种旋光异构体，其中 8 种为 D-型，另 8 种为 L-型；己酮糖分子中含有 3 个不对称碳原子，应有 $2^3 = 8$ 种旋光异构体，其中 4 种为 D-型，另 4 种为 L-型。但事实上，在自然界中实际存在的单糖并没有这么多。

在生物体内分布广泛且比较重要的戊糖和己糖有 D-核糖、D-2-脱氧核糖、D-木糖、D-葡萄糖、D-果糖、D-甘露糖、D-半乳糖。它们的开链式结构如下。

（二）单糖的环状结构

单糖的开链式结构虽然能反映出许多化学性质，但有些现象还不能解释（如变旋现象）。费歇尔（Fischer）和哈沃斯（Haworth）两位学者在这方面研究中做出了突出的贡献，提出了单糖的环式结构。

1. 费歇尔结构式（Fischer 投影式）

D-葡萄糖的醛基可以和分子内 C_4 或 C_5 上的羟基反应成半缩醛，从而可以形成含氧五元杂环或含氧六元杂环的环状结构。呋喃是典型的含氧五元杂环化合物，因此，含氧五元杂环又叫作呋喃型环。吡喃是典型的含氧六元杂环化合物，因此，含氧六元杂环又叫作吡喃型环。D-葡萄糖形成的环状结构主要是吡喃型环。

必须指出，在葡萄糖的分子中，由于碳原子的四个共价键平均分布于空间，因此葡萄糖的碳链实际上并不是一条直线。从葡萄糖分子的立体模型可以看到，C_1 上醛基的氧原子和 C_5 上的羟基在空间位置比较接近，在适当条件下，很容易互相作用，通过氧桥生成一个环状结构的半缩醛。用 X 射线分析葡萄糖的结晶时，也证明葡萄糖是环状的化合物。这样，原来在开链式结构中的 C_1 就由一个非不对称碳原子转变成了不对称碳原子。因此根据与第一个碳原子相连的氢原子和半缩醛羟基在空间位置排布的不同，葡萄糖又可以形成两个环状立体异构体。通常将环状结构中 C_1 所连接的—OH（即半缩醛羟基）投影在环平面右侧的，称作 α-型；将半缩醛羟基（—OH）投影在环平面左侧的，称作 β-型。葡萄糖在固体状态时一般以环状结构存在。在溶液中，开链式结构和环状结构同时存在，它们是互变异构体，其中大多数是环状结构。葡萄糖的两个环状异构体必须通过开链式结构才能相互转变。当开链式起氧化等反应被消耗时，环式即自动转变为开链式，故葡萄糖仍有醛基的性质。开链式中的醛基称为自由醛基，而环式中半缩醛羟基能自动地转变为自由醛基。其结构式与反应式如下。

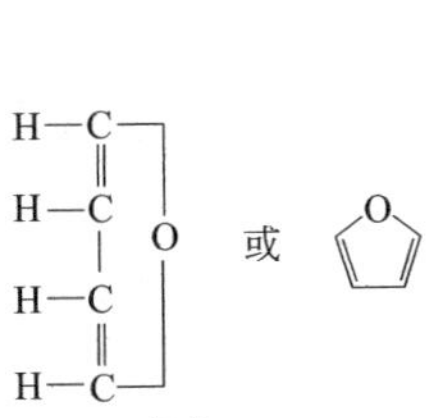

呋喃 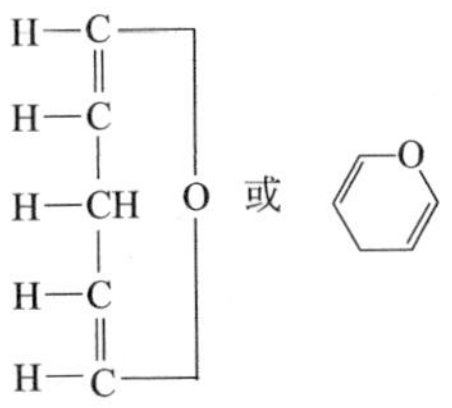 吡喃

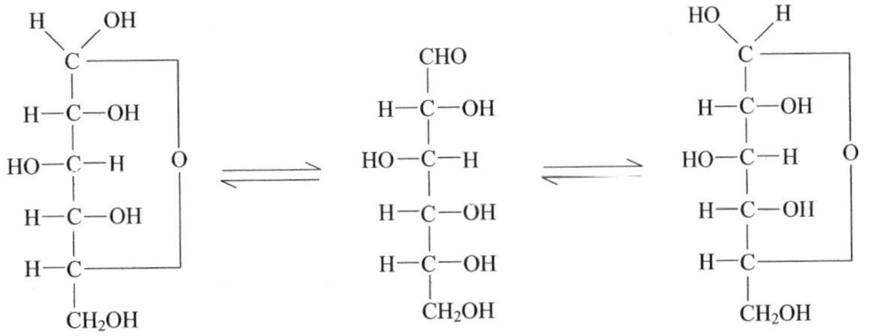

α-D-吡喃型葡萄糖　　　　D-葡萄糖(开链式结构)　　　　β-D-吡喃型葡萄糖

在一定的条件下得到的结晶 D-葡萄糖只能是一种特定的环状结构。如室温下从水溶液中结晶出来的都是 α-D-吡喃型葡萄糖，而室温下从吡啶溶液中结晶出来的都是 β-D-吡喃型葡萄糖。但是在水溶液中，α-D-吡喃型葡萄糖和 β-D-吡喃型葡萄糖可以通过开链式结构互相转变。所以，无论水溶液是用 α-D-吡喃型葡萄糖配成，还是用 β-D-吡喃型葡萄糖配成，其中都含有 α-D-吡喃型葡萄糖和 β-D-吡喃型葡萄糖，同时还有极少量开链式结构的 D-葡萄糖，组成三者同时存在的混合物，这就是普通的葡萄糖溶液。尽管开链式 D-葡萄糖的含量极少，但是 α-D-吡喃型葡萄糖与 β-D-吡喃型葡萄糖的相互转变却必须通过开链式结构才能进行。

D-甘露糖、D-半乳糖也可以形成与 D-葡萄糖类似的环状结构。

D-果糖分子中的酮基与 C_5 或 C_6 上的羟基反应形成半缩酮，从而可以形成呋喃型或吡喃型环状结构。D-果糖形成的环状结构主要是呋喃型，其 α-型和 β-型的确定方法与上述 D-葡萄糖环状结构的确定方法相似，即环状结构中 C_2 所连接的—OH（即半缩酮羟基）投影在环平面右侧的为 α-型，投影在左侧的为 β-型。

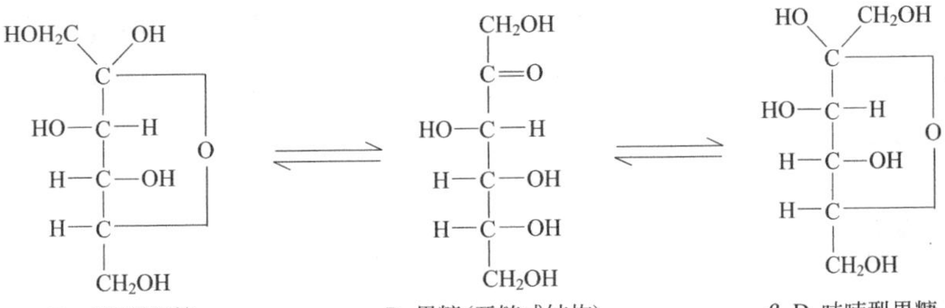

α-D-呋喃型果糖　　　　D-果糖(开链式结构)　　　　β-D-呋喃型果糖

D-核糖和 D-2-脱氧核糖是核酸的重要组成部分，它们都是以 β-呋喃环状结构存在的。

费歇尔采用了上述环状结构式来表示单糖的分子结构，所以上述单糖的环状结构式常常叫作单糖的费歇尔结构式。后来人们发现，费歇尔结构式不但书写起来不方便，而且也不能较好地反映单糖的真实空间结构。为此，哈沃斯（Haworth）提出透视结构式（也称为哈沃斯结构式）来表示单糖的环状结构。

2. 哈沃斯结构式（Haworth 透视式）

为了加强单糖的立体感，单糖的环状结构可以用哈瓦斯结构表示。哈瓦斯结构的书写仍以费歇尔结构式为依据，将单糖的费歇尔结构式改写为哈瓦斯结构式的方法如下。

① 写出透视形式的呋喃型环或吡喃型环，并将环内的碳原子按照顺时针方向编号（不须要标出），用粗线条表示环平面朝向读者的 C—C 键，用细线条表示环平面朝向纸后的 C—O 键或 C—C 键，用楔形线条表示由近及远的 C—C 键。

② 写出环内碳原子所连接的原子或基团。在费歇尔结构式中环内碳链右侧各原子或基团应写在环平面之下，左侧的写在环平面之上。

③ 环外碳原子及其所连接的原子或基团，如果单糖为 D-型，写在哈瓦斯结构式环平面的上方；如果单糖为 L-型，则写在环平面的下方。

按照上述的书写方法，我们将常见的单糖如核糖、脱氧核糖、葡萄糖、果糖、半乳糖和甘露糖书写成哈瓦斯结构式如下。

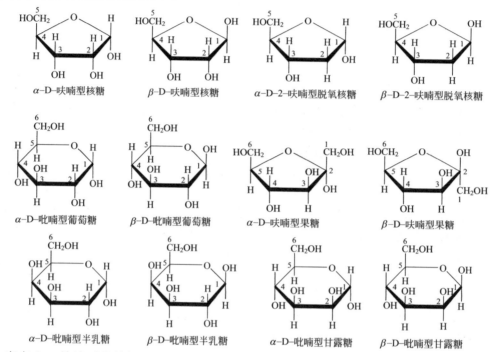

| α-D-呋喃型核糖 | β-D-呋喃型核糖 | α-D-2-呋喃型脱氧核糖 | β-D-2-呋喃型脱氧核糖 |

| α-D-吡喃型葡萄糖 | β-D-吡喃型葡萄糖 | α-D-呋喃型果糖 | β-D-呋喃型果糖 |

| α-D-吡喃型半乳糖 | β-D-吡喃型半乳糖 | α-D-吡喃型甘露糖 | β-D-吡喃型甘露糖 |

事实上，单糖环状结构中成环的碳原子和氧原子并不都处于同一平面上，但是，在一般性问题的研究中，采用哈瓦斯结构式就可以了。目前，哈瓦斯结构式已被广泛采用。

二、单糖的性质

（一）物理性质

1. 旋光性

自然光是一种电磁波。光的质点可以在与其前进的方向相垂直的平面内向任何方向振动（图 3-1）。当自然光通过尼可尔棱镜后，其质点仅在一个方向上振动，这种光线叫偏振光。偏振光前进的方向和其质点振动方向所构成的平面叫振动面，与振动面垂直的平面叫偏振面。

旋光性是指能够使平面偏振光的偏振面发生旋转的性质。使平面偏振光发生旋转的物质叫旋光性物质。在旋光性物质中，有的使偏振光的振动面向右旋转，呈右旋性，用（＋）表示；有的使偏振光的振动面向左旋转，呈左旋性，用（－）表示。除二羟基丙酮外，所有单糖分子中都含有不对称碳原子，因此都具有旋光性。振动面旋转的角度称为旋光度，用

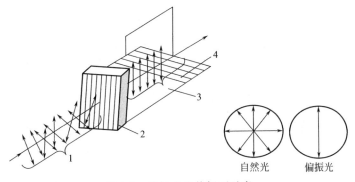

图 3-1　偏振光和偏振面示意

1—自然光；2—尼可尔棱镜；3—振动面；4—偏振面

$[α]$ 表示。在实际应用中，一般用比旋光度$[α]_d^t$来表示旋光性，其中 d 表示光谱线中的 d 线，即为钠黄光，其波长为 589.3nm；t 表示温度。比旋光度又叫旋光率，是指在一定波长和温度下，每 1mL 溶液中含有 1g 旋光性物质、液层厚度为 1dm 时所测得的旋光度。各种旋光性物质的旋光方向和旋光度可以用旋光仪测得。在一定的波长和温度下测得的旋光性物质的比旋光度，是一个特征性物理常数，因此比旋光度是鉴定糖类物质的一项重要指标。几种常见单糖的比旋光度见表 3-1。

表 3-1　几种常见单糖的比旋光度（$[α]_d^t$）

单糖	$α$-型	平衡	$β$-型
D-（＋）-葡萄糖	＋113.4°	＋52.2°	＋19.0°
D-（＋）-半乳糖	＋144.0°	＋80.2°	－15.4°
D-（＋）-甘露糖	＋32.0°	＋14.2°	－17.0°
D-（－）-果糖	－21.0°	－92.4°	－133.5°

2. 变旋性

新配置的旋光性物质的溶液放置后，其比旋光度发生改变最后趋于稳定的现象，叫变旋现象。例如，新配制的 $α$-D-葡萄糖水溶液的比旋光度为＋113.4°，放置一段时间后，其比旋光度逐渐下降至＋52.2°时保持不变；新配制的 $β$-D-葡萄糖水溶液的比旋光度为＋19°，放置一段时间后，其比旋光度逐渐上升至＋52.2°时保持不变。变旋现象的产生是由于单糖的 $α$-型和 $β$-型两种不同的环状结构在水溶液中通过开链式结构互变后达到平衡的缘故。单糖水溶液最后不再变化的比旋光度实际上是达到平衡的 $α$-型、$β$-型和开链式三种不同结构的旋光性质的综合反映。由此可见，凡可以形成环状结构的单糖都具有变旋性。D-葡萄糖水溶液中 3 种结构的平衡式如下。

α–D–呋喃型葡萄糖(环状式) ⟷ D–葡萄糖(开链式) ⟷ β–D–呋喃型葡萄糖(环状式)

$[α]_d^t=+113.2°$　　　　　　　　　　　　　　　　$[α]_d^t=+19°$

约36%　　　　　　　　$[α]_d^t=+52.2°$　　　　　　　约64%

0.01%

3. 溶解性

由于单糖分子结构含有多个极性基团，所以单糖都溶于水，尤其在热水中溶解度更大。但不溶于乙醚、丙酮等有机溶剂。因此，在分析工作中常利用这一特性从样品中提取单糖。

4. 甜度

单糖以及低聚糖都具有甜味，而多糖一般没有甜味。不同的糖，其甜味的程度不一样。糖的甜味的程度称为甜度。糖的甜度一般以蔗糖（规定为100）为标准进行比较，从而得出相对甜度（表3-2）。许多非糖物质也具有甜味，但它们与糖类没有必然联系。

表3-2　一些单糖和低聚糖的相对甜度

单糖或低聚糖	相对甜度	单糖或低聚糖	相对甜度
蔗糖	100	半乳糖	32
果糖	173	鼠李糖	32
转化糖	130	麦芽糖	32
葡萄糖	74	棉籽糖	23
木糖	40	乳糖	16

5. 结晶性

蔗糖易结晶，晶体大；葡萄糖也易结晶，但晶体小；转化糖（蔗糖水解后产生的葡萄糖和果糖的混合液）、果糖较难结晶。中转化糖（葡萄糖值 38%～42%）是葡萄糖、低聚糖和糊精组成的混合物，不能结晶而且具有防止蔗糖结晶的性质，吸湿性也低，所以作为填充剂用于糖果制造，可防止糖果中的蔗糖结晶，又有利于糖果的保存，并能增加糖果的韧性和强度，使糖果不易碎裂，又冲淡了果糖的甜度。因此，它是糖果工业不可缺少的重要原料。

6. 吸湿性和保湿性

吸湿性是指糖在空气湿度较高情况下吸收水分的性质。保湿性是指糖在较高湿度吸收水分和在较低湿度散失水分的性质。不同种类的糖吸湿性不同，果糖、转化糖吸湿性最强，葡萄糖、麦芽糖次之，蔗糖的吸湿性最小。

不同的食品对糖的吸湿性和保湿性的要求不同。如硬质糖果要求吸湿性低，以避免因吸湿而溶化，故选用蔗糖为原料。软质糖果需要保持一定的水分，以避免干缩，故应选用转化糖和果葡糖浆为好。面包、糕点类食品也需要保持松软，应选用一定的转化糖和果葡糖浆。

（二）化学性质

单糖是含有多个羟基的醛类或含有多个羟基的酮类，其中羟基可以发生成酯、成醚和成缩醛等反应，而羰基可以发生某些加成反应，同时由于这些基团之间的相互影响，单糖又可以发生一些特殊的反应。

1. 在稀酸溶液中稳定

单糖在稀酸溶液中异常稳定。一般稀酸在常温下只可引起糖分子的变旋速度改变，如葡萄糖、半乳糖在 pH3.0～7.0 之间，变旋速度最慢；pH 小于 3.0 或大于 7.0 时，变旋速度迅速增快。

2. 强酸的作用

戊糖和己糖都可以与强酸（浓 HCl）共热，发生分子内脱水反应，分别生成糠醛或羟甲基糠醛。反应式如下。

戊糖　　　　　　　　　　　　糠醛（呋喃甲醛）

$$\text{己糖} \xrightarrow{\text{浓HCl或浓H}_2\text{SO}_4} \text{羟甲基糠醛} + 3\text{H}_2\text{O}$$

己糖　　　　　　　　　　　　　　　　　羟甲基糠醛

戊糖形成糠醛后很稳定，并且作用很完全。己糖成为羟甲基糠醛后如再继续加温则会分解成 γ 酮戊酸及甲酸。

糠醛或羟甲基糠醛能与某些酚类物质作用，生成具有特殊颜色的缩合物。糖类物质与 α-萘酚的浓盐酸溶液共热生成紫色物质，这一反应叫莫利西（Molisch）试验。醛糖与间苯二酚的浓盐酸溶液共热呈微红色，而酮糖与这种溶液共热呈鲜红色，这一反应叫西利万诺夫（Seliwanoff）试验，可用于醛糖和酮糖的鉴别。

3. 在碱溶液中的变化

弱碱或稀的强碱溶液在常温下可促进糖分子烯醇化而发生同分异构的作用。例如，在葡萄糖或甘露糖或果糖溶液中加饱和 $Ba(OH)_2$ 或稀 NaOH 溶液，经一昼夜生成葡萄糖、甘露糖与果糖的混合液。其作用是少量的 OH^- 将单糖先生成烯醇式，由之而变为另外两种糖。

D-葡萄糖　⇌　1,2-反烯醇式　⇌　果糖　⇌　1,2-顺烯醇式　⇌　甘露糖

单糖在碱溶液中加热变黄。蒸馒头、煮稀饭加碱过量会变黄，主要就是这个原因。黄色可能是其中的烯醇式所生成的颜色的缘故。

单糖分子中含有自由的醛基或酮基，在碱性溶液中可以发生异构化反应，生成非常活泼的 1,2-烯醇体，因此具有还原性，可以被弱氧化剂氧化，生成相应的糖酸。

1,2-烯醇体　　　葡萄糖酸　　　葡萄糖二酸　　　葡萄糖醛酸

具有还原性且与弱氧化剂发生反应的糖叫还原糖。在还原糖的定性或定量测定中，常用 Cu^{2+} 的碱性溶液（斐林试剂或本尼迪克特试剂）来氧化还原糖。例如，将 D-葡萄糖与天蓝色的斐林试剂共热，由于反应后生成了 Cu_2O 而使溶液变成砖红色。一般来说，单糖都可以被弱氧化剂氧化，因此都具有还原性，都是还原糖。溴水可以氧化醛糖，而不能氧化酮糖，因此用溴水可以鉴别醛糖和酮糖。

醛糖在强氧化剂（如硝酸）的作用下，除了醛基被氧化为羧基外，伯醇基也被氧化为羧基，生成相应的糖二酸。酮糖在强氧化剂的作用下，分子内的碳链断开，生成两个小分子产物。醛糖在生物体内经酶的作用，还可以被氧化成为相应的糖醛酸。

浓的强碱溶液对糖有破坏作用，可以引起糖分子更深刻的变化，其烯醇式的位置可以由

C_1—C_2 移动至 C_2—C_3 或 C_3—C_4、C_4—C_5，进而发生碳链断裂，分子内发生氧化还原作用，形成多种复杂的产物。

CHOH	CH₂OH	CH₂OH	CH₂OH
C—OH	C—OH	CHOH	(CHOH)₂
(CHOH)₃	C—OH	C—OH	C—OH
CH₂OH	(CHOH)₂	CHOH	C—OH
	CH₂OH	CH₂OH	CH₂OH
1,2-烯醇式	2,3-烯醇式	3,4-烯醇式	4,5-烯醇式

4. 成苷反应

单糖环状结构中的半缩醛（或半缩酮）羟基与醇、酚类化合物发生失水缩合反应，生成缩醛（或缩酮）式衍生物，称为糖苷，这一反应叫成苷反应。例如，α-D-葡萄糖与甲醇在干燥 HCl 作用下失水缩合生成甲基-α-D-葡萄糖苷。

（结构图）α-D-葡萄糖　　甲醇 + CH₃OH 干燥HCl→ 甲基 α-D-葡萄糖苷 + H₂O

糖苷是由糖和非糖两部分组成。其中糖的部分称为糖基，非糖部分称为配基或配糖体。糖苷中连接糖基与配基的化学键叫糖苷键。自然界中的糖苷有 O-型和 N-型两种类型。配基以氧原子与糖基连接的为 O-型糖苷，如甲基-α-D-葡萄糖苷；配基以氮原子与糖基连接的为 N-型糖苷，如尿嘧啶-β-D-核糖苷（简称尿苷）。如果糖苷中的配基也是单糖，就形成了双糖。低聚糖和多糖都是以糖苷的形式连接而成的，多糖实际上是一种糖苷的聚合物。

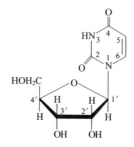

尿嘧啶-β-D核糖苷(尿苷)

糖苷的性质不同于单糖。环状的单糖是半缩醛（或半缩酮）式结构，在水溶液中可以转变为开链（醛或酮）式结构，因此具有还原性、变旋性、与苯肼成脎等性质。而糖苷是缩醛或缩酮稳定的化合物，不能转变为开链式结构，不能被弱氧化剂氧化，因此不具有还原性、变旋性等性质。

5. 成脎反应

单糖与过量的苯肼作用能够生成相应的糖脎，这一反应叫成脎反应。单糖与苯肼反应时，单糖分子上的醛基（或酮基）最初和 1 分子的苯肼反应产生苯腙，但反应并不到此为止，过量的苯肼可以将醛糖 C_2 或酮糖 C_1 上的羟基氧化成为羰基，然后此羰基又立刻与第二个苯肼分子缩合成为糖脎。

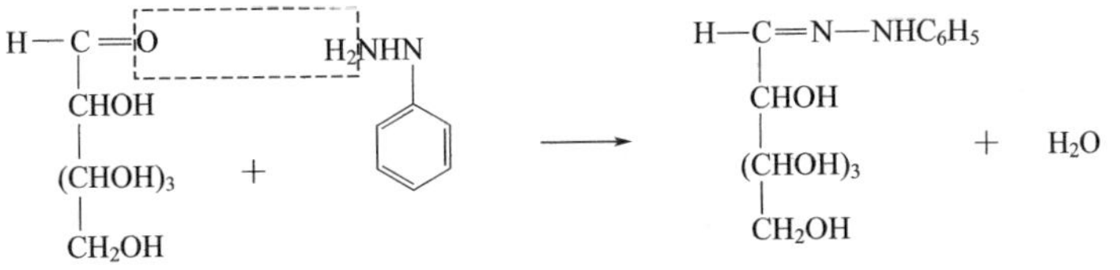

D-葡萄糖　　　　　苯肼　　　　　葡萄糖苯腙

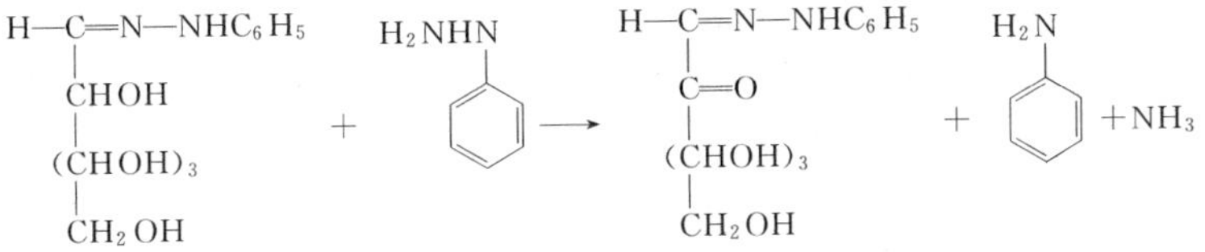

酮苯腙

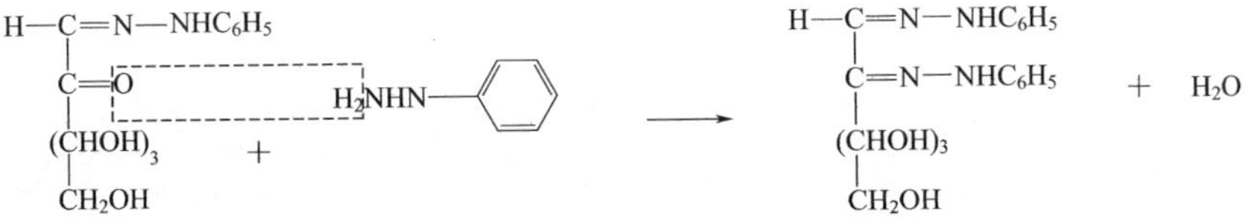

葡萄糖脎

酮糖与苯肼起加合反应与醛糖不同。首先与第二个碳原子上的酮基发生加合作用，然后第一个碳原子上的羟基氧化成醛基，再与另一分子苯肼加合生成糖脎。无论醛糖或酮糖生成糖脎，与简单的醛、酮不一样，这可以看作 α-羟基醛或 α-羟基酮的特有反应。

糖脎为黄色晶体，不溶于水。构型不同的糖类所产生的糖脎晶体及熔点都不相同，即使形成相同的糖脎，其反应速率和析出时间也不相同，所以利用脎的生成来鉴别糖类。

成脎反应只在第一个碳原子和第二个碳原子上发生变化，不涉及其他碳原子。因此，只要第一和第二碳原子以外的碳原子构型相同的糖（无论第一和第二碳原子是否相同），都可以生成相同的糖脎，如 D-葡萄糖、D-甘露糖和 D-果糖形成的糖脎是完全相同的。

6. 酯化反应

单糖分子上的羟基易与酸发生酯化反应生成糖脂。在生物化学上特别重要的糖脂是单糖与磷酸形成的磷酸糖脂，它们是糖代谢的中间产物，如 3-磷酸甘油醛、磷酸二羟基丙酮、1-磷酸葡萄糖、6-磷酸葡萄糖、6-磷酸果糖、1,6-二磷酸果糖。

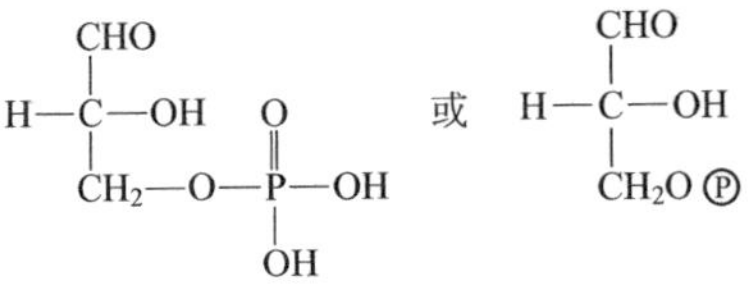

3-磷酸甘油醛 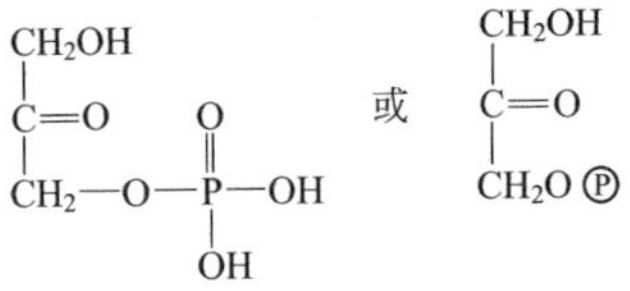　　　　　　　　　磷酸二羟丙酮

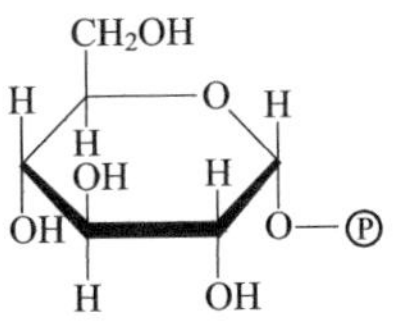

1-磷酸葡萄糖 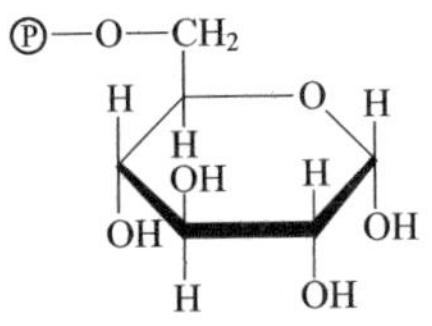　　　　　　　　6-磷酸葡萄糖

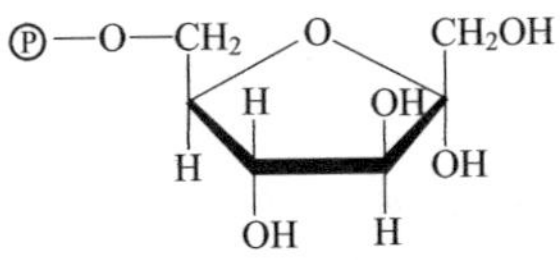

6-磷酸果糖 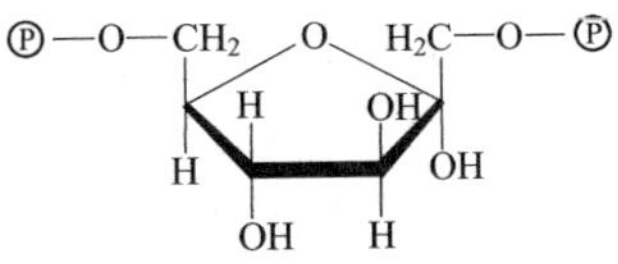　　　　　　　　1,6-二磷酸果糖

7. 缩合反应（羰氨反应）

单糖与氨基酸发生失水缩合反应，生成糖氨酸，这种反应称为羰氨反应。

早在 1912 年美拉德（Mailard）研究了葡萄糖与氨基酸的反应，它使食品颜色和味道发生了显著的变化，呈现浅黄色乃至褐色，所以人们称这个反应为褐变反应，又叫美拉德反应。这种褐变反应使食品颜色发生变化不是在酶的催化下进行的，所以它是非酶促褐变现象。

在谷物或食品加工和储藏中，单糖和氨基酸常常可以发生这类反应而使谷物或食品的颜色和味道发生显著的变化，这是谷物或食品在加工或储藏时呈现浅黄色乃至褐色的原因之一。如果加入葡萄糖氧化酶，使游离的葡萄糖氧化为葡萄糖酸，就可以防止这种现象的出现。

第三节　低聚糖

低聚糖又称为寡糖，是由 2~10 个单糖分子通过糖苷键失水缩合形成的聚合物，按所含单糖数称其为双糖、三糖、四糖等，其中以双糖最为常见。天然的低聚糖分子都是由 2~6 个单糖组成的，很少有超过 6 个单糖及以上。低聚糖中有的是由相同的单糖组成的，也有的是由不同的单糖组成的。由相同的单糖组成的低聚糖称为同聚低聚糖；由不同的单糖组成的低聚糖称为异聚低聚糖。低聚糖在谷物中的数量并不多，但是很重要。一般禾谷类谷物如稻谷、小麦、玉米只含有 1%~3% 的低聚糖，黑麦中含有 4%~6%；大豆中低聚糖的含量为 12%~13%。谷物中主要的低聚糖有麦芽糖、纤维二糖、蔗糖、乳糖和棉籽糖，其含量的多少与储藏条件及食用加工工艺品质有关。

一、谷物中常见的低聚糖

1. 麦芽糖

麦芽糖可由 α-淀粉酶水解淀粉制得，俗称饴糖。其结构是由两分子 D-葡萄糖通过 α-1,4 糖苷键失水缩合而成的同聚二糖。其中糖基和配基都是 D-葡萄糖基，作为糖基的 D-葡萄糖基是缩醛形式，而作为配基的 D-葡萄糖基是半缩醛形式，因此麦芽糖具有还原性，是还原糖。麦芽糖在一定的条件下，易水解为 D-葡萄糖。其结构式如下。

正常谷物子粒中不含有（或含有少量）麦芽糖，但是如果储藏条件不当，谷物子粒中的淀粉在淀粉酶的作用下便可以水解产生大量的麦芽糖；在发芽的谷粒（尤其是麦芽）、发酵的面团、蒸煮或烘烤过的甘薯中都含有大量的由淀粉水解而来的麦芽糖。

2. 纤维二糖

纤维二糖是由两分子 D-葡萄糖以 β-1,4 糖苷键失水缩合而成的同聚二糖，有还原性。与麦芽糖不同，纤维二糖是由两分子 D-葡萄糖形成的 β-D-葡萄糖苷。在自然界中，纤维二糖不以游离的形式存在，而是作为纤维素的组成成分，纤维素水解可以得到纤维二糖。纤维二糖不像麦芽糖那样容易水解，只有少数能够产生纤维素酶的微生物可以将纤维二糖快速水解为 D-葡萄糖。人体缺乏纤维素酶，因此纤维二糖不能被人体消化吸收。其结构式如下。

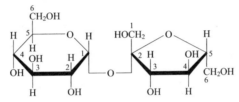

3. 蔗糖

蔗糖是由 1 分子 α-D-葡萄糖和 1 分子 β-D-果糖分别以半缩醛羟基和半缩酮羟基通过成苷反应失水缩合而成的异聚二糖。由于两分子单糖的半缩醛和半缩酮上的羟基相结合，无自由的半缩醛或半缩酮的羟基，故无还原性，为非还原糖。蔗糖既可以看成是 α-D-葡萄糖苷，又可以看成是 β-D-果糖苷，而分子中的糖苷键既可以称为 α-1,2 糖苷键，又可以称为 β-2,1 糖苷键。如果按照正常的哈瓦斯结构式来书写蔗糖，糖苷键就会写得过长，显然不合适，因此常将蔗糖分子中 β-D-果糖呋喃环上的碳原子按照逆时针方向编号书写。其结构式如下。

在一定条件下，蔗糖很容易水解生成 D-葡萄糖和 D-果糖的等量混合物，这种混合物称为转化糖。蔗糖为右旋糖，比旋光度（$[\alpha]_d^t$）为 $+66.5°$。蔗糖水解生成转化糖后，其比旋光度变为 $-19.8°$，呈左旋性，这是转化糖中等量的 D-葡萄糖和 D-果糖两者旋光性质的综合体现。

$$
\begin{array}{ccc}
蔗糖 & \xrightarrow{\text{水解}} & \text{D-葡萄糖} \quad + \quad \text{D-果糖} \\
[\alpha]_d^t = +66.5° & & [\alpha]_d^t = +52.2° \qquad [\alpha]_d^t = -92.4° \\
& & \underbrace{\qquad\qquad\qquad\qquad} \\
& & [\alpha]_d^t = -19.8°
\end{array}
$$

蔗糖是谷物中的主要低聚糖，也是食用糖的主要成分。甘蔗、甜菜、胡萝卜、香蕉、菠萝等都含有大量的蔗糖。甘蔗中蔗糖的含量约为 20%，是制取蔗糖的重要原料。

4. 乳糖

乳糖是由 1 分子 D-半乳糖和 1 分子 D-葡萄糖通过 β-1,4 糖苷键失水缩合而成的异聚二糖，是一种以 D-葡萄糖基为配基的 β-D-半乳糖苷。乳糖水解可以得到 D-半乳糖和 D-葡萄糖。乳糖是哺乳动物乳汁中主要的糖类，是乳婴的重要营养物质。牛乳含乳糖 4.5%～5.5%，人乳含乳糖 5.5%～8%。其结构式如下。

5. 棉籽糖（棉实糖或蜜三糖）

棉籽糖又称棉实糖或蜜三糖，主要存在于棉籽和油菜中，小麦中也含有。它是由 1 分子 α-D-半乳糖、α-D-葡萄糖和 β-D-果糖通过成苷反应失水缩合而成的异聚三糖。其中 α-D-半乳糖基和 α-D-葡萄糖基以 α-1,6 糖苷键相连接，α-D-葡萄糖基和 β-D-果糖基以 α-1,2 糖苷键相连接。实际上，棉籽糖分子中含有一个蔗糖组分和一个蜜二糖组分。其结构式如下。

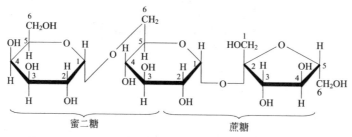

在酸的作用下，棉籽糖分子中的两个糖苷键都可以发生水解，分别生成 1 分子的 α-D-半乳糖、α-D-葡萄糖和 β-D-果糖。棉籽糖在蔗糖酶的作用下，只有 α-1,2 糖苷键水解，生成蜜二糖和 D-果糖；在 α-D-半乳糖苷酶的作用下，只有 α-1,6 糖苷键水解，生成 D-半乳糖和蔗糖。

$$棉籽糖 + 2H_2O \xrightarrow{酸} D\text{-}半乳糖 + D\text{-}葡萄糖 + D\text{-}果糖$$

$$棉籽糖 + H_2O \xrightarrow{蔗糖酶} 蜜二糖 + D\text{-}果糖$$

$$棉籽糖 + H_2O \xrightarrow{\alpha\text{-}D\text{-}半乳糖苷酶} D\text{-}半乳糖 + 蔗糖$$

二、低聚糖的主要性质

（一）物理性质

低聚糖分子中含有多个极性基团，因此很容易在水中溶解，而不溶于乙醚、丙酮等有机溶剂。低聚糖都可以形成结晶，具有甜味（表 3-2）。由于蔗糖水解以后得到的转化糖中含有 D-果糖，因此转化糖比蔗糖甜。

低聚糖分子中都含有不对称碳原子，因此低聚糖都具有旋光性，都是旋光性物质（表 3-3）。有些低聚糖具有变旋性，而另一些则不具有。如麦芽糖、纤维二糖、乳糖虽然都是糖苷类化合物，但是分子中作为配基的单糖仍然是半缩醛形式，都可以通过开链式结构在 α-型环状结构和 β-型环状结构之间互变，因此它们都具有变旋性；而组成蔗糖和棉籽糖的单糖分子都是缩醛或缩酮形式，因此这两种低聚糖不具有变旋性。

表 3-3　几种常见低聚糖的比旋光度（$[\alpha]_d^t$）

低聚糖	$[\alpha]_d^t$（平衡时）
麦芽糖	$+136.0°$
纤维二糖	$+35.2°$
蔗糖	$+66.5°$
乳糖	$+55.4°$
棉籽糖	$+105.2°$

（二）化学性质

低聚糖在酸或碱的作用下都可以水解成为组成它们的单糖。在前面介绍的五种常见低聚糖中，蔗糖分子中的 α-1,4 糖苷键最易水解，而纤维二糖分子中的 β-1,4 糖苷键最难水解。

有的低聚糖具有还原性，是还原糖，可以与弱氧化剂发生反应。如麦芽糖、纤维二糖和乳糖，由于分子中作为配基的单糖仍然是半缩醛形式，都保留着自由的半缩醛羟基，因此它们与单糖一样都可以与弱氧化剂发生反应，都是还原糖。这三种低聚糖也可以发生成脎反应，生成相应的糖脎。蔗糖和棉籽糖都是缩酮形式，不具有半缩酮羟基，不能与弱氧化剂发生反应，都是非还原糖。这两种低聚糖也都不能发生成脎反应。

三、谷物中的还原糖对谷物储藏特性的影响

糖类是谷物中的主要储存性营养物质。谷物中的糖类主要是淀粉、纤维素等多糖，多糖都是不溶于水的非还原糖。单糖和低聚糖在谷物中的含量虽然很少，但是它们的变化往往是储粮品质变化的反映。单糖和低聚糖都是可溶性的糖类，在谷物储藏中，常将谷物子粒中的可溶性糖称为谷物总糖。谷物总糖包括还原糖（如葡萄糖、果糖、麦芽糖等）和非还原糖（如蔗糖、棉籽糖等）两类。在成熟的谷物子粒中，谷物总糖占干物质的百分含量不高，如稻谷为 0.46%，小麦为 $2\%\sim5\%$，大豆为 $3.4\%\sim15.7\%$。

在正常储藏条件下，谷物总糖中非还原糖蔗糖的含量最多，而葡萄糖、果糖等还原糖的含量较少。如果储藏条件不当，受到微生物的侵害，蔗糖会发生水解，生成葡萄糖和果糖；淀粉、纤维素等多糖也可发生水解产生麦芽糖、葡萄糖等可溶性的还原糖，这样谷物总糖中的非还原糖含量便减少，而还原糖的含量会增加。高水分谷物在遭受害虫或微生物侵害时，谷物总糖中的非还原糖含量减少更为明显，而还原糖的含量先是增加，随后由于被害虫或微生物吸收利用又会有所降低。由此可见，谷物在储藏期间，如果非还原糖的含量减少，还原糖的含量增加，表明谷物的储藏稳定性有所降低。因此，在谷物储藏与检验工作中，经常要测定谷物总糖中还原糖的含量。

谷物子粒中的可溶性糖主要分布在胚部。当谷物种子发芽时，胚中的蔗糖等可溶性糖迅速被胚的发育消耗掉。胚中的可溶性糖也很容易被微生物所利用，因此谷物子粒生霉往往是从胚部开始，胚是谷物子粒中最不耐储藏的部分。

第四节　多　糖

多糖是由许多单糖分子通过糖苷键失水缩合而成的大分子有机化合物。多糖可以由同一种单糖组成，如淀粉、纤维素和糖原都是由许多 D-葡萄糖组成的，这样的多糖称为同聚多糖（或均一多糖）；多糖也可以由不同的单糖或其衍生物组成，如半纤维素、果胶等，这样的多糖称为杂聚多糖（或不均一多糖）。

多糖虽然由单糖组成，但是由于多糖是大分子物质，所以在许多性质上与单糖和低聚糖不同。多糖中大多数不溶于水，只有少数可在水中形成胶体溶液，不具有还原性和变旋性，也没有甜味。

多糖普遍存在于各种生物体内，具有多方面的生物学作用。植物体内的纤维素和动物体

内的几丁质，是构成植物和动物骨架的基本物质，属于结构性多糖；植物细胞内的淀粉和动物细胞内的糖原，是植物和动物体内 D-葡萄糖的储存形式，属于储存性多糖。谷物含有大量的多糖，最主要的是淀粉，另外还含有少量的纤维素、半纤维素和果胶等。

谷物中常见的多糖有淀粉、纤维素、半纤维素和果胶等。

一、淀粉

淀粉在谷物中含量很高，是谷物重要的营养成分。人类以谷物为主要食物，谷物中的淀粉是人体进行生命活动所需要能量的主要来源。淀粉在不同种类的谷物中含量不同（表 3-4）；在谷物子粒的不同部位，其含量也不一样。如在禾谷类谷物中，淀粉主要存在于胚乳，而胚一般不含淀粉，但是玉米的胚中含有少量的淀粉。

表 3-4　几种主要谷物淀粉的含量

粮种	淀粉含量（干重）/%	粮种	淀粉含量（干重）/%
小麦	58.0～76.0	红薯	16.0
玉米	64.7～66.9	马铃薯	13.2～23.0
大麦	56.0～66.0	豌豆	21.0～49.0
糙米	75.0～80.0	大豆	2.0～9.0
高粱	69.0～70.0		

（一）淀粉类型

根据淀粉分子结构的特点，可以把淀粉分为直链淀粉和支链淀粉（也叫分支淀粉）两种类型。天然存在的淀粉常常是这两种淀粉组成的混合物。不同谷物含直链淀粉和支链淀粉的比例不同（表 3-5）。糯性谷物如糯米、糯玉米、糯高粱等所含的淀粉几乎都是支链淀粉，而有些豆类谷物所含的淀粉几乎都是直链淀粉。谷物中直链淀粉和支链淀粉的含量比例与谷物的食用品质、加工工艺品质等有着十分密切的关系。如大米由于含有较多的直链淀粉，所以蒸的米饭干松，黏性较低；而糯米由于含有的淀粉全部为支链淀粉，所以蒸煮后的米饭黏稠，黏性较大。

表 3-5　主要谷物淀粉中两种淀粉的含量　　　　　　　　　　　　　单位：%

粮种	直链淀粉	支链淀粉
大米	17	83
糯米	0	100
玉米	22	78
甜玉米	70	30
小麦	24	76
高粱	27	73
荞麦	28	72
皱皮豌豆	75	25
马铃薯	22	78
甘薯	20	80

（二）淀粉分子结构

1. 直链淀粉分子结构

直链淀粉是由大约 300～1200 个 D-葡萄糖通过 α-1,4 糖苷键连接而成的没有分支的大分子物质。直链淀粉分子中的 D-葡萄糖残基除在一端具有一个半缩醛形式外，其余的全部都是缩醛形式。半缩醛形式的 D-葡萄糖残基所在的分子链这一端称为还原端，另一端称为非还原端。其结构式如下。

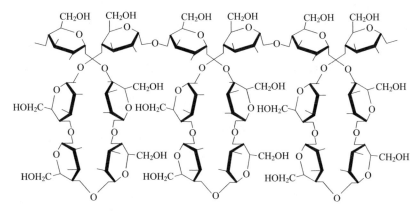

实际上，直链淀粉分子在空间并不是完全伸直的，而通常卷曲成螺旋状（图 3-2），每一个螺旋圈含有 6 个 D-葡萄糖残基。

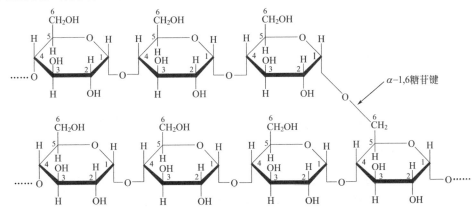

图 3-2　直链淀粉的螺旋状空间结构示意

2. 支链淀粉分子结构

支链淀粉分子比直链淀粉分子更大、更复杂。支链淀粉分子大约由 1300 个以上 D-葡萄糖单位组成，含有 50 个以上的分支。每一分支由 24～30 个 D-葡萄糖以 α-1,4 糖苷键连接而成。这些分支主要以 α-1,6 糖苷键交联起来，形成了如同树枝状庞大的支链淀粉分子。支链淀粉分子中分支与分支的连接处叫分支点，两个相邻分支点之间间隔着若干个 D-葡萄糖单位。支链淀粉的分支在空间上也是呈卷曲的螺旋状形态。其结构式如下。

（三）淀粉粒的形态和内部结构

谷物中的淀粉常以白色固态淀粉粒的形式存在，是由许多淀粉分子聚集在一起形成的。

不同谷物的淀粉粒在形状、大小、结构、性质等方面有所差异，因此，研究谷物淀粉粒的特征性质，对于鉴别粮种、了解和改进谷物品质具有重要的意义。

1. 淀粉粒的形态和大小

淀粉粒有圆形、椭圆形、多角形等多种形态，大小一般以长轴的长度来表示，最小的仅有 $2\mu m$，最大的可达 $170\mu m$。一般高水分作物形成的淀粉粒比较大，其形状也比较整齐，多为圆形或椭圆形，如马铃薯的淀粉粒。禾谷类作物形成的淀粉粒一般较小，常为多角形，如稻米的淀粉粒。同一粮种淀粉粒的形态和大小也有区别，如小麦淀粉粒有的大，有的小；玉米在胚附近的淀粉粒为多角形，在子粒顶部的为球形。

在显微镜下观察淀粉粒，可以看到其表面具有类似树木年轮的轮纹结构，马铃薯淀粉粒的轮纹特别明显（图 3-3）。有人在人工控制光照的条件下，昼夜连续用光照射马铃薯植株进行试验，发现在这种情况下形成的淀粉粒没有轮纹结构。因此，他们认为淀粉粒的轮纹结构是由于作物在形成淀粉粒时，受到昼夜光照强度周期性变化的影响产生的。白天光照强，光合作用速度大，合成的葡萄糖多，形成淀粉的密度大；而夜间光照弱，光合作用速度小，合成的葡萄糖少，形成的淀粉密度小，从而在淀粉粒上出现轮纹结构。

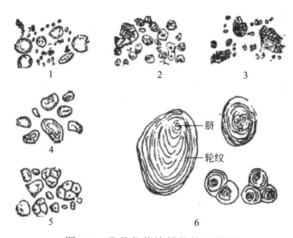

图 3-3　几种谷物淀粉粒的显微图
1—小麦淀粉；2—玉米淀粉；3—稻谷淀粉；4—豌豆淀粉；5—甘薯淀粉；6—马铃薯淀粉

2. 淀粉粒的内部结构

淀粉粒具有球状晶体所具有的特性，如在偏光显微镜下可以看到淀粉粒出现偏光十字。另外，淀粉粒又具有非晶体固体所具有的一些性质，如淀粉粒具有一定的弹性和可变性。那么，淀粉粒的这些特性如何解释呢？淀粉分子又是怎样结合在一起形成淀粉粒的呢？

淀粉粒是由许多淀粉分子按照一定规律形成的有秩序聚集体，而不是众多淀粉分子杂乱无章的堆积。淀粉粒内部有许多排列成放射状的微小束状晶体（微晶束），微晶束与微晶束之间具有一定的空隙。微晶束主要是由支链淀粉分子的分支相互平行排列，彼此以氢键相结合构成的。直链淀粉分子的部分链段也可以插入微晶束中参与微晶束的形成。支链淀粉或直链淀粉参与微晶束形成时，并不是整个分子参与到某一个微晶束之中，而是支链淀粉分子的不同分支或直链淀粉分子的不同链段可以分别参加到多个微晶束的组成之中。没有参与形成微晶束的支链淀粉或直链淀粉分子片段，呈非结晶性不定形的状态存在于微晶束与微晶束之间的空隙中。由于淀粉粒内部具有许多微晶束，所以淀粉粒具有球状晶体的一些特征。同

谷物与谷物化学概论

时，微晶束与微晶束之间有空隙，使得淀粉粒又具有弹性和可变性等非晶体固体的某些性质。

（四）淀粉的性质

1. 淀粉的糊化作用

天然淀粉粒是白色的颗粒状固体，相对密度为 1.5。把天然淀粉加入到冷水中并搅拌，淀粉不溶解，只能得到淀粉水悬液，静置一段时间后，其中的淀粉会自动沉淀，可见淀粉水悬液是一种不稳定体系。如果将淀粉的水悬液加热，当达到某一温度时，其中的淀粉粒突然溶胀破裂，淀粉水悬液转变成了均匀、黏稠、稳定的淀粉胶体溶液，这一现象叫淀粉的糊化作用。糊化了的淀粉叫糊化淀粉，也称 α-淀粉。淀粉粒溶胀破裂时的温度叫糊化温度。不同种类的谷物淀粉的糊化温度各不相同（表 3-6）。

表 3-6　几种谷物淀粉的糊化温度

谷物淀粉种类	糊化温度/℃
大米	58～61
小米	65～67.5
玉米	64～74
高粱	69～75
马铃薯	50～67

注：前一温度为淀粉开始糊化的温度，后一温度为全部淀粉都已糊化的温度。

有的谷物淀粉容易糊化，而有的则较难糊化，如糯米淀粉比籼米淀粉容易糊化。一般淀粉粒较大，内部结晶化程度较低，空间较大，或支链淀粉较多的谷物较易糊化；而淀粉粒较小，内部结晶化程度较高，微晶束排列较紧密，空间较小，或含直链淀粉较多的谷物淀粉较难糊化。

淀粉糊化时，必须要有充足的水分，一般水分只有在 30％以上才能使淀粉糊化或充分糊化。碱具有促进淀粉糊化的作用。淀粉在强碱液中，室温下就可以糊化。煮稀饭时加入少量的碱可以使稀饭浓稠均匀，就是因为碱具有促进淀粉糊化的作用。某些盐类，如硫氰酸钾、碘化钾、硝酸铵、氯化钙等也具有促进淀粉糊化的作用。

淀粉糊化作用的本质是水分子在热的作用下，破坏了淀粉粒的内部结构。在温度较低时，水分子的热运动速度较慢，只有少量的水分子进入淀粉粒内部，与非结晶性不定形态的淀粉分子片段上的极性基团相结合，这时淀粉粒内部的微晶束结构没有破坏，淀粉粒只是有限吸水，略有膨胀。随着温度升高，大量的水分子进入到淀粉粒内部，由于水分子的热运动速度加快，水分子便拆散了微晶束内部平行排列的淀粉分子片段之间的氢键，这样，微晶束便解体了。随后，淀粉粒便破裂，淀粉分子以不确定的形态分散开，在水中形成胶体质点，原来的淀粉水悬液就转变成了均匀、黏稠、稳定的胶体溶液。

糊化淀粉的结构与天然淀粉有很大的差异。糊化淀粉没有结晶性结构，分子呈松散、不固定的形态，糖苷键暴露，因此更容易被酶作用水解，更易于消化。煮饭、蒸馒头等过程中，米、面中淀粉发生的主要变化就是糊化作用。方便面、方便米饭等食品的制作也是利用了淀粉糊化的原理。面条或米饭在加水煮熟以后，在 100℃以上的热风中快速脱水干燥，或者在 150℃左右的油中快速脱水干燥，淀粉分子就被固定呈松散不定形的糊化淀粉状态，加入适量的热水即可食用。

2. 淀粉的凝沉作用

淀粉糊化后得到的淀粉胶体溶液在低温下静置一段时间后，其溶解度会降低并沉淀析出，这种现象叫淀粉的凝沉作用。沉淀析出的淀粉叫凝沉淀粉或老化淀粉，也称为 β-淀粉。沉淀结块的淀粉不再为水所溶解，也不能为酶所分解。

淀粉凝沉的本质是在温度逐渐降低的情况下，糊化的淀粉分子运动速度减慢，分子趋于自动平行排列，相互靠拢，彼此又以氢键结合而紧密地聚集，微晶束不再呈原来状态，而成为一种零乱组合，形成大于胶体的质点而沉淀。由于淀粉分子上羟基很多，所以结合得十分牢固，以致不被水溶解，也不易为酶水解。凝沉的结果形成了致密的、不溶于水的高晶化淀粉分子微晶束。实际上，淀粉的凝沉是糊化的逆转作用。

淀粉的凝沉现象在固体状态中更易发生。如新鲜馒头冷却后变硬，消失其柔软度，普遍以为这是因为失水而使馒头变硬所致，实际上这是一种淀粉凝沉现象，并非干燥变硬。假如将这种变硬馒头烘烤一下，可以发现其能够恢复适当程度的柔软，如若失去水分的缘故，则愈烤愈硬。用剩米饭加水做稀饭，无论如何也不如用生米加水做的稀饭那样均匀黏稠，就是因为剩米饭中的凝沉淀粉不像生米中的天然淀粉容易糊化。面包放置 $1\sim2$ 天后变硬等都是凝沉现象。

不同来源的淀粉，其凝沉的难易程度不同。一般来说，聚合程度高的淀粉易凝沉；直链淀粉较支链淀粉易凝沉；淀粉溶液浓度大的较浓度小的易凝沉。速煮米饭和方便面条，就是利用快速冷却和及时脱水干燥，使米饭和面条中的淀粉分子固定于原糊化状态，减少回生，防止形成凝沉的晶体。

3. 淀粉的吸附作用

淀粉分子上含有许多极性基团（—OH），因此可以吸收一些极性有机化合物。由于直链淀粉和支链淀粉的分子结构不同，所以它们对极性有机化合物的吸附情况也有所不同。在温度高于糊化温度的淀粉胶体溶液中，由于直链淀粉分子伸展，极性基团暴露，易与含极性基团的有机化合物通过氢键缔合，形成有机物-直链淀粉复合物的结晶沉淀析出。这时，支链淀粉分子由于庞大复杂的树枝状，极性基团比较隐蔽，并且主要以彼此结合成胶体质点的形式存在，所以只能吸附少量的极性有机化合物，不能形成结晶沉淀而稳定溶解在溶液中，因此，可以在较高温度时加入适量的丙醇、丁醇、戊醇等极性有机化合物，可使直链淀粉充分被吸附而结晶析出，这样就可以将直链淀粉和支链淀粉分离。

4. 淀粉与碘的呈色反应

淀粉与碘可以发生特异性的颜色反应。直链淀粉遇碘呈深蓝色；支链淀粉遇碘呈蓝紫色。淀粉与碘发生呈色反应时，碘分子进入淀粉分子的螺旋链内，形成了淀粉-碘复合物。淀粉-碘复合物的颜色与淀粉分子的链长或螺旋圈的数目有关（表 3-7）。

表 3-7　淀粉-碘复合物的颜色

链长（D-葡萄糖残基数）	螺旋圈数	颜色
12	2	无色
12～15	2	棕
20～30	3～5	红
35～40	6～7	紫
45 以上	9 以上	蓝

5. 淀粉的水解

淀粉在酸、酶等条件下可以逐步水解，最终的水解产物是 D-葡萄糖。淀粉在水解的过程中，可以得到糊精、麦芽寡糖等中间产物。淀粉的水解过程可用下式表示。

淀粉→红色糊精→无色糊精→麦芽寡糖→麦芽糖→D-葡萄糖

6. 淀粉不显还原性

虽然在直链淀粉和支链淀粉的分子中都保留有一个半缩醛形式的 D-葡萄糖残基，但是对于淀粉分子所含有的成百上千个缩醛形式的 D-葡萄糖残基来说却是微不足道的，因此，淀粉不显还原性，不能与弱氧化剂发生反应，是非还原糖。

7. 原淀粉和变性淀粉

未经加工处理的天然淀粉叫原淀粉。在科研或生产上，为了满足某种需要，常常把原淀粉经过适当的物理或化学方法处理，改变其溶解性、色泽、黏度、流动性等物理性质，而保持其化学性质不变，经过这种处理所得到的淀粉叫变性淀粉或改性淀粉。变性后的淀粉在外观上与原淀粉几乎没有区别，化学性质也不变。变性淀粉的种类很多，如在实验室中常用的可溶性淀粉以及食品工业中应用的磷酸淀粉和交联淀粉等。

磷酸淀粉是采用低度磷酸酯化淀粉而得，它的黏稠性良好，食品上常用作调味品。

交联淀粉是采用多官能团酯化的方法，使淀粉分子互相交联而成。它的机械性能良好，能耐酸碱和高温。食品工业用作增稠剂，实验室多用作吸附剂，它也是分子筛的原料。

二、纤维素与半纤维素

纤维素是自然界中分布最广、含量最多的多糖，主要存在于植物界。棉花中纤维素的含量接近 100%，是天然的最纯纤维素来源；麻、木材及各种作物的茎秆也都含有大量的纤维素。纤维素是植物细胞壁的主要成分，谷物子粒的果皮或种皮中绝大部分的物质是纤维素，它对谷物的储藏、加工以及品质具有很大的影响。

（一）纤维素

1. 纤维素的结构

纤维素分子是由大约 300～2500 个 D-葡萄糖通过 β-1,4 糖苷键失水缩合而成的没有分支的大分子物质。在纤维素分子中，具有半缩醛羟基的一端称为还原端，另一端称为非还原端。纤维素的基本结构单位是 D-葡萄糖，也可以认为是纤维二糖。与淀粉分子的多聚 α-D-葡萄糖苷链一样，纤维素分子的多聚 β-D-葡萄糖苷链在空间上是卷曲成螺旋状。其结构式如下。

纤维二糖

天然纤维素既有微晶束的结晶性部分，也有松散不定形的非结晶性部分。天然纤维素的结晶化程度比天然淀粉高得多，可以达到 60%～70%。纤维素的微晶束由 100～200 条纤维素分子片段紧密平行排列以氢键相结合形成，许多微晶束积压在一起使天然纤维素呈结实的网状结构，具有良好的机械性能和高度的化学稳定性。纤维素的这种结构特点使它非常适宜作为植物的结构性成分。

2. 纤维素的性质

纤维素是白色纤维状固体，常温下，纤维素既不溶于水，又不溶于一般的有机溶剂，如酒精、乙醚、丙酮、苯等，也不溶于稀碱溶液。因此，在常温下，纤维素是比较稳定的，这是因为纤维素分子之间存在氢键。水可使纤维素发生有限溶胀，某些酸、碱和盐的水溶液可渗入纤维结晶区，产生无限溶胀，使纤维素溶解。纤维素加热到约150℃时不发生显著变化，超过这温度会由于脱水而逐渐焦化。纤维素与较浓的无机酸起水解作用生成葡萄糖，与较浓的苛性碱溶液作用生成碱纤维素，与强氧化剂作用生成氧化纤维素。与淀粉一样，纤维素不显还原性，为非还原糖。

在纤维素的水解过程中，产生纤维素糊精、纤维二糖等中间产物。纤维素的水解过程可用下式表示。

纤维素→纤维素糊精→纤维二糖→D-葡萄糖

细菌和霉菌能分泌纤维素酶，使纤维素发生水解，生成组成纤维素的基本单位D-葡萄糖，其强度下降。粮食微生物中的纤维素酶可以分解粮粒外围的保护层，从而影响谷物的安全储藏，因此，在谷物储藏时要特别注意微生物的活动。

人类膳食中的纤维素主要存在于蔬菜和粗加工的谷类中，虽然不能被消化吸收，但具有促进肠道蠕动、利于粪便排出等功能。草食动物则依赖其消化道中的共生微生物将纤维素分解，从而得以吸收利用。如果人体缺少纤维素会出现营养消化不良、便秘等症状，甚至会导致结肠癌。

（二）半纤维素

半纤维素是一些与纤维素一起存在于植物细胞壁中的多糖总称，大量存在于植物木质化部分及海藻中。秸秆、糠麸、花生壳和玉米棒芯中含量丰富，特别是在幼嫩细胞初生壁中，其含量高达50%～70%。

半纤维素不溶于水而溶于稀碱液，实践中把能用17.5%NaOH溶液提取的多糖称为半纤维素。半纤维素是由几种不同类型的单糖构成的异质多聚体，组成成分比较复杂。不同来源的半纤维素，其成分也各不相同。如用稀酸水解，可产生戊糖和己糖。目前，已知半纤维素水解的产物主要有D-木糖、D-甘露糖、D-葡萄糖、D-半乳糖、L-阿拉伯糖、4-氧甲基-D-葡萄糖醛酸及少量L-鼠李糖、L-岩藻糖等。

半纤维素主要分为三类，即聚木糖类、聚葡甘露糖类和聚半乳糖葡甘露糖类。半纤维素木聚糖在木质组织中占总量的50%，它结合在纤维素微纤维的表面，并且相互连接，这些纤维构成了坚实的网状结构。

半纤维素的工业利用正在开发，制浆废液可制酵母，酵母又可抽提出10%的核糖核酸，再衍生为肌苷单磷酸酯和鸟苷单磷酸酯，可用作调味剂、抗癌剂或抗病毒剂等。林产化学品法是先用有机酸使纤维原料预水解，水解残渣仍可制浆，质量可与未预水解的浆相媲美，而从水解液中可分离出戊糖和己糖组分，所得木糖经处理后制成木糖醇，可做增甜剂、增塑剂、表面活性剂；木糖酸可做胶黏剂；聚木糖硫酸酯可作为抗凝血剂。

三、果胶类物质

果胶物质是植物细胞壁的成分之一，存在于细胞壁的中间层，起着黏结细胞的作用。在细胞初生壁中含量最高，果胶物质在甘薯、水果、蔬菜中含量较高，在谷物子粒中也有一定的含量。

果胶物质是由半乳糖醛酸组成的多聚体。根据其结合情况及理化性质，可分为三类，即果胶酸、果胶和原果胶。

（一）果胶酸

果胶酸是由约 100 个半乳糖醛酸通过 α-1,4 糖苷键连接而成的直链。果胶酸比较稳定，能溶于水。由于含有羧基，很容易与钙、镁离子起作用生成不溶性的果胶酸盐的凝胶。它主要存在于细胞壁的中间层。其分子结构如下。

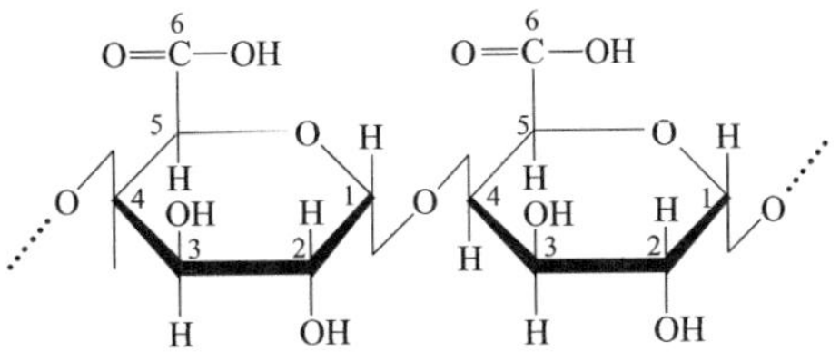

（二）果胶

果胶又称果胶酯酸，是半乳糖醛酸酯及少量半乳糖醛酸通过 α-1,4 糖苷键连接而成的长链高分子化合物，相对分子质量在 $25000 \sim 50000$ 之间，每条链含 200 个以上的半乳糖醛酸残基，通常以部分甲酯化状态存在，所以果胶就是果胶酸的甲酸酯，简称果胶甲酯。果胶易解聚，能溶于水，存在于细胞壁中层和初生壁中，甚至存在于细胞质或液泡中。其结构模式如下。

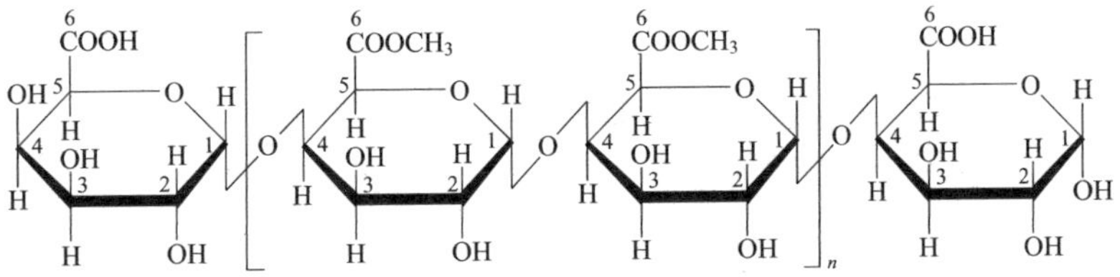

（三）原果胶

原果胶是由数百乃至数千个 α-D-半乳糖醛酸甲酯以 α-1,4 糖苷键相连接而成的大分子物质，其相对分子质量比果胶酸和果胶大，甲酯化程度介于二者之间，主要存在于初生壁中，不溶于水。在稀酸和原果胶酶的作用下，原果胶分子中的一部分 α-D-半乳糖醛酸甲酯发生水解去甲酯化，转变为可溶性的果胶。因此，果胶是原果胶的部分水解产物。α-D-半乳糖醛酸甲酯分子结构式如下。

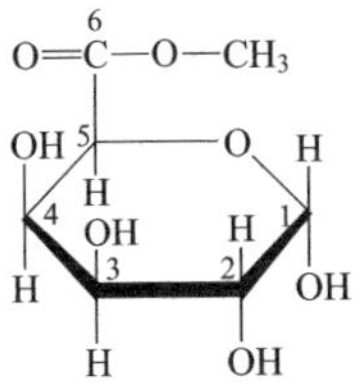

在一定的条件下，果胶进一步降解为更小的分子，同时分子中的 α-D-半乳糖醛酸甲酯全部水解去甲酯化，即可得到果胶酸。

$$原果胶 \xrightarrow[\text{水解}]{\text{部分去甲酯化}} 果胶 \xrightarrow[\text{进一步水解}]{\text{全部去甲酯化}} 果胶酸$$

果胶物质分子间由于形成钙桥而交联成网状结构，它们作为细胞间的中层起黏合作用，可允许水分子自由通过。果胶物质所形成的凝胶具有黏性和弹性。钙桥增加，细胞壁衬质的流动性就降低；酯化程度增加，相应形成钙桥的机会就减少，细胞壁的弹性就增加。

在未成熟的水果或谷物子粒中，果胶类物质主要以不溶于水的原果胶形式存在，并与细胞壁上的纤维素、半纤维素以及某些结构性蛋白质结合在一起具有组织坚硬的特性。随着果实或粮粒的成熟，在原果胶酶、果胶酶、果胶酸酶等的作用下，原果胶逐渐降解转变为可溶于水的果胶、果胶酸等物质，原来细胞间质中的原果胶与细胞壁的紧密联结便丧失，果实或粮粒软化趋于成熟。

甘薯在收获前或储藏期间，如果受到低温作用会变硬，蒸煮时不易煮软，影响食用品质。这种现象与甘薯中的果胶物质有关。低温下，甘薯中的果胶物质在多种酶的作用下，形成了大量不溶于水的果胶酸钙，从而造成甘薯的细胞牢固地黏结在一起，很难分离。因此，收获或储藏甘薯时应注意防冻。

 本章练习

一、名词解释

糖类　　低聚糖　　同聚多糖　　异聚多糖　　不对称碳原子　　变旋性
淀粉的糊化　　淀粉的凝沉　　改性淀粉　　糖苷

二、单项选择（选择一个正确的答案，将相应的字母填入题内的括号中）

1.α-淀粉酶水解支链淀粉的结果是（　　　）。

A. 完全水解成葡萄糖和麦芽糖

B. 产物为糊精

C. 使 α-1,6 糖苷键水解

D. 在淀粉 α-1,6-葡萄糖苷酶存在时，完全水解成葡萄糖和麦芽糖

2. 下列糖类物质中不是还原糖的是（　　　）。

A. 果糖　　　　　　B. 蔗糖　　　　　　C. 葡萄糖　　　　　　D. 麦芽糖

3. 下列糖类中不属于多糖的是（　　　）。

A. 蔗糖　　　　　　B. 淀粉　　　　　　C. 果胶　　　　　　D. 纤维素

4. 糖的甜度一般以哪种糖为标准进行比较，从而得出相对甜度（　　　）。

A. 蔗糖　　　　　　B. 果糖　　　　　　C. 葡萄糖　　　　　　D. 麦芽糖

5. 下列有关葡萄糖的叙述，哪个是错的（　　　）。

A. 显示还原性

B. 新配制的葡萄糖水溶液其比旋光度随时间而改变

C. 不能与斐林试剂发生颜色反应

D. 与苯肼反应生成脎

6. 下列哪种糖不能生成糖脎（　　　）。

A. 葡萄糖　　　　　B. 果糖　　　　　　C. 蔗糖　　　　　　D. 麦芽糖

7. 蔗糖与麦芽糖的区别在于（　　　）。

A. 麦芽糖是单糖　　　　　　　　　　B. 蔗糖是单糖

C. 蔗糖含果糖残基　　　　　　　　　D. 麦芽糖含果糖残基

8. 含有 α-1,4-糖苷键的是（　　　）。

A. 麦芽糖　　　　　B. 乳糖　　　　　C. 纤维素　　　　　D. 蔗糖

9. 下列关于淀粉的叙述错误的是（　　　）。

A. 淀粉不含支链

B. 淀粉中含有 α-1,4 和 α-1,6 糖苷键

C. 淀粉分直链淀粉和支链淀粉

D. 直链淀粉溶于水

10. 下列哪一种糖不是二糖（　　　）。

A. 纤维二糖　　　　B. 纤维素　　　　C. 乳糖　　　　　D. 蔗糖

11. 组成 RNA 的糖是（　　　）。

A. 核糖　　　　　　B. 脱氧核糖　　　　C. 木糖　　　　　D. 阿拉伯糖

三、多项选择（选择正确的答案，将相应的字母填入题内的括号中）

1. 下列单糖中属于含有六个碳原子的己糖的是（　　　）。

A. 葡萄糖　　　　　B. 果糖　　　　　C. 核糖　　　　　D. 半乳糖

2. 下列糖类中属于低聚糖的是（　　　）。

A. 麦芽糖　　　　　B. 蔗糖　　　　　C. 淀粉　　　　　D. 乳糖

3. 下列关于葡萄糖的说法哪些是正确的（　　　）。

A. 葡萄糖具有旋光性　　　　　　　　B. 葡萄糖的碳链呈一条直线

C. 葡萄糖在溶液中，只以环式存在　　D. 葡萄糖的分子式为 $C_6H_{12}O_6$

4. 下列关于多糖的正确描述是（　　　）。

A. 它们是生物的主要能源　　　　　　B. 它们全部能被人体消化吸收

C. 它们以线状分子形式存在　　　　　D. 能水解成许多单糖的高分子化合物

5. 下列糖中属于还原糖的是（　　　）。

A. 麦芽糖　　　　　B. 棉籽糖　　　　C. 乳糖　　　　　D. 蔗糖

6. 蔗糖是由那两种单糖缩合而成的（　　　）。

A. 果糖　　　　　　B. 半乳糖　　　　C. 木糖　　　　　D. 葡萄糖

7. 下列是淀粉所具有的性质的有（　　　）。

A. 遇 I_2 变蓝　　　　　　　　　　B. 可水解成葡萄糖、麦芽糖、糊精等

C. 可分为直链和支链两种　　　　　　D. 可发生糊化现象

8. 果胶是由下列那些物质组成（　　　）。

A. 原果胶　　　　　B. 果胶　　　　　C. 果胶酸　　　　D. 高酯果胶

9. 下列糖中，属于单糖的是（　　　）。

A. 葡萄糖　　　　　B. 葡聚糖　　　　C. 阿拉伯糖　　　D. 果糖

10. 以下物质中有甜味的是（　　　）。

A. 转化糖　　　　　B. 蔗糖　　　　　C. 淀粉　　　　　D. 纤维素

四、填空

1. 天然淀粉有（　　　）和（　　　）两种结构。

2. 葡萄糖的有氧氧化分解主要沿着（　　　　　）和（　　　　　）这两条途径进行。

3. 依据化学结构可将糖类化合物分为（　　　　）、（　　　　）和（　　　　）三类。

4. 纤维素是由（　　　　）组成，它们之间通过（　　　　）糖苷键相连。

5. 人血液中含量最丰富的糖是（　　　　　），肝脏中含量最丰富的糖是（　　　　　），肌肉中含量最丰富的糖是（　　　　）。

6. 糖苷是指（　　　　）和醇、酚等化合物失水而形成的缩醛（　　　　）等形式的化合物。

7. 判断一个糖的 D-型和 L-型是以（　　　　　）作依据。

8. 直链淀粉遇碘呈（　　　　）色，支链淀粉遇碘呈（　　　　）色。

9. 蔗糖是由一分子（　　　　）和一分子（　　　　）组成，它们之间通过（　　　　）糖苷键相连。

10. 棉籽糖完全水解产生（　　　　）、（　　　　）、（　　　　）各一分子。

五、判断题（将判断结果填入括号中。正确的填"√"，错误的填"×"）

1. 糖的变旋现象是由于糖在溶液中起了化学作用。（　　　）

2. 糖的变旋现象是指糖溶液放置后，旋光方向从右旋变成左旋或从左旋变成右旋。（　　　）

3. 由于酮类无还原性，所以酮糖亦无还原性。（　　　）

4. 果糖是左旋的，因此它属于 L-构型。（　　　）

5. 糖原、淀粉和纤维素分子中都有一个还原端，所以它们都有还原性。（　　　）

6. 一切有旋光性的糖都有变旋现象。（　　　）

7. 多糖是相对分子质量不均一的生物高分子。（　　　）

8. α-淀粉酶和 β-淀粉酶的区别在于 α-淀粉酶水解 α-1,4 糖苷键，β-淀粉酶水解 β-1,4-糖苷键。（　　　）

9. 自然界中所有糖分子中 H、O 之比均为 2：1。（　　　）

10. 链状结构的葡萄糖与环状结构的葡萄糖的手性碳原子数相等。（　　　）

六、写出下列物质的结构式

D-（＋）-甘油醛　二羟基丙酮　D-葡萄糖（开链式结构）　D-果糖（开链式结构）

D-核糖（开链式结构）　α-D-呋喃型核糖（Haworth 式）　α-D-吡喃型葡萄糖（Haworth式）　α-D-呋喃型果糖（Haworth 式）　蔗糖　麦芽糖

七、简答

1. 斐林试剂鉴定葡萄糖为还原糖的原理。

2. 试述方便面、方便米饭等食品加热水即可食用的原理。

3. 简述糖类对谷物储藏稳定性的影响。

4. 糖的 D-型，L-型，α-,β-是如何区别的？

5. 简述淀粉与纤维素的异同。

6. 简述单糖及其分类。

7. 简述鉴定酮糖和醛糖的化学方法。

8. 单糖为什么具有旋光性？

9. 糖类物质在生物体内起什么作用？

第四章 谷物中的脂类

研究要点

1. 谷物中脂类的概念、组成及结构
2. 谷物中脂肪的结构、化学组成及性质
3. 油脂的乳化作用及类脂

脂类是脂肪及类脂的总称，是一类较难溶于水而易溶于有机溶剂的化合物，是生物体的重要组成成分。脂肪是由 1 分子甘油和 3 分子脂肪酸组成的酯，故称甘油三酯。类脂有磷脂、糖脂及固醇类等。脂类是机体重要的优质能源物质，也是构成各种生物膜的重要成分，必需脂肪酸是人体中不可缺少的营养成分，有重要的生理功能。

脂类在粮食、油料子粒中的分布及含量与粮食、油料食用品质和耐藏性都有密切的关系。在粮食加工和配合饲料中，营养物质的配制和利用也常以脂肪含量为依据。豆类中的大豆含脂肪较多，是良好的制油原料。禾谷类子粒中的脂肪含量不高，但它们加工的副产品，如米糠、玉米胚中含有较多的脂肪，也是重要的制油原料。

第一节 概 述

一、脂类的概念

脂类是脂肪及类脂的总称，是生物体内一大类重要的有机化合物。凡存在于生物体内的脂肪或类似于脂肪的能够被有机溶剂抽提出来的一类化合物，统称为脂类化合物，其元素组成主要是 C、H、O，有些尚含有 N、S、P 等。脂类化合物具有一个共同的物理性质，就是不溶于水，但能溶于非极性有机溶剂。脂类是生物体重要的能源物质，并且具有参与机体代谢重要的生理功能；是构成生物膜的重要成分，细胞内的磷脂几乎都集中在生物膜中；另外还有一些脂类物质具有特殊的生理活性，如某些维生素和激素等。

在植物组织中，脂类主要存在于种子和果实中，如花生、油菜籽、芝麻等含脂肪可达 30%～50%。

二、脂类的分类

脂类按其化学组成分为三类，即单纯脂质、复合脂质和衍生脂质。

（一）单纯脂质

单纯脂是由各种高级脂肪酸和醇所形成的酯，包括以下两种。

（1）脂肪　其水解产物为脂肪酸和甘油，典型代表物为三酰甘油或称甘油三酯。

（2）蜡　由脂肪酸和长链脂肪醇或固醇组成。

（二）复合脂质

除含有脂肪酸和醇外，还有其他非脂成分的脂类。复合脂质按照非脂成分的不同可分为磷脂和糖脂两种。

（1）磷脂　这种脂类的非脂成分是磷酸和含氮碱（如胆碱、乙醇胺）。磷脂根据醇成分不同，又可分为甘油磷脂（如磷脂酸、磷脂酰胆碱、磷脂酰乙醇胺等）和鞘氨醇磷脂（简称鞘磷脂）。

（2）糖脂　其非脂成分是糖，并因醇成分不同，又分为鞘糖脂（如脑苷脂、神经节苷脂）和甘油糖脂（如单半乳糖基二酰基甘油）。

（三）衍生脂质

衍生脂质是由单纯脂质或复合脂质衍生而来，主要包括取代烃、固醇类（甾类）、萜。

三、脂类物质的生理意义

脂类物质具有重要的生理作用，可归纳如下。

（一）储存能量和氧化供能

脂类物质最重要的生理功能就是储存能量和供给能量。1g脂肪在体内完全氧化时可释放出37.7kJ的能量，大约比糖类（约17.2kJ/g）或蛋白质（约18kJ/g）放出的能量多2倍以上。脂肪在体内氧化时产生的大量热，能满足成人每日需要热量的20%～50%。脂肪组织是体内专门用于储存脂肪的组织，当机体需要时，脂肪组织中储存的脂肪可被分解供给机体能量。

（二）构成机体组织的成分

磷脂和糖脂是生物膜的重要组成成分，通常脂类占生物膜组成的40%～50%。其他脂类，有的是动物的激素和维生素，有的是动植物的色素物质。

（三）提供必需脂肪酸，协调和促进脂溶性维生素的吸收

哺乳动物体内不能合成亚油酸、亚麻酸、花生四烯酸，这些脂肪酸又是维持哺乳动物正常生长所必需的，必须由食物供给，因此，称为必需脂肪酸。长期以葡萄糖和氨基酸提供营养时，会发生必需脂肪酸的缺乏。

脂类物质也可促进脂溶性维生素（如维生素A、维生素D、维生素E、维生素K）和胡萝卜素等的吸收，这些物质在调节细胞代谢上均有重要作用。

（四）具有保温和保护作用

脂肪不易传热，故能防止散热，维持体温恒定，抵御寒冷。如肥胖的人由于在皮肤下及

肠系膜等处储存着大量的脂肪，体温散发较慢，所以在冬天不觉冷，但在夏天因体温不易散发而怕热。

脂肪组织较为柔软，存在于器官组织间，可减少摩擦，保护机体免受损伤。如臀部皮下脂肪很多，所以可以久坐而不觉局部劳累；足底也有较多的皮下脂肪，故步行、站立而不致伤及筋骨。

第二节　脂　肪

一、脂肪的结构与化学组成

（一）脂肪的结构

脂肪广泛存在于动植物中，是构成动植物体的重要成分之一。油脂是油和脂的总称，也称真脂、脂肪。习惯上把在常温下呈液态的脂肪叫油，呈固态的脂肪叫脂。在常温下，植物脂肪多为液态，并以其来源的植物命名，如花生油、豆油、菜籽油等。陆地上动物脂肪在常温下一般为固态或半固态，也常以来源的动物命名，如猪脂、牛脂等，不过习惯上也称猪油、牛油。水生动物脂肪在常温下一般为液态，称鱼油，但也有称鱼脂的。

从化学结构来看脂肪均为甘油和脂肪酸所组成的酯，即甘油分子的 3 个羟基分别与 3 个脂肪酸分子的羧基脱水缩合而成的酯（三酰甘油或甘油三酯）。其结构通式如下。

甘油分子中共含有 3 个羟基，所以可逐一被脂肪酸酯化。如果甘油只有 1 个羟基或 2 个羟基被脂肪酸酯化，则分别称为单酰甘油和二酰甘油。式中的 R^1、R^2、R^3 是脂肪酸的烃链。当 R^1、R^2、R^3 相同时，该化合物称为单纯甘油酯，如棕榈酸甘油酯；当 R^1、R^2 和 R^3 不相同时，称为混合甘油酯。在上式中，甘油骨架两端的碳原子称为 α 位，中间的是 β 位。

（二）脂肪的化学组成

1. 甘油

甘油即丙三醇，为无色无臭略带甜味的黏稠液体，可与水、乙醇以任意比例互溶，不溶于脂肪溶剂，如乙醚、苯和氯仿等。但当甘油的 3 个羟基和脂肪酸缩合成酯后，情况则相反。甘油在高温下与脱水剂（如 $CaCl_2$、$KHSO_4$、$MgSO_4$ 等）共热，失去 2 分子水，生成具有刺激鼻、喉及眼黏膜的辛辣气味的丙烯醛，可作为鉴定甘油特征的反应。其反应如下。

甘油用途极为广泛，可作为防冻剂、防干剂、柔软剂等。另外，甘油广泛用于化妆品、医药、国防等领域。

2. 脂肪酸

微生物、植物和动物中存在着 100 多种脂肪酸，它们的主要区别是烃链的长度及不饱和程度。

（1）饱和脂肪酸 饱和脂肪酸的特点是碳氢链上没有双键存在，链长一般为 $C_4 \sim C_{30}$。根据碳原子数的不同又可将饱和脂肪酸分为低级饱和脂肪酸和高级饱和脂肪酸。

① 低级饱和脂肪酸（挥发性脂肪酸） 分子中碳原子数 $\leqslant 10$ 的脂肪酸，常温下为液态，如丁酸、乙酸等。在乳脂及椰子油中多见。

② 高级饱和脂肪酸（固态脂肪酸） 分子中碳原子数 >10 的脂肪酸，常温下呈固态，如软脂酸和硬脂酸等。

（2）不饱和脂肪酸 分子中含有一个或多个双键的脂肪酸称为不饱和脂肪酸，通常呈液态。只含有一个双键的脂肪酸称单不饱和脂肪酸；含有两个或两个以上双键的称多不饱和脂肪酸。

每个脂肪酸都可以有通俗名称、系统名称和简写符号。不饱和脂肪酸通常用 $C_{x:y} \triangle N$ 表示，其中 x 表示碳链中碳原子的数目，y 表示不饱和双键的数目，$\triangle N$ 表示双键的位置。一般先写出碳原子的数目，再写出双键的数目，两个数目之间用冒号（:）隔开，最后表明双键的位置，上标 N 表示每个双键的最低编号的碳原子。如软脂酸可写成 $C_{16:0}$，表明软脂酸为具有 16 个碳原子的饱和脂肪酸；亚油酸可写成 $C_{18:2} \triangle^{9,12}$，表示亚油酸具有 18 个碳原子，而且在 C_9 和 C_{10} 以及 C_{12} 和 C_{13} 之间各有一个双键。天然油脂中常见的脂肪酸见表 4-1。

表 4-1　一些常见的脂肪酸

类别	俗名	系统名称	简写法	结构简式	存在
饱和脂肪酸	月桂酸	正十二烷酸	$C_{12:0}$	$CH_3(CH_2)_{10}COOH$	月桂油、椰子油、乳脂
	豆蔻酸	正十四烷酸	$C_{14:0}$	$CH_3(CH_2)_{12}COOH$	豆蔻油、动植物油、奶油
	软脂酸	正十六烷酸	$C_{16:0}$	$CH_3(CH_2)_{14}COOH$	动植物油脂
	硬脂酸	正十八烷酸	$C_{18:0}$	$CH_3(CH_2)_{16}COOH$	动植物油脂、牛脂
	花生酸	正二十烷酸	$C_{20:0}$	$CH_3(CH_2)_{18}COOH$	花生油
	山嵛酸	正二十二烷酸	$C_{22:0}$	$CH_3(CH_2)_{20}COOH$	植物油
	木蜡酸	正二十四烷酸	$C_{24:0}$	$CH_3(CH_2)_{22}COOH$	种子油、乳脂中微量
不饱和脂肪酸	棕榈油酸	十六碳一烯酸	$C_{16:1} \triangle^9$	$CH_3(CH_2)_5CH{=}CH(CH_2)_7COOH$	两栖动物脂、鱼类
	油酸	十八碳一烯酸	$C_{18:1} \triangle^9$	$CH_3(CH_2)_7CH{=}CH(CH_2)_7COOH$	植物油
	亚油酸	十八碳二烯酸	$C_{18:2} \triangle^{9,12}$	$CH_3(CH_2)_4(CH{=}CHCH_2)_2(CH_2)_6COOH$	植物油
	亚麻酸	十八碳三烯酸	$C_{18:3} \triangle^{9,12,15}$	$CH_3CH_2(CH{=}CHCH_2)_3(CH_2)_6COOH$	亚麻油、苏子油
	花生四烯酸	二十碳四烯酸	$C_{24:4} \triangle^{5,8,11,14}$	$CH_3(CH_2)_4(CH{=}CHCH_2)_4(CH_2)_2COOH$	卵黄、卵磷脂、脑、花生油
	芥酸	二十二碳一烯酸	$C_{22:1} \triangle^{13}$	$CH_3(CH_2)_7CH{=}CH(CH_2)_{11}COOH$	菜籽油

人体中能合成大多数脂肪酸，只有亚油酸、亚麻酸和花生四烯酸等多双键的不饱和脂肪酸不能在人体内合成，必须由食物供给，故称为人体必需脂肪酸。必需脂肪酸是磷脂的重要组成成分，能降低血脂、防止动脉粥样硬化和血栓的形成。植物油中含的必需脂肪酸比动物油中多，这是植物油营养价值高的原因。花生四烯酸是合成前列腺

素、血栓素和白三烯等重要活性物质的原料，近年来发现这三种物质参与了所在细胞的代谢活动，并且与炎症、免疫、过敏、心血管病等重要的病理过程有关，在调节细胞代谢方面具有重要作用。

二、脂肪酸及脂肪的性质

（一）物理性质

1. 色泽与气味

纯净的脂肪酸及甘油酯是无色的，但天然脂肪常具有各种颜色，如棕黄、黄绿、黄褐色等，这是由于油料中的脂溶性色素（如胡萝卜素、叶绿素、棉酚等）溶入油中的缘故。天然油脂的气味也是由于其所含的非脂肪挥发性物质引起的，如芝麻油有特殊香味是由于含有芝麻酚，椰子油的香气主要是由于含有壬甲基酮，而棕榈油的香气则部分是由于含有 β-紫罗酮。此外，溶于脂肪中的低级脂肪酸（$\leqslant C_{10}$）的挥发性气味也是造成脂肪嗅味的原因。

2. 熔点与沸点

脂肪酸的熔点随碳链的增长及饱和程度的增高而不规则的增高，且偶数碳原子链脂肪酸的熔点比相邻的奇数碳链脂肪酸高，双键引入可显著降低脂肪酸的熔点，如 C_{18} 的四种脂肪酸（硬脂酸、油酸、亚油酸和亚麻酸）中，硬脂酸的熔点为 70℃，油酸为 13.4℃，亚油酸为 -5℃，亚麻酸为 -11℃；顺式异构体低于反式异构体，如顺式油酸熔点为 16.3℃，而反式油酸为 43.7℃。脂肪酸的沸点随链长增加而升高，饱和程度不同但碳链长度相同的脂肪酸沸点接近。

脂肪是甘油酯的混合物，而且其中还混有其他物质，所以没有确切的熔点和沸点。一般油脂的最高熔点在 40~55℃ 之间，其中与组成的脂肪酸有关。几种常见食用油脂的熔点范围见表 4-2。

表 4-2   常见食用油脂的熔点范围

油　脂	大豆油	花生油	向日葵油	黄　油	猪　油	牛　油
熔点/℃	-18~-8	0~3	-19~-16	28~42	34~48	42~50

熔点范围对脂肪消化来说十分重要。健康人体温为 37℃ 左右，熔点高于体温的脂肪较难消化，如牛油、羊油，只有趁热食用才容易消化。油脂的沸点一般在 180~200℃ 之间，与脂肪酸的组成有关。

3. 折光指数

光在真空或空气中传播的速度与光在某物质中传播的速度之比，即光线进入某物质时，其入射角的正弦和折射角的正弦的比值叫某物质的折光指数。油脂具有折光性，折光指数是植物油重要的特征常数。不同的油脂由于脂肪酸组成不同，因而在相同的光线、波长、温度等条件下具有不同的折光指数。折光指数的大小可以反映油脂的脂肪酸碳链的长短及其不饱和程度。一般来说，油脂的折光指数随碳链的增长而增加，随碳链双键数目的增多而增加；脂肪酸含有羟基的脂肪具有较高的折光指数。由于各种天然油脂都有一定的折光指数范围，因此，应用折光指数可作为鉴别油脂类别、纯度和酸败程度的参考依据之一。主要植物油的折光指数见表 4-3。

表 4-3　常见植物油的几项理化指标

种类	折光指数 n_D^{20}	皂化值/(mg/g)	碘价/(mg/100g)	凝固点/℃
菜籽油	1.4710～1.4750	170～179	97～105	−12～−10
花生油	1.4695～1.4720	189～199	83～105	−3～3
大豆油	1.4720～1.4770	190～197	115～145	−18～−15
芝麻油	1.4715～1.4750	188～193	103～112	−7～−3
茶油	1.4680～1.4720	190～195	80～87	−10～−5
棉籽油	1.4690～1.4750	191～195	104～114	−5～5
玉米油	1.4750～1.4770	187～196	109～133	−12
米糠油	1.4715～1.4750	181～189	99～108	−5～5
亚麻油	1.4795～1.4855	184～195	170～209	−27～−18
大麻油	1.4776～1.4810	190～194	145～167	−20
桐油	1.5185～1.5220	190～195	161～173	0
蓖麻油	1.4765～1.4819	176～187	82～86	−20～−18
红花油	1.4750～1.4765	187～194	138～150	−20～−18
棕榈油	1.4560～1.4590	196～210	52～58	27～30

4. 溶解性

脂肪酸分子有极性的羟基端和非极性的烃基端，因此，它具有亲水端（羟基）和疏水端（碳氢链）。脂肪酸分子中的亲水和疏水两种不同的性质竞争决定其水溶性或脂溶性，常可作为乳化剂使用。一般短链的脂肪酸能溶于水，长链的脂肪酸不溶于水。碳链的长度对溶解度有影响，随着碳链的增加其溶解度减小。

脂肪一般不溶于水，易溶于有机溶剂（如苯、乙醚、石油醚、二硫化碳、氯仿、四氯化碳等）。脂肪的相对密度小于1，故能浮于水面上。由低级脂肪酸构成的脂肪则能在水中溶解，由高级脂肪酸构成的脂肪虽不溶于水，但经胆汁盐的乳化作用可变成微粒，就可以和水形成乳状液，此过程称为乳化作用。人体内脂肪的消化和吸收与胆汁盐有关。胆汁盐为各种胆汁酸的盐类，它与磷脂、胆固醇组成的细胞微粒称为胆汁盐微团，由肝细胞分泌，经胆道而入肠腔。胆汁盐能使脂肪乳化，有利于接受胰脂酶的作用。胆汁盐微团能运载脂类的消化产物扩散到黏膜细胞，有利于这类物质的吸收。

（二）化学性质

脂肪的化学性质与其所含的酯键、脂肪酸及甘油的结构和性质有关。植物油因含有较多的不饱和脂肪酸，因此它们的化学性质主要取决于其所含不饱和脂肪酸的化学性质。

1. 水解和皂化

所有的脂肪都能在酸、碱、酶的作用下水解为甘油和脂肪酸。脂肪在碱性溶液中水解，其产物为甘油和脂肪酸盐，这种盐类习惯上称为肥皂，因此将脂肪在碱性溶液中的水解称为皂化作用。其反应式如下。

三酰甘油（脂肪）　　　　　　　　　甘油　　脂肪酸盐

碱与脂肪酸及脂肪的作用可以用酸值、皂化值、酯值和不皂化物等几个指标来反映，这几项内容也是表征脂肪特点的重要指标（表 4-3）。

（1）酸值 酸值是指中和 1g 油脂中游离脂肪酸所需氢氧化钾的毫克数，用 mg/g 表示。该指标是评价油脂品质好坏的重要依据之一。在其他条件相同时，一般来说，酸值低的油脂，其品质较好。

在粮食分析中，对于谷物来说，由于其脂肪含量低，用酸值这个指标就不合适，所以采用脂肪酸值来反映粮食的品质及变化。粮食脂肪酸值是指中和 100g 粮食试样中游离脂肪酸所需氢氧化钾的毫克数。酸值和粮食脂肪酸值都是粮油储藏中早期劣变指标之一。

（2）皂化值 皂化值是指在规定条件下皂化 1g 脂肪所需的氢氧化钾的质量（mg），用 mg/g 表示。油脂中可皂化的物质一般包含游离脂肪酸及脂肪酸甘油酯等。

油脂的皂化值与其相对分子质量成反比，也就是与脂肪酸链的平均长度成反比。皂化值愈低，则脂肪酸相对分子质量愈大或含有较多的不皂化物（如甾体物质、脂溶性维生素及胡萝卜素等），故根据皂化值的高低可略知油脂相对分子质量的大小。同一油脂的皂化值具有一定的变动幅度，通过皂化值的测定并结合其他检验项目可鉴定油脂纯度。至于制皂时所需的碱液用量都是通过皂化值进行计算而得。

$$皂化值 = \frac{3 \times 56 \times 1000}{油脂平均相对分子质量}$$

式中 56——氢氧化钾相对分子质量；

3——皂化 1g 油脂耗用 3mol 氢氧化钾。

（3）酯值 酯值是指皂化 1g 纯油脂所需氢氧化钾的毫克数，用 mg/g 表示，这里不包括游离脂肪酸的作用。

（4）不皂化物 油脂中含有少量不与氢氧化钾作用的脂质物质，如甾体物质、脂溶性维生素及胡萝卜素等，称为不皂化物。不皂化物含量以质量分数表示。

2. 氢化和卤化

脂肪中不饱和脂肪酸的双键非常活泼，能起加成反应，其主要反应有氢化和卤化两种。

（1）氢化 脂肪中不饱和脂肪酸在催化剂（如 Pt、Ni）存在下，在不饱和键上加氢而变成饱和脂肪酸，这种作用称为氢化。

$$—CH\!=\!CH— + H_2 \xrightarrow{Ni} —CH_2—CH_2—$$

利用这个原理可将液态的油氢化后变为固态的脂，加氢后的油脂叫氢化油或硬化油。硬化油因双键减少，不易酸败，且固化后便于储藏和运输。油脂氢化扩展了油脂的适用范围，使植物油氢化成适宜硬度的人造奶油、起酥油等；也可作为工业用固体脂肪，如制皂工业中将油脂氢化成为硬化油，作为制造肥皂的原料。

完全氢化的脂肪可塑性较差，而且所有的不饱和脂肪酸全部遭到破坏，故在食品生产中采取部分氢化的方法，这样的氢化油可塑性能得到改善，也保存了相当部分的不饱和脂肪酸，对满足食品生产工艺要求和油脂营养价值都具有十分重要的意义。

（2）卤化 不饱和脂肪酸的双键可以与卤素发生加成反应，生成饱和的卤化酯，这种作用称为卤化。油脂的不饱和程度愈大，吸收卤素的量就愈多，因此，加碘作用在脂肪分析上很重要，从加碘的多少可衡量脂肪或脂肪酸的不饱和程度。

卤素与不饱和脂肪酸发生的卤化反应速度不同，由于氯的化学性质很活泼，它不仅会发生加成反应，同时还可能发生取代反应；碘的加成太慢而不能反应完全，用 ICl 加成，则效果更佳。

碘价是指 100g 油脂所能吸收碘的克数。碘价愈高，油脂的不饱和程度愈大。碘价大小直接反映了油脂不饱和程度的高低，是油脂氢化时加氢用量的依据，也是衡量油脂干性程度的依据。根据油脂碘价的高低，可将油分三类：碘价在 130 以上的为干性油；在 $100\sim130$ 之间为半干性油；在 100 以下的为不干性油。主要植物油碘价见表 4-3。

3. 氧化作用

脂肪能够发生多种形式的氧化，根据其氧化作用形式和效果的不同，可分为两种情况：一种是油脂中所含的不饱和脂肪酸被空气中的氧氧化后发生聚合，形成一层坚硬、耐磨、不透水、不溶化的薄膜，这类膜有防腐防水的作用，此为油的干化现象。如干性油桐油、亚麻油的氧化就是如此。另一种是油脂在空气中受光、热等因素影响被空气中的氧所氧化而生成过氧化物，过氧化物分解而产生具有不良气味的酸败物质，这种氧化称为油脂的氧化酸败。本书主要介绍油脂的氧化酸败。

油脂及含油脂较多的食物在空气、光线、温度、金属离子、微生物等多种因素的影响下，分解成具有臭味的低分子醛、酮、酸，这种现象叫油脂的酸败。

油脂酸败对油脂及含油脂较多的粮食或食品在储藏期间的变化有着很大的影响，不仅风味变坏，而且油脂的营养价值也随之降低。

油脂酸败是一个复杂的变化过程，根据其引起酸败的原因和机制，可分为油脂的自动氧化酸败、水解型酸败和 β-型氧化酸败三种类型，其中以自动氧化酸败对油脂及食品的危害最大。

① 油脂的自动氧化酸败（氧化型酸败） 油脂在空气、光、温度、水等因素的影响下，易与氧发生氧化作用，引起油脂酸败，此现象称为油脂的自动氧化酸败。

油脂自动氧化有两种类型：一种是氧直接加在不饱和脂肪酸的双键上，形成环过氧化物；另一种是氧加在双键旁边的亚甲基上，形成氢过氧化物。由于使亚甲基活化的能量小于使双键活化的能量，加之氢过氧化物在稍高温度下易分解，故在常温下以生成氢过氧化物为主。在温度高于 50℃ 时，才有环过氧化物生成。

油脂自动氧化可分为两个阶段：第一阶段，连接脂肪双键的亚甲基的氢为游离基所取代，由此加入氧分子而生成氢过氧化物；第二阶段，氢过氧化物分解。

油脂中所含不饱和脂肪酸结构不同，有一烯酸和多烯酸、共轭酸和非共轭酸之分。空气对这些不同脂肪酸的氧化也不完全相同，现以一烯酸——油酸及其酯为例，说明自动氧化过程。

第一阶段：氢过氧化物的生成。

油脂自动氧化可分为三个时期：引发期、传播期和终止期。

引发期：油脂中的不饱和脂肪酸在热、光、金属等影响下，被活化而生成不稳定的游离基 R·（ $-\overset{\cdot}{C}H-CH=CH-CH_2-$ ），即

$$-\overset{\overset{\displaystyle H}{|}}{\underset{\underset{\displaystyle H}{|}}{C}}-CH=CH-CH_2- \ +O_2 \longrightarrow -\overset{\overset{\displaystyle H}{|}}{\underset{}{\overset{\cdot}{C}}}-CH=CH-CH_2- \ +HOO\cdot$$

这个时期没有酸败现象，引发期愈长愈不易酸败。

引发期反应也可用下列简式表示。

$$RH \xrightarrow{\text{热、光、金属离子}} R\cdot + HOO\cdot$$

传播期：当有分子氧存在时，游离基 R· 可与 O_2 生成过氧化物游离基（ROO·），即

$$\underset{\underset{\cdot}{|}}{\overset{\overset{H}{|}}{-C}}-CH=CH-CH_2- \ + O_2 \longrightarrow \underset{\underset{O-O\cdot}{|}}{\overset{\overset{H}{|}}{-C}}-CH=CH-CH_2-$$

过氧化物游离基（ROO·）遇到另一分子一烯酸，即自其分子中夺取一个氢原子而形成氢过氧化物（ROOH）和一个新的游离基（R·），即

$$\underset{\underset{O-O\cdot}{|}}{\overset{\overset{H}{|}}{-C}}-CH=CH-CH_2- \ + \ -CH_2-CH=CH-CH_2- \longrightarrow \underset{\underset{O-O-H}{|}}{\overset{\overset{H}{|}}{-C}}-CH=CH-CH_2- \ + \ -\overset{\overset{H}{|}}{\underset{\cdot}{CH}}-CH=CH-CH_2-$$

此游离基 R· 又再与 O_2 及另一个一烯酸或其酯反应，此反应循环不止，称为连锁反应。这个过程可用下式表示。

从上面反应可以看出，从 C_{11} 亚甲基脱去一个氢原子成为游离基 R· 后，双键上的电子云与游离基上单独电子进行电子云的重新分配，因而游离基 R· 可能有以下两种形式。

$$-\overset{11}{CH}-\overset{10}{CH}=\overset{9}{CH}-\overset{8}{CH_2}- \qquad -\overset{11}{CH}=\overset{10}{CH}-\overset{9}{\underset{\cdot}{CH}}-\overset{8}{CH_2}-$$

一烯的双键两旁各有一个亚甲基，分子氧可以向两个亚甲基中的一个进攻。如自 C_8 亚甲基上脱去一个氢原子，也可以生成 C_8 与 C_{10} 两种游离基。

$$-\overset{11}{CH_2}-\overset{10}{CH}=\overset{9}{CH}-\overset{8}{\underset{\cdot}{CH}}- \qquad -\overset{11}{CH_2}-\overset{10}{\underset{\cdot}{CH}}-\overset{9}{CH}=\overset{8}{CH}-$$

因此，油酸酯自动氧化可能产生四种氢过氧化物。生成的氢过氧化物在稍高温度下发生分解，其过程更为复杂。氢过氧化物放出原子态的氧，成为羟酸。

$$R^1-\underset{\underset{O-O-H}{|}}{CH}-CH=CH-R^2 \longrightarrow R^1-\underset{\underset{OH}{|}}{CH}-CH=CH-R^2 \ + [O]$$

原子态的氧直接结合或与分子态的氧结合形成臭氧。

$$3O \longrightarrow O_3 \ \text{或} \ O+O_2 \longrightarrow O_3$$

生成的臭氧又可与油脂双键作用形成臭氧化物。此臭氧化物在水的存在下，分解为醛类，具有恶臭味。

$$R^1-CH-CH=CH-R^2 \xrightarrow{O_3} R^1-CH \underset{O-O}{\overset{O}{\underset{|}{\overset{|}{\diagup\diagdown}}}} HC-R^2 \xrightarrow{H_2O} R^1CHO + R^2CHO + H_2O_2$$

传播期的反应也可以用下列简式表示。

$$\begin{array}{l} R\cdot\ +\ O_2 \longrightarrow ROO\cdot \quad \text{过氧化物游离基} \\ ROO\cdot\ +\ RH \longrightarrow R\cdot\ +\ ROOH \quad \text{氢过氧化物} \end{array} \left.\right\} \text{循环往复，产生许多ROOH}$$

终止期：当油脂中存在大量的游离基、过氧化物游离基时，游离基 R· 之间或游离基 R· 和过氧化物游离基 ROO· 之间相互撞击而结合，产生稳定的化合物，反应逐步结束。这只能在自动氧化的最后阶段才有可能，但这时油脂已深度酸败。

$$-\underset{\cdot}{C}H-CH=CH-CH_2- \ +\ -\underset{\cdot}{C}H-CH=CH-CH_2- \longrightarrow \begin{array}{l} -CH-CH=CH-CH_2- \\ | \\ -CH-CH=CH-CH_2- \end{array}$$

或：

$$-\underset{\cdot}{C}H-CH=CH-CH_2- \ +\ -\underset{OO\cdot}{C}H-CH=CH-CH_2- \longrightarrow \begin{array}{l} -CH-CH=CH-CH_2- \\ | \\ O \\ | \\ O \\ | \\ -CH-CH=CH-CH_2- \end{array}$$

终止期反应也可用下列简式表示。

$$R\cdot + R\cdot \longrightarrow R-R$$
$$ROO\cdot + R\cdot \longrightarrow ROOR$$
$$ROO\cdot + ROO\cdot \longrightarrow ROOR + O_2$$

第二阶段：氢过氧化物的分解。

氢过氧化物是油脂氧化的第一个中间产物，本身无异味，因此，有些油脂可能在感官上尚未察觉到酸败的象征，但已有过高的过氧化值。可以预料，油脂已经在开始酸败。

氢过氧化物是极不稳定的化合物，当体系中此化合物的浓度增至一定的程度时，就开始分解，生成许多种不同的产物。

油脂自动氧化最后产生具有酸败气味的低分子醛、酮、酸、醇等化合物，这些物质对人体有毒害作用。这类物质在油脂中含量愈多，说明其酸败程度愈深。油脂中双键愈多，则分解产物愈复杂。

影响油脂酸败的因素主要有温度、光线（或放射线）、氧气、催化剂（主要是金属离子）以及油脂中脂肪酸的类型等。

温度的影响：温度是影响油脂氧化速度的一个重要因素。油脂自动氧化速度随温度升高而加快。高温既能促进游离基的产生，也可以促进氢过氧化物的分解与聚合。因此应在低温下储藏油脂。

光和射线的影响：光特别是紫外线及射线（如 β-射线、γ-射线），都是有效的氧化促进剂，主要是能促进油脂中脂肪酸链的断裂，提高了游离基的生成速度，加速油脂的酸败。因此，油脂及含油脂的食品应用有色遮光容器盛装。

氧气的影响：油脂自动氧化速度随大气中氧的分压增加而增加，当氧气分压达到一定值后，自动氧化速度便保持不变。故可采用排除 O_2 的包装。

催化剂的影响：铜、铁等金属离子是促进油脂自动氧化的催化剂。油脂与金属长期接触时，自动氧化的引发期缩短，同时金属离子还可以加速氢过氧化物的分解。

　　油脂中脂肪酸类型的影响：油脂中所含的不饱和脂肪酸的比例愈高，其相对的抗氧化稳定性就差；油脂中游离脂肪酸含量增加（酸值增加）时，会促使设备或容器中具有催化作用的微量金属进入油中，因而加快了油脂氧化的速度。饱和脂肪酸也能发生自动氧化，但速度较慢。

　　抗氧化剂的影响：能阻止、延缓油脂氧化作用的物质称为抗氧化剂。维生素 E、丁基羟基茴香醚、丁基羟基甲苯等抗氧化剂都具有减缓油脂自动氧化的作用。

　　根据上述油脂氧化的机制，只要除去促进油脂氧化之因素，就可以防止或延缓酸败。其具体措施见表 4-4。

表 4-4　油脂氧化促进因素与防止措施

油脂氧化促进因素	抑制或延缓措施
高温	低温储藏
光（紫外线）	储于遮光性、干燥密封容器或放于阴暗之处，避免阳光直接照射
氧气	除去氧（充 N_2 储藏等）或加抗氧化剂
微量金属催化剂	加入螯合物或抗氧化增效剂
脂氧合酶作用	加热处理，抑制酶的活性

　　② 水解型酸败　此类酸败多发生于含低级脂肪酸较多的油脂中。油脂如果含水分偏高，并有脂肪酶的存在，会发生水解而产生游离脂肪酸。游离脂肪酸的生成，使酸值大大提高。酸值的升高在大米、面粉和其他粮食的总酸度变化中起着主导作用，其中低级脂肪酸（如丁酸、己酸、辛酸等）的游离会使脂肪具有腐臭味。人造黄油、奶油等乳制品中易发生这种酸败，放出一种奶油臭味。

　　③ β-型氧化酸败　在微生物的作用下，脂肪水解为甘油和脂肪酸。甘油继续氧化生成具有臭味的 1,2-内醚丙醇。其反应式如下。

$$\begin{array}{ccc}
\mathrm{CH_2OH} & & \mathrm{H_2C} \\
| & & \quad \diagdown \\
\mathrm{CHOH} & \xrightarrow{\ -H_2O,\ -2H\ } & \mathrm{HC\ \quad O} \\
| & & \quad \diagup \\
\mathrm{CH_2OH} & & \mathrm{H-C=O}
\end{array}$$

甘油　　　　　　　　　　　　1,2-内醚丙醇

　　一般低级脂肪酸因霉菌的酶促反应，通过 β-氧化途径，生成 β-酮酸，脱羧后生成甲基酮类产物，出现苦味和臭味，使油脂不能食用。

$$\mathrm{RCH_2CH_2COOH} \xrightarrow[\text{酶}]{\beta\text{-氧化}} \underset{\underset{\mathrm{O}}{\|}}{\mathrm{RCCH_2COOH}} \xrightarrow{\text{脱羧酶}} \underset{\underset{\mathrm{O}}{\|}}{\mathrm{RCCH_3}} + \mathrm{CO_2}$$

脂肪酸　　　　　　　　　β-酮酸　　　　　　甲基酮类

β-型氧化酸败多发生在含有椰油、奶油等低级脂肪酸的食品中。

　　含水、蛋白质较多且未经精制的油脂食品，易受微生物污染而发生水解型酸败和 β-型氧化酸败。为防止这两种酸败，应提高油脂纯度，降低水分含量，避免微生物污染，在低温下储存。油脂酸败后会产生强烈的异味，并降低油脂的营养价值，脂溶性维生素受到破坏。酸败的油脂用于食品加工，使食品中的易氧化维生素也会遭到破坏。油脂酸败后产生的氧化物对人体的酶系统（如琥珀酸氧化酶、细胞色素酶等）有破坏作用；低分子物质则有毒。动物长期食用酸败油脂可出现体重减轻、发育障碍、肝脏肿大、肿瘤等现象。为了阻止含脂食

品的氧化变质，最普遍的办法是排除 O_2，采用真空或充 N_2 包装和使用透气性低的有色或遮光的包装材料，并尽可能避免在加工时混入铁、铜等金属离子。储藏油脂应用有色玻璃瓶装，避免使用金属容器。

三、油脂的乳化

（一）乳化、乳化剂的概念

1. 乳化

油脂和水是互不相溶的两种液体，如果加入一种物质，使互不相溶的两种液体中的一种呈微滴状态分散于另一种液体中，这种作用称为乳化。这两种不同的液体称为"相"，在体系中量大的称为连续相，量小的称为分散相。油与水的乳化在食品中是极其常见的，如乳饮料、冰激凌、鲜奶油等。

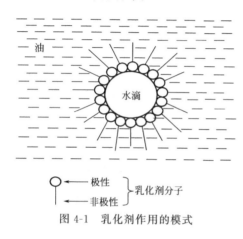

图 4-1　乳化剂作用的模式

2. 乳化剂

能使互不相溶的两相中的一相分散于另一相中的物质称为乳化剂。

（二）乳浊液的形成

乳化剂是含有亲水基团和疏水基团的分子。亲水基团是极性的，被水吸引；疏水基团是非极性的，被油吸引。在以水为分散相的乳液中，乳化剂分子的极性"头部"伸向水滴中，而非极性"尾部"伸向油中（图 4-1）。由于极性相斥，附于水-油界面的乳化剂分子形成一个围绕水滴的完整保护膜，因而形成稳定的乳浊液。

在以油为分散相的乳液中，乳化剂以相同的吸附方式围绕油滴，形成一个完整的保护膜，使乳液稳定。

（三）乳浊液的类型

水-油乳浊液可分油包水型即水在油中（水/油）和水包油型即油在水中（油/水）两种类型，适用的乳化剂也各不相同。油/水型乳浊液宜用亲水性强的乳化剂，而水/油型乳浊液宜用亲油性强的乳化剂。在食品加工中较多遇到的是油在水中型的乳浊液。

食品中经常使用的乳化剂有甘油脂肪酸酯、脂肪酸丙二醇酯、蔗糖脂肪酸酯、聚氧乙烯脂肪酸山梨糖醇酯、大豆蛋白、磷脂等。乳化剂在食品生产中使用范围很广，在工艺上主要起乳化、发泡、增稠、抗老化、抗冰晶生成等作用。根据食品生产中工艺要求选择适当的乳化剂或与其他的添加剂混用，对提高产品质量有重要的意义。

第三节　类　脂

人们习惯于把脂肪以外的脂类化合物统称为类脂，如磷脂、固醇、蜡、脂溶性色素等。它们的共同特点是能溶解于脂肪和脂溶剂，因此制油时常与油脂伴随在一起而称脂肪伴随物。它们的化学组成和结构各异，在油脂中含量虽不高，但在生理上和应用上有着重要的意义。

一、磷脂

磷脂结构比较复杂，由醇类、脂肪酸、磷酸和一个含氮化合物（含氮碱）所组成。按其组成中醇基部分的种类又可分为甘油磷脂和非甘油磷脂两类。

（一）甘油磷脂

甘油磷脂和脂肪都是甘油酯，它们的区别在于构成脂肪的甘油三个羟基均被脂肪酸酯化，而构成磷脂的甘油两个羟基被脂肪酸酯化，第三个羟基与磷酸结合。因此，甘油磷脂可视为磷脂酸的衍生物。磷脂酸的结构式如下。

$$
\begin{array}{c}
\text{CH}_2\text{--O--C--R}^1 \\
\text{R}^2\text{--C--O--C--H} \\
\text{CH}_2\text{--O--P--OH} \\
\text{OH}
\end{array}
$$

主要的甘油磷脂有卵磷脂（磷脂酰胆碱）、脑磷脂（磷脂酰胆胺和磷脂酰丝氨酸）、肌醇磷脂（磷脂酰肌醇）和缩醛磷脂。

1. 卵磷脂

卵磷脂是由磷脂酸与胆碱结合而成。由于磷酸及胆碱在卵磷脂分子中的位置不同，形成 α-及 β-两种结构。其结构式如下。

$$
(\text{CH}_3)_3\text{N--CH}_2\text{CH}_2\text{OH}
$$
胆碱

α-卵磷脂 β-卵磷脂

天然卵磷脂是 α-型的，β-卵磷脂可能是在提取过程中发生变位现象的结果。

卵磷脂分子中的 R^1 为硬脂酸或软脂酸，R^2 为油酸、亚油酸、亚麻酸及花生四烯酸等不饱和脂肪酸。

卵磷脂可溶于乙醚、乙醇，但不溶于丙酮。分子中的磷酸根及胆碱基可与酸、碱成盐。纯净卵磷脂为吸水性很强的蜡状物，遇空气即迅速变成黄褐色，一般认为这种变化是由于卵磷脂分子中的不饱和脂肪酸氧化所致。

大部分卵磷脂与蛋白质成不稳定的结合物状态存在，也可与细胞内其他物质结合。卵磷脂的胆碱残基端具有亲水性，脂肪酸残基端具有憎水性，因此，能以一定方式排列在两相界面上，在细胞膜的功能上起重要的作用。

在相应的酶（如毒蛇中的磷脂酶）作用下产生的只剩一个脂肪酸残基的卵磷脂，有溶解红细胞的特性，称为溶血卵磷脂。

卵磷脂在食品工业中广泛用作乳化剂、抗氧化剂和营养添加剂，在植物油精炼工业中作为副产品，可大量廉价制取供应。

2. 脑磷脂

脑磷脂与卵磷脂结合的碱基不同，但性质非常相似。脑磷脂有两类，一类的碱基是乙醇胺（胆胺），另一类的碱基是丝氨酸。脑磷脂的结构式如下。

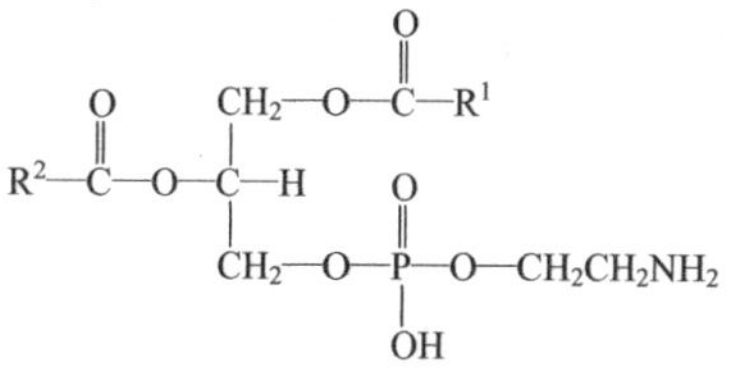

乙酰胺脑磷脂 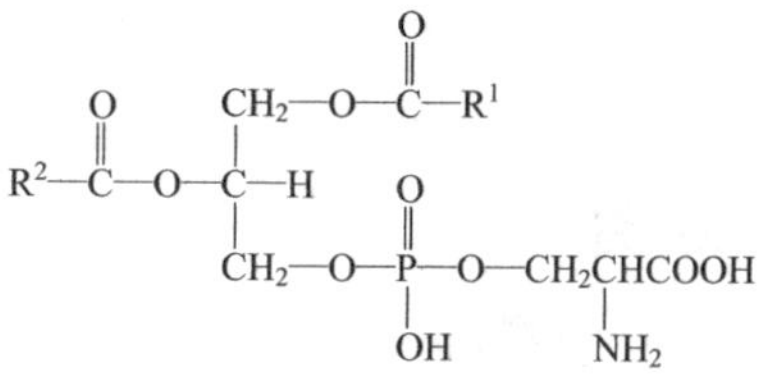　　　　　　丝氨酸脑磷脂

3. 肌醇磷脂

肌醇磷脂是从组织所含的脑磷脂粗制品中分离出来的，分子中肌醇与磷酸成酯，R^1 为软脂酸，R^2 为花生四烯酸。肌醇磷脂结构式如下。

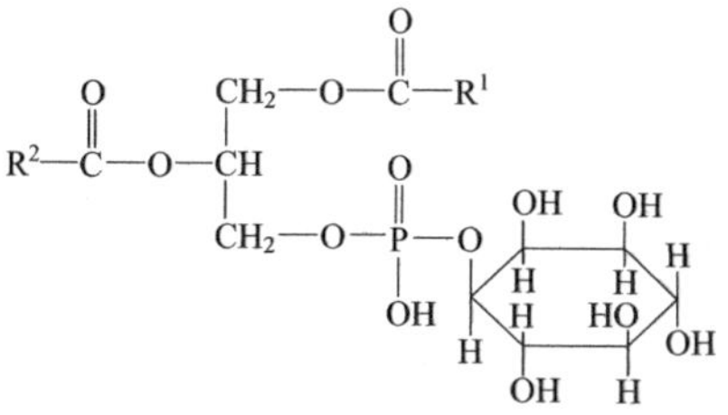

4. 缩醛磷脂

肌肉和脑组织中有 10% 是缩醛磷脂。缩醛磷脂结构式如下。

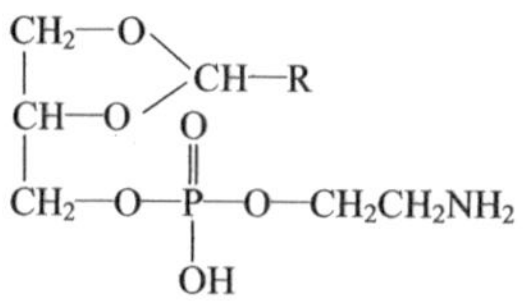

式中的 R 是与软脂酸或硬脂酸的碳链相当的脂肪族醛类的烃基。

（二）非甘油磷脂

非甘油酯只有一类，即神经鞘磷脂，由神经鞘氨基醇、脂肪酸、磷酸及胆碱组成，主要存在于脑及神经组织中。神经鞘氨基醇和神经鞘磷脂结构式如下。

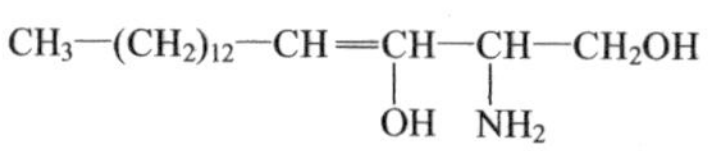

神经鞘氨基醇

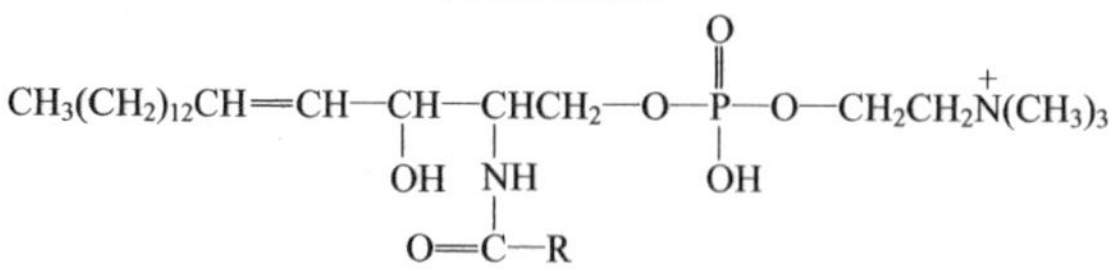

神经鞘磷脂

（三）磷脂的性质

1. 溶解性质

磷脂不同于其他脂类化合物，它在丙酮中不溶解，根据这个特点，可以用丙酮将磷脂中

的其他脂类溶解除去。不同的磷脂在有机溶剂中的溶解度也有差别（表4-5），因而可将不同的磷脂分离开来。

表4-5 卵磷脂、脑磷脂溶解性质比较

种 类	乙 醚	乙 醇	丙 酮
卵磷脂	溶	溶	不溶
脑磷脂	溶	不溶	不溶

2. 乳化作用

磷脂的分子中同时含有亲水基团和疏水基团，当它存在于油水混合液中时，能以一定方式排列在油相和水相的界面上，使此混合液形成稳定的乳化液，磷脂的这种作用叫乳化作用，磷脂本身称为乳化剂，可促进生物对脂肪的消化作用。在食品工业中磷脂广泛用作乳化剂、抗氧化剂的增效剂和营养添加剂。

3. 氧化性质

纯净的磷脂含有不饱和脂肪酸，性质活泼容易发生氧化。纯净的磷脂是白色蜡状固体，暴露于空气中，则逐渐氧化成棕黑色物质。高温可促使其氧化，在200℃以上氧化分解加快，至280℃有大量黑色物质析出。常用此法检验油脂中的磷脂含量。

4. 膨胀与胶体性质

磷脂具有亲水胶体的特征。磷脂与水接触时，亲水基团能吸水而使磷脂膨胀成胶体物质。它与一般的亲水胶体一样，受酸或中性盐的作用而破坏。吸水膨胀后的磷脂在油脂中的溶解度大为降低，这是油脂精炼时用水化法脱磷（脂）的理论依据。

（四）磷脂的功能

1. 磷脂是生物膜的重要成分

细胞质膜、核膜和各种细胞器的膜的总称为生物膜。生物膜的骨架是由磷脂类构成的双层分子或称脂双层。参与脂双层的膜质还有固醇和糖脂。这些膜质在结构上共同的特点是具有极性（亲水）的"头部"和非极性（疏水）的"尾部"，在水介质中，膜质装配成脂双层。双层的表面是亲水部分，内部是疏水烃链（图4-2）。脂双层具有屏障作用，使膜两层的亲水物质不能自由通过，这对维持细胞正常的结构和功能是很重要的。

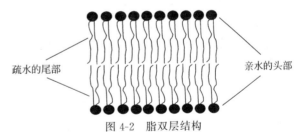

图4-2 脂双层结构

（图中标注：疏水的尾部、亲水的头部）

2. 参与代谢

磷脂作为乳化剂协助胆固醇的代谢，防止内脏脂肪过多堆积。另外卵磷脂在体内水解时可产生磷脂酸和胆碱，胆碱可与乙酰基结合生成重要的神经递质——乙酰胆碱，它对动物体内信息的传递和储存有着重要的意义。磷脂制剂还是重要的药物，可治疗某些疾病。

3. 磷脂具有抗氧化增效作用

磷脂由于自身的氧化，对其他成分有一定的保护功用，在食品与饲料工业上也可作辅助抗氧化物质。

二、固醇

固醇是一类高分子不饱和环状一元醇。由于它们在常温下是固体，所以叫固醇。在有机化学中属于甾族，故又称甾醇。这类化合物都是以环戊烷多氢菲为骨架的物质，其结构通式如下。

固醇不溶于水，易溶于有机溶剂，如乙醚、氯仿、苯及热酒精都是它的良好溶剂。大豆榨油时，固醇一同榨出。皂化时，固醇成为不皂化物。植物油精炼后，大部分固醇沉淀在油脚中。

固醇分布于动植物体中，其中动物固醇以胆固醇为代表，植物固醇以麦角固醇为代表。

（一）胆固醇

胆固醇又称胆甾醇，广泛分布于动物的组织中，在脑和神经组织中含量较高。在食品中以卵黄含量最多，肥肉、乳类中含量也较多。

胆固醇在生物体内具有重要的生理作用。它不仅是生物细胞膜的组成成分，而且也是合成固醇类激素等许多具有重要生理功能的物质，它还参与脂肪的消化吸收过程。胆固醇作为胆汁的组成成分，经胆道排入肠腔，可帮助脂类的消化和吸收。

胆固醇与油脂、磷脂的区别在于它极易结晶，所以人体中胆固醇含量过高时，会沉积在血管壁上引起动脉硬化，易酿成心血管疾病。存在于动物表皮组织中的 7-脱氢胆固醇与胆固醇结构相似，由于它经紫外线照射后可以转化为维生素 D_3，故称 7-脱氢胆固醇为维生素 D_3 原。

（二）麦角固醇

麦角固醇存在于酵母和麦角菌中，最初由麦角（麦及谷类患麦角菌病而产生）中分离出而得名。酵母菌、长了麦角的黑麦和小麦中都含有麦角固醇。麦角固醇经紫外线照射后可转化为维生素 D_2。

工业上常用酵母菌提取麦角固醇，再由麦角固醇制取维生素 D_2。干酵母中含甾类化合物和固醇为 1.7%，粮食种子中含量不多，小麦中含量为 0.03%～0.07%，具有较大的胚且富含脂肪的玉米亦只有 1%～3%。

除麦角固醇外，还有豆固醇和谷固醇，它们分别存在于豆类和谷类的油脂中。油脚中提炼出的固醇主要有豆固醇、β-谷固醇，是制药工业制造性激素的原料。

三、蜡

蜡是高级脂肪酸和高级一元醇所形成的酯，其结构式如下。

$$R^1-\overset{\overset{\displaystyle O}{\|}}{C}-O-R^2$$

式中 R^1、R^2 分别是脂肪酸和一元醇的烃基。由于蜡分子两端的 R^1 和 R^2 都是非极性的长链烃基，故不溶于水，而溶于油脂或脂溶剂（如乙醚、丙酮、苯和氯仿等），但溶解度比油脂小。蜡在常温下为固体，温度稍高时，呈柔软固体，温度低时变硬，其熔点在 60～

80℃之间。蜡在空气中性质稳定，不易被氧化，也难于皂化，皂化速度远低于油脂和磷脂。蜡所含的脂肪酸与碱化合成肥皂，其所含的高级醇则因分子甚大，不溶于水而成不皂化物的一部分。

自然界中，动植物大都利用蜡以防止体内水分的蒸发和体外水分的侵入。在皮肤、毛皮、羽毛、树叶、果实、粮粒的表面和许多昆虫的体表都有蜡的薄层存在，起保护作用。粮食、油料子粒的果皮、种皮的细胞壁含有相当数量的蜡，其作用是增加皮层的不透水性和稳定性，防止子粒受到伤害。糙米表面的光泽就是糠蜡存在所致。米糠油含蜡高达 0.4%。米糠榨油时，蜡进入米糠油中，组成油脚的一部分，故可以从米糠油、油脚及油饼中提取糠蜡。

蜡在人体及动物消化道中不能被消化，故无营养价值。在造纸、皮革、纺织、绝缘材料、文化用品、润滑油等方面，蜡都有广泛的用途。

四、脂溶性色素

（一）类胡萝卜素

此类色素广泛存在于自然界中，大多呈现红、黄、橙、紫等颜色。它们的结构特点是分子中含有四个异戊二烯单位，属共轭烯烃化合物。

类胡萝卜素分为胡萝卜素和叶黄素两大类。叶黄素是胡萝卜素的含氧衍生物。类胡萝卜素主要存在于植物体内，以黄色和红色的蔬菜中较多。动物的蛋黄、羽毛、甲壳内也含有类胡萝卜素。在胡萝卜素类色素中，以 β-胡萝卜素最重要，其结构式如下。

类胡萝卜素分子结构中共同的特点是含有较多的共轭双键，构成了一个较大的共轭体系。因共轭双键是一种发色基团，可吸收可见光而产生颜色，在食品工业上广泛用于食品的着色，如人造奶油、鲜奶油、饮料等食品的着色。由于分子中有许多不饱和双键，在机体组织被加工处理后（如小麦和玉米加工成面粉），就容易被空气中的氧所氧化而被破坏，颜色变浅，经过一段时间的储藏会出现自动漂白的现象。植物油中的金黄色是由于类胡萝卜素的存在。玉米也含有类胡萝卜素，黄玉米中的含量比白玉米多，用黄玉米作饲料，对于鸡生成黄色卵黄、腿趾、喙、皮肤等色素沉着是有益的。

类胡萝卜素难溶于水，易溶于有机溶剂和油脂。所有类胡萝卜素都能在浓硫酸和氯仿溶液中与三氯化锑反应产生深蓝色或蓝紫色，利用这一化学特性可对类胡萝卜素做定性检测和比色定量分析。

类胡萝卜素在人和动物体内可分解转化成维生素 A。其中 β-胡萝卜素的转化率最高，故称维生素 A 原。

（二）叶绿素

叶绿素存在于植物体内，它使蔬菜和未成熟的水果呈绿色。叶绿素在植物体内的作用是在光合作用过程中吸收太阳能，固定二氧化碳，使其与水作用转变为有机化合物。

叶绿素是由叶绿酸、叶绿醇和甲醇缩合而成的二醇酯。高等植物中含有叶绿素 a 和叶绿素 b 两种，一般按 3∶1 的比例混合。叶绿素的化学结构与血红素相似，它是由四个吡咯环与一个镁离子所形成的卟啉化合物。叶绿素在弱碱性溶液中比较稳定；在酸性溶液中，其结构内的镁原子易被两个氢原子取代，生成褐色的脱镁叶绿素，绿色随之消失，而与之共存的类胡萝卜素呈现出来。腌渍后的酸菜呈现黄色或黄褐色与此反应有关。植物细胞中含有叶绿素分解酶，当叶绿素受破坏或植物衰败时，叶绿素被分解为叶绿素醇和甲基叶绿酸。叶绿素a分子式为 $C_{55}H_{72}O_5N_4Mg$，其结构式如下。

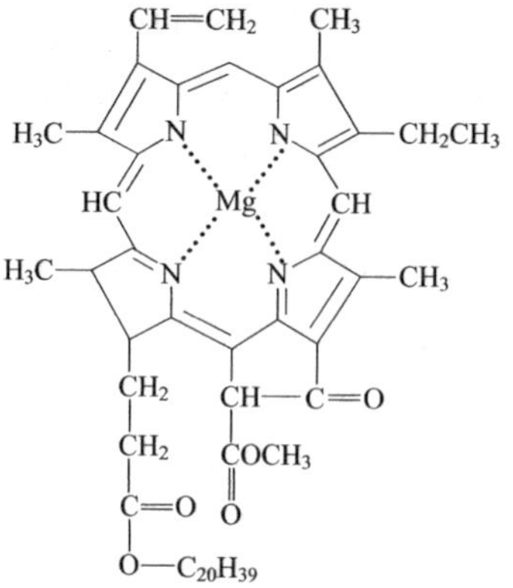

叶绿素不溶于水而溶于乙醇、乙醚、丙酮等有机溶剂，但难溶于石油醚。叶绿素因溶于油脂而使青豆油、橄榄油、米糠油、亚麻籽油或其他不太成熟的油料种子中制取的油脂呈现青豆色，一般采用酸性白土将其除去。

叶绿素在人体生理上有加强细胞增殖和医治创伤、促进肝脏解毒、使血管末梢扩张增进血液循环等作用。在食品工业上也广泛用作食用色素及防腐脱臭剂。

本章练习

一、名词解释

酸败　　酸值　　脂肪酸值　　皂化值　　油脂　　碘值　　脂肪　　乳化剂　　不饱和脂肪酸　　必需脂肪酸

二、单项选择（选择一个正确的答案，将相应的字母填入题内的括号中）

1. 天然脂肪中主要是以（　　）甘油形式存在。

A. 一酰基　　　　　B. 二酰基　　　　　C. 三酰基　　　　　D. 一羧基

2. 三酰甘油的皂化值越大，表明（　　）。

A. 所含脂肪酸的不饱和程度越大　　　　　B. 脂肪酸的平均分子质量越大

C. 脂肪酸的平均分子质量越小　　　　　D. 所含脂肪酸的不饱和程度越小

3. 在油的储藏中最好选用下列哪种质地的容器（　　）。

A. 塑料瓶　　　　　B. 玻璃瓶　　　　　C. 铁罐　　　　　D. 不锈钢罐

4. 脂肪酸的不饱和度可用（　　）指标表示。

A. 酸值　　　　　B. 乙酰化值　　　　　C. 皂化值　　　　　D. 碘值

5. 下列物质中由二十碳原子组成的不饱和脂肪酸是（　　）。

A. 油酸　　　　　B. 亚油酸　　　　　C. 亚麻酸　　　　　D. 花生四烯酸

6. 导致脂肪肝的主要原因是（　　　）。

A. 食入脂肪过多　　　　　　　　　　　　B. 肝内脂肪合成过多

C. 肝内脂肪分解障碍　　　　　　　　　　D. 肝内脂肪运出障碍

7. 下列磷脂中不属于甘油磷脂的是（　　　）。

A. 神经鞘磷脂　　　　B. 卵磷脂　　　　C. 脑磷脂　　　　D. 肌醇磷脂

8. 下列不属于磷脂的功能的是（　　　）。

A. 生物膜的重要成分　B. 参与代谢　　　C. 抗氧化物质　　D. 提供能量

9. 脂肪酸的沸点随碳链长度的增加而（　　　）。

A. 升高　　　　　　　B. 降低　　　　　C. 不变　　　　　D. 变化不定

10. 下列脂肪酸中，必需脂肪酸是（　　　）。

A. 亚油酸　　　　　　B. 棕榈酸　　　　C. 油酸　　　　　D. 草酸

三、多项选择（选择正确的答案，将相应的字母填入题内的括号中）

1. 长期煎炸的食用油一定会发生下列哪些现象？（　　　）

A. 酸价升高　　　　　B. 高过氧化值　　C. 烟点升高　　　D. 颜色变深

2. 下面关于脂肪酸的说法正确的是（　　　）。

A. 脂肪酸的熔点随碳链的增长而增高

B. 脂肪酸的沸点随碳链的增长而增高

C. 双键多的脂肪酸熔点高

D. 饱和程度不同但碳链长度相同的脂肪酸沸点相近

3. 脂肪水解生成的产物是（　　　）。

A. 甘油　　　　　　　B. 氨基酸　　　　C. 脂肪酸　　　　D. 葡萄糖

4. 下列属于复合脂的有（　　　）。

A. 磷脂　　　　　　　B. 脂肪　　　　　C. 糖脂　　　　　D. 蜡

5. 下列哪些油脂中富含不饱和脂肪酸（　　　）。

A. 大豆油　　　　　　B. 猪油　　　　　C. 牛油　　　　　D. 花生油

6. 能够表征脂肪特点的重要指标有（　　　）。

A. 酸价　　　　　　　B. 皂化值　　　　C. 酯值　　　　　D. 不皂化物

7. 影响油脂自动氧化的因素有（　　　）。

A. 受热　　　　　　　B. 水分活度　　　C. 重金属离子　　D. 血细胞

8. 根据磷脂组成中醇基部分的种类可分为哪两类（　　　）。

A. 甘油磷脂　　　　　B. 非甘油磷脂　　C. 卵磷脂　　　　D. 神经鞘磷脂

9. 下列脂肪酸属于必需脂肪酸的是（　　　）。

A. 亚油酸　　　　　　B. 亚麻酸　　　　C. 肉豆蔻酸　　　D. 花生四烯酸

10. 关于酸价的说法，正确的是（　　　）。

A. 酸价反映了游离脂肪酸的含量　　　　　B. 新鲜油脂的酸价较小

C. 我国规定食用植物油的酸价不能超过6　 D. 酸价越大，油脂质量越好

四、填空

1. 脂类分为（　　　）和（　　　）。

2. 油脂在高温时产生臭味就是产生（　　　　　）的缘故，可利用此种性质来鉴定物质中是否有油脂存在。

3. 饱和脂肪酸在室温下呈（　　　　）状态，不饱和脂肪酸在室温下呈（　　　　）状态。

4. 按化学组成脂类大体可分为（　　　　）、（　　　　）和（　　　　）三大类。

5. 从化学结构来看脂肪均为（　　　　）和（　　　　）所组成的酯。

6. 不饱和脂肪酸按所含双键的数量分为（　　　　）和（　　　　）。

7. 水-油乳浊液可分为（　　　　）和（　　　　）。

8. 磷脂是由（　　　　）、（　　　　）、（　　　　）和（　　　　）所组成。

9. 人体中（　　　　）含量过高时，会沉积在血管壁上引起动脉硬化，易酿成心血管疾病。

10. 纯净的脂肪酸及甘油酯是无色的，但天然脂肪常具有各种颜色，是由于（　　　　）的缘故。

五、判断题（将判断结果填入括号中，正确的填"√"，错误的填"×"）

1. 猪油的不饱和度比植物油低，故猪油可放置的时间比植物油长。　　　　　（　　）

2. 脂肪的营养价值仅在于它可以提供热量，故可以用蛋白质代替之。　　　　（　　）

3. 不同的油脂由于脂肪酸组成不同，因而在相同的光线、波长、温度等条件下具有不同的折光指数。　　　　　　　　　　　　　　　　　　　　　　　　　　（　　）

4. 为了防止油脂酸败，应尽早加入抗氧化剂。　　　　　　　　　　　　　　（　　）

5. 当油脂无异味时，说明油脂尚未被氧化。　　　　　　　　　　　　　　　（　　）

6. 当油脂酸败严重时，可加入大量的抗氧化剂使情况逆转。　　　　　　　　（　　）

7. 过氧化值（POV）是衡量油脂水解程度的指标。　　　　　　　　　　　　（　　）

8. 酸值是衡量油脂氧化程度的指标。　　　　　　　　　　　　　　　　　　（　　）

9. 油脂酸败一般酸价值高，碘价降低。　　　　　　　　　　　　　　　　　（　　）

10. 油脂中饱和脂肪酸不发生自动氧化。　　　　　　　　　　　　　　　　　（　　）

11. 氧化型酸败是油脂中的饱和脂肪酸自动氧化而造成的。　　　　　　　　　（　　）

12. 水解型酸败是由于油脂中不饱和脂肪酸被氧化、水解而造成的。　　　　　（　　）

六、简答

1. 脂类物质的生理意义。

2. 何为油脂氢化？氢化后油脂会发生哪些变化？氢化油脂的用途主要有哪些？

3. 阐述引起油脂酸败的原因、类型及影响。

4. 请写出脂肪的结构通式。

5. 为什么牛油、羊油要趁热食用才容易消化？

6. 如何避免含脂食品氧化变质？

7. 试述乳化剂的工作原理。

8. 磷脂的分类有哪些？

9. 脂类的共同特征是什么？

10. 什么是必需脂肪酸？人体所需的必需脂肪酸有哪些？

第五章　谷物中的蛋白质

研究要点

1. 谷物中蛋白质的组成、含量、分布及生物学意义
2. 谷物中氨基酸的结构、性质及分类
3. 谷物中蛋白质的结构、性质及分类
4. 粮食中重要的蛋白质

蛋白质是构成生物体的基本物质之一。植物和动物组织细胞中的原生质都是以蛋白质为基础的。生物体内活细胞起催化作用的酶也是蛋白质。机体内一切生理生化过程，如果没有酶的催化反应，新陈代谢就无法进行，各种生命现象就会停止。

蛋白质是由许多不同的 α-氨基酸按一定的序列通过酰胺键（蛋白质化学中称为肽键）缩合而成的，具有较稳定的构象，是构成生物体最基本的结构物质和功能物质。

谷物中的蛋白质含量会因种类、品种、土壤、气候及栽培条件等的不同而呈现差异。

第一节　概　　述

一、蛋白质的化学组成

蛋白质的元素组成与糖类、脂类不同，除含有 C、H、O 外，还含有 N 和少量的 S。有些蛋白质还含有少量的 P、Fe、Cu、Zn、Co 及 Mo 等元素。从分析数据可以得到近似的蛋白质元素组成百分比（表5-1）。

表5-1　蛋白质的元素组成　　　　　　　　　　单位：%

元　素	C	H	O	N	S	P
百分比	50～55	6～8	20～23	15～17	0.3～2.5	0～1.5

在大多数蛋白质中 N 元素的含量都相当接近，一般都在 15%～17% 范围内，平均约为16%，即每 100g 蛋白质中含有 16g 氮元素。这是蛋白质元素组成的一个重要特点，也是凯氏（Kjedahl）定氮法测定蛋白质含量的计算基础。其计算公式如下。

样品粗蛋白质的含量＝样品中含氮量×6.25

式中，6.25 被称为蛋白质系数或蛋白质因数，每测得 1g 氮即相当于 6.25g 蛋白质。一般动物的蛋白质系数为 6.25，植物的蛋白质系数小于 6.25。在实际测定过程中，通常把小麦面粉蛋白系数定为 5.7，其他粮食定为 6.25。

二、蛋白质的含量及分布

动物和植物中都含有丰富的蛋白质。动物性蛋白质常分布于肌肉、骨骼、血液、乳和蛋中；植物性蛋白质常分布于块根、块茎和种子中；微生物中也含有丰富的蛋白质。一般肉类中蛋白质含量为 10%～30%；蛋类为 11%～14%；乳类为 1.5%～3.8%；干豆类含量较高，为 20%～49.8%；谷类为 7%～13%；薯类约为 2%～3%；坚果类为 15%～26%。一些常见谷物的蛋白质含量见表 5-2。

蛋白质不仅保证了食品的营养价值，也对食品的色、香、味及质量特征方面起着重要作用。

表 5-2　常见谷物的蛋白质含量　　　　　　　　　　　　　　单位：%

蛋白质来源	蛋白质含量	蛋白质来源	蛋白质含量
普通硬麦	12～13	燕麦	11～12
普通软麦	7.5～10	高粱	10～12
硬粒小麦	13.5～15	大麦	12～13
大米	7～9	玉米（马齿型）	9～10
黑麦	11～12		

三、蛋白质的生物学意义

生命是物质运动的高级形式，这种运动形式是通过蛋白质来实现的。蛋白质在生命活动中的重要性，主要表现在以下两个方面。

（一）蛋白质是构成生物体的基本成分

人体内蛋白质含量约占人体干重的 45%，动物的肌肉、内脏和血液等都以蛋白质为主要成分。高等植物中，各种农作物种子中也含有丰富的蛋白质，如在小麦、稻谷中含有 10% 左右的蛋白质，而黄豆中蛋白质的含量高达 40%。蛋白质是一切生物体的细胞和组织的主要组成成分，是生命活动所依赖的物质基础。

（二）蛋白质具有多样性的生物学功能

蛋白质种类甚多，生物界蛋白质种类约为 10^{10}～10^{12} 数量级。自然界中生物的许多重要生命活动都是通过不同的蛋白质实现的，生物的多样性体现了蛋白质生物学功能的多样性。

1. 生物催化和代谢调节作用

蛋白质的一个最重要的生物功能是作为生物体新陈代谢的催化剂——酶。生命的基本特征是新陈代谢。新陈代谢的各种化学反应几乎都是在相应的酶催化下进行的，而酶的化学本质是蛋白质。另外，参与代谢调节的许多激素是蛋白质或多肽，如胰岛素调节动物体内的血糖代谢。

2. 物质的转运和生物膜的功能

生命活动中所需要的许多小分子物质和离子，它们的运输均由蛋白质来完成，如红细胞中的血红蛋白运输 O_2 和 CO_2；载脂蛋白运输脂质；血浆运铁蛋白运输铁离子。构成生物膜的蛋白质可作为受体对物质的转运和传递调节信息起着一定的作用。

3. 免疫保护作用

机体的免疫功能与抗体有关，而抗体是一类特异的球蛋白，它能识别病毒、细菌以及其他外源性生命物质，并与之结合而使其失活，起到防御作用，使机体具有抵抗外界病原侵袭的能力。

4. 运动功能

生物的运动也离不开蛋白质。如高等动物的肌肉主要成分是蛋白质，肌肉的收缩与舒张是由肌动蛋白和肌球蛋白等完成的。

植物的生长、繁殖、遗传和变异等都与蛋白质有关。因此，蛋白质的生物学功能极其广泛，是生命活动不可缺少的重要物质。有人称核酸是"遗传大分子"，而把蛋白质称为"功能大分子"，可以说没有蛋白质就没有生命。

第二节　氨基酸

蛋白质的相对分子质量很大，一般为 $10^4 \sim 10^6$，结构也非常复杂。为了研究蛋白质的组成和结构，常用酸、碱或酶法将其水解成小分子物质，其水解产物是各种氨基酸的混合物，可见氨基酸是蛋白质的基本结构单位。

氨基酸是指含有氨基的羧酸。从各种生物体中发现的氨基酸已有180多种，但是参与蛋白质组成的基本氨基酸只有20种。此外，少数蛋白质还含有若干种不常见的氨基酸，如羟赖氨酸、羟脯氨酸等，它们都是基本氨基酸的衍生物。180多种天然氨基酸大多数是不参与蛋白质组成的，这些氨基酸被称为非蛋白质氨基酸，参与蛋白质组成的20种氨基酸称为蛋白质氨基酸。

一、氨基酸的结构

（一）氨基酸的结构通式

组成蛋白质的20种氨基酸，除脯氨酸及其衍生物外，它们在结构上的共同点是与羧基相邻的 α-碳原子（C^{α}）上都有一个氨基，称为 α-氨基酸。连接在 α-碳原子上的还有一个氢原子和一个可变的侧链 R，各种氨基酸的区别就在于 R 基的不同（表5-3）。氨基酸的结构通式如下。

$$H_2N-\overset{\displaystyle COOH}{\underset{\displaystyle R}{C^{\alpha}}}-H \quad 或写成 \quad H_3\overset{+}{N}-\overset{\displaystyle COO^-}{\underset{\displaystyle R}{C^{\alpha}}}-H$$

（二）氨基酸构型

从结构通式可以看出，除 R 是 H 原子（甘氨酸）外，其他所有氨基酸的 α-碳原子都是不对称碳原子，因此都具有旋光性。与 α-碳原子相连的四个不同的原子或基团可以有两种不同的构型，互为镜像不能重叠，构成对应的异构体。根据立体构型的不同，可将氨基酸分为 L-型和 D-型。将羧基写在 α-碳原子的上端，氨基在左端的为 L-型氨基酸，氨基在右端的为 D-型氨基酸。

$$
\begin{array}{cc}
\text{COOH} & \text{COOH} \\
| & | \\
\text{H}_2\text{N—C—H} & \text{H—C—NH}_2 \\
| & | \\
\text{R} & \text{R} \\
\text{L-氨基酸} & \text{D-氨基酸}
\end{array}
$$

从天然蛋白质水解得到的氨基酸都属于 L-型。

二、氨基酸的分类

蛋白质的许多性质、结构和功能都与氨基酸的侧链 R 基团密切相关，因此，目前常以侧链 R 基团的化学结构或极性大小作为氨基酸分类的基础。

（一）根据氨基酸 R 基团化学结构进行分类

根据组成蛋白质的氨基酸的侧链 R 基团的化学结构，可将它们分为三类：脂肪族氨基酸、芳香族氨基酸、杂环氨基酸，其中以脂肪族氨基酸为最多。

1. 脂肪族氨基酸

脂肪族氨基酸有 15 种，其中中性氨基酸 5 种（甘氨酸、丙氨酸、缬氨酸、亮氨酸、异亮氨酸），含羟基或含硫氨基酸 4 种（丝氨酸、苏氨酸、半胱氨酸、甲硫氨酸），酸性氨基酸及其酰胺 4 种（天冬氨酸、谷氨酸、天冬酰胺、谷氨酰胺）；碱性氨基酸 2 种（赖氨酸、精氨酸）。

2. 芳香族氨基酸

芳香族氨基酸有三种，即苯丙氨酸、酪氨酸和色氨酸，它们的 R 基团含有芳香环。

3. 杂环氨基酸

杂环氨基酸有两种，即组氨酸和脯氨酸。组氨酸的 R 基团含有咪唑基，脯氨酸中没有自由的 α-氨基，它是一种 α-亚氨基酸。脯氨酸可以看成是 α-氨基酸的 R 基取代了自身氨基上的一个氢原子而形成的杂环结构。

（二）根据氨基酸 R 基团的极性进行分类

根据组成蛋白质的氨基酸 R 基的极性性质，可将它们分成四类：极性带正电荷的氨基酸、极性带负电荷氨基酸、极性不带电荷氨基酸和非极性氨基酸。

1. 极性带正电荷的氨基酸

此类氨基酸为碱性氨基酸，有三种，pH7 时带净正电荷，包括赖氨酸、精氨酸和组氨酸。赖氨酸除 α-氨基外，在侧链上还有一个—$\overset{+}{\text{NH}}_3$；精氨酸含有一个带正电荷的胍基；组氨酸有一个弱碱性的咪唑基。

2. 极性带负电荷的氨基酸

此类氨基酸共有两种，为酸性氨基酸，在 pH6～7 时带净负电荷，包括天冬氨酸和谷氨酸。这两种氨基酸都含有两个羧基，并且第二个羧基在 pH7 左右也完全解离，因此分子带负电荷。

3. 极性不带电荷的氨基酸

指 R 基团含有不解离的极性基团，能与水形成氢键。此类氨基酸共有 7 种，包括含羟基的丝氨酸、苏氨酸和酪氨酸；含酰胺基的天冬酰胺和谷氨酰胺；含巯基的半胱氨酸；甘氨酸的侧链介于极性与非极性之间，有时也把它归于非极性氨基酸类，但是它的 R 基团为氢，对强极性的氨基、羧基影响很小。

4. 非极性氨基酸

非极性氨基酸的 R 基含有脂肪烃链或芳香环等。此类氨基酸共有 8 种，其中 4 种为带有脂肪烃链的氨基酸，即丙氨酸、缬氨酸、亮氨酸和异亮氨酸；2 种含有芳香环氨基酸的苯丙氨酸和色氨酸；1 种含硫氨基酸即甲硫氨酸；一种含亚氨基酸即脯氨酸。非极性氨基酸在水中的溶解度比极性氨基酸小，其中以丙氨酸的 R 基疏水性最小，它介于非极性氨基酸和极性不带电氨基酸之间。

（三）根据氨基酸酸碱性质进行分类

根据氨基酸分子中所含氨基和羧基数目不同，分为酸性氨基酸、碱性氨基酸和中性氨基酸三类。

1. 酸性氨基酸

酸性氨基酸有 2 种，即谷氨酸和天冬氨酸，它们的分子中都含有一个氨基和两个羧基。

2. 碱性氨基酸

碱性氨基酸有 3 种，即精氨酸、赖氨酸和组氨酸，它们的分子中含有两个氨基（或两个以上）和一个羧基。

3. 中性氨基酸

中性氨基酸有 15 种，均为含有一个氨基和一个羧基的氨基酸。其中包括两种酸性氨基酸产生的酰胺，即天冬酰胺和谷氨酰胺。

（四）根据营养学分类

人对蛋白质的需要实际上是对氨基酸的需要。从人体营养角度，可将组成蛋白质的氨基酸分为三类：必需氨基酸、半必需氨基酸和非必需氨基酸。

1. 必需氨基酸

必需氨基酸是指人体生长发育和维持氮平衡所必需的，体内不能自行合成，必须由食物中摄取的氨基酸。必需氨基酸包括赖氨酸、苯丙氨酸、缬氨酸、蛋氨酸、色氨酸、亮氨酸、异亮氨酸和苏氨酸 8 种。

2. 半必需氨基酸

半必需氨基酸是指在体内虽然能自行合成，但人体在某些情况或生长阶段会出现内源性合成不足，不能适应正常生长的要求，也需要从食物中补充。包括组氨酸和精氨酸 2 种。对于婴儿营养来讲半必需氨基酸也是必需的。

3. 非必需氨基酸

非必需氨基酸是指除必需氨基酸、半必需氨基以外的其余 10 种氨基酸。人或动物细胞都能合成，不是必须从食物或饲料中取得。包括甘氨酸、丝氨酸、半胱氨酸、酪氨酸、谷氨酸、谷氨酰胺、天冬氨酸、天冬酰胺、脯氨酸和丙氨酸。

蛋白质营养价值的优劣取决于其分子中必需氨基酸的含量和比例是否与人体所需要的相近。一般来说，包含 8 种必需氨基酸的蛋白质称完全蛋白质，而缺少一种或多种必需氨基酸的蛋白质称不完全蛋白质或缺价蛋白质。动物性蛋白质的氨基酸组成比较完全，其中必需氨基酸的含量与比例都比较适当。而谷物中的蛋白质含量较低，并且各种谷物蛋白质往往缺少一种或几种必需氨基酸，所以动物性蛋白质的营养价值优于植物性蛋白质。但谷物是人类的主要食物，谷物中的蛋白质是人类营养中的植物性蛋白质的主要来源，所以，探讨改善谷物中蛋白质的营养价值就显得更加重要。另外，食物来源多元化可以起到蛋白质之间营养差异的互补，即蛋白质互补作用。20种氨基酸的结构、分类及等电点见表5-3。

表 5-3　氨基酸的结构、分类及 25℃ 时的 pI 近似值

分类	中文名	结构式	三字符号	等电点
脂肪族氨基酸	甘氨酸	$H-\underset{\underset{NH_2}{\mid}}{CH}-COOH$	Gly	5.97
	丙氨酸	$H_3C-\underset{\underset{NH_2}{\mid}}{CH}-COOH$	Ala	6.00
	缬氨酸[①]	$H_3C-\underset{\underset{CH_3}{\mid}}{CH}-\underset{\underset{NH_2}{\mid}}{CH}-COOH$	Val	5.96
	亮氨酸[①]	$H_3C-\underset{\underset{CH_3}{\mid}}{CH}-CH_2-\underset{\underset{NH_2}{\mid}}{CH}-COOH$	Leu	5.98
	异亮氨酸[①]	$H_3C-CH_2-\underset{\underset{CH_3}{\mid}}{CH}-\underset{\underset{NH_2}{\mid}}{CH}-COOH$	Ile	6.02
	半胱氨酸	$HS-CH_2-\underset{\underset{NH_2}{\mid}}{CH}-COOH$	Cys	5.07
	蛋氨酸[①]	$H_3C-S-CH_2-CH_2-\underset{\underset{NH_2}{\mid}}{CH}-COOH$	Met	5.74
	丝氨酸	$HO-CH_2-\underset{\underset{NH_2}{\mid}}{CH}-COOH$	Ser	5.68
	苏氨酸[①]	$H_3C-\underset{\underset{OH}{\mid}}{CH}-\underset{\underset{NH_2}{\mid}}{CH}-COOH$	Thr	6.18
	天冬氨酸	$HOOC-CH_2-\underset{\underset{NH_2}{\mid}}{CH}-COOH$	Asp	2.97
	谷氨酸	$HOOC-CH_2-CH_2-\underset{\underset{NH_2}{\mid}}{CH}-COOH$	Glu	3.22
	天冬酰胺	$H_2N-\underset{\underset{O}{\parallel}}{C}-CH_2-\underset{\underset{NH_2}{\mid}}{CH}-COOH$	Asn	5.41
	谷氨酰胺	$H_2N-\underset{\underset{O}{\parallel}}{C}-CH_2-CH_2-\underset{\underset{NH_2}{\mid}}{CH}-COOH$	Gln	5.65
	精氨酸	$H_2N-\underset{\underset{NH}{\parallel}}{C}-HN-CH_2-CH_2-CH_2-\underset{\underset{NH_2}{\mid}}{CH}-COOH$	Arg	10.76
	赖氨酸[①]	$H_2N-CH_2-CH_2-CH_2-CH_2-\underset{\underset{NH_2}{\mid}}{CH}-COOH$	Lys	9.74

分类	中文名	结构式	三字符号	等电点
芳香族氨基酸	苯丙氨酸[①]		Phe	5.48
	酪氨酸		Tyr	5.66
	色氨酸[①]		Trp	5.89
杂环氨基酸	组氨酸		His	7.59
	脯氨酸		Pro	6.30

①标明的氨基酸为人类的"必需氨基酸"。

三、氨基酸的理化性质

（一）物理性质

1. 熔点与溶解度

α-氨基酸为无色晶体，熔点较高，一般在 200℃以上，如甘氨酸的熔点为 233℃、L-酪氨酸的熔点为 344℃，加热到熔点时易分解。各种氨基酸在水中的溶解度差别很大，一般能溶解于水、稀酸或稀碱中，但不溶于有机溶剂，通常酒精能将氨基酸从其溶液中析出。

2. 旋光性

蛋白质中的氨基酸，除甘氨酸外，都有不对称碳原子，故都具有旋光性，能使偏振光平面向左或向右旋转。左旋者通常用（－）表示，右旋者通常用（＋）表示。氨基酸的旋光度采用旋光仪测定，它与 D/L 型氨基酸没有直接的对应关系。

3. 紫外光吸收性

氨基酸都不吸收可见光，但酪氨酸、色氨酸和苯丙氨酸却显著地吸收紫外光，且在紫外区还显示荧光。由于氨基酸所处环境的极性影响它们的吸收光和荧光性质，因此氨基酸光学性质的变化常被用来考察蛋白质的构象变化。大多数蛋白质都含有酪氨酸残基，因此测定蛋白质对 280nm 紫外光的吸收，可以作为测定蛋白质含量的快速方法。

4. 味感

氨基酸及其某些衍生物具有一定的味感。味感与氨基酸的种类和立体结构有关。一般来讲，D-型氨基酸多数带有甜味，甜味最强的是 D-色氨酸，可达到蔗糖的 40 倍。色氨酸及其衍生物是很有发展前途的甜味剂。L-型氨基酸具有甜、苦、鲜、酸四种不同味感。一些水溶性小的氨基酸具有苦味，是食品加工中蛋白质水解产物有苦味的原因。L-谷氨酸主要存在于植物蛋白中，可从小麦面筋蛋白水解中得到。谷氨酸具有酸味和鲜味两种，其中以酸味为主。当加碱适当中和后，谷氨酸生成谷氨酸钠盐，其酸味消失，鲜味增强，是目前广泛使用的鲜味剂——味精的主要成分。

（二）化学性质

氨基酸的化学反应主要是指它的 α-羧基和 α-氨基以及侧链上的官能团所参与的反应。

1. 氨基酸两性解离和等电点

氨基酸的分子中既有碱性的氨基（—NH_2），又有酸性的羧基（—COOH），在水溶液中或在晶体状态时都以两性离子的形式存在，即 $\overset{+}{N}H_3$—CH—COO^-。所谓两性离子是指

在同一个氨基酸分子上带有能放出质子的—$\overset{+}{N}H_3$ 正离子和能接受质子的—COO^- 负离子，因此氨基酸是两性电解质。当氨基酸溶解于水时，其正负离子都能解离，但氨基酸在溶液中的解离度，即带电状态取决于溶液的 pH。其解离情况可用下式表示。

$$H_3\overset{+}{N}\text{—CH—COOH} \underset{H^+}{\overset{OH^-}{\rightleftharpoons}} H_3\overset{+}{N}\text{—CH—COO}^- \underset{H^+}{\overset{OH^-}{\rightleftharpoons}} H_2N\text{—CH—COO}^-$$

$$\text{pH}<\text{pI} \qquad\qquad \text{pH}=\text{pI} \qquad\qquad \text{pH}>\text{pI}$$

若向氨基酸溶液加酸时，其两性离子的—COO^- 负离子接受质子，自身成为正离子（ $H_3\overset{+}{N}$—CH—COOH ），在电场中向阴极移动。当加入碱时，其两性离子的—$\overset{+}{N}H_3$ 正离子解离，放出质子（与 OH^- 结合成水），其自身成为负离子（ H_2N—CH—COO^- ），在电场中向阳极移动。当调节氨基酸溶液的 pH，使氨基酸分子上的—$\overset{+}{N}H_3$ 和—COO^- 基的解离度完全相等时，即氨基酸所带净电荷为零，在电场中既不向阴极移动也不向阳极移动，此时氨基酸所处溶液的 pH 值称为该氨基酸的等电点，用 pI 表示。

由于静电作用，在等电点时，氨基酸的溶解度最小，容易沉淀。不同的氨基酸其等电点不同（表5-3），利用这一性质，可将含有多种氨基酸的混合液分步调节其 pH 到某一氨基酸的等电点，从而使该氨基酸沉淀，达到分离的目的。例如，谷氨酸的生产，就是将微生物发酵液的 pH 值调节到 3.22（谷氨酸的等电点）而使谷氨酸沉淀析出。亦可以通过电泳法、离子交换法等在实验室或工业生产上进行混合氨基酸的分离或制备。

2. 与亚硝酸的反应

氨基酸的 α-氨基在室温下与亚硝酸作用生成氮气，氨基酸被氧化成羟酸。含亚氨基的脯氨酸不能与亚硝酸反应。

$$\text{R—CH—COOH} + HNO_2 \longrightarrow \text{R—CH—COOH} + N_2\uparrow + H_2O$$
$$\qquad NH_2 \qquad\qquad\qquad\qquad OH$$

反应中产生的氮气一半来自氨基酸的氨基氮，另一半来自亚硝酸。在标准条件下测定反应所释放的氮气体积，即可计算出氨基酸的含量，这就是范斯莱克（Van slyke）氨基氮测定方法的原理。在生产上，可用此法来进行氨基酸定量和蛋白质水解程度的测定。因为在水解过程中，蛋白质的总氮量是不变的，而氨基氮却不断上升，用氨基氮与总蛋白氮的比可表示蛋白质的水解程度。

3. 与甲醛的反应

氨基酸在溶液中有如下平衡。

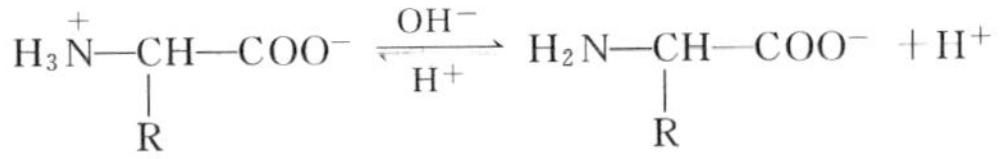

$$H_3\overset{+}{N}-CH-COO^- \xrightarrow[H^+]{OH^-} H_2N-CH-COO^- + H^+$$
$$\underset{R}{|} \qquad\qquad \underset{R}{|}$$

氨基酸在水溶液中主要以两性离子形式存在，既能电离出 H^+，又能电离出 OH^-，但由于氨基酸水溶液的解离度很低，因此不能用碱直接滴定氨基酸的含量。但氨基酸的氨基可与甲醛反应生成羟甲基氨基酸和二羟甲基氨基酸，使上述平衡向右移动，促使氨基酸分子上的 $-\overset{+}{N}H_3$ 基解离释放出 H^+，从而使溶液酸性增加，就可以用酚酞作指示剂，用 NaOH 溶液来滴定。每释放出一个 H^+，就相当有一个氨基氮，由滴定所消耗的 NaOH 的量可以计算出氨基氮的含量，即氨基酸的含量，这就是氨基酸的甲醛滴定法。此法可用于测定游离氨基酸的含量，也常用来测定蛋白质水解程度。

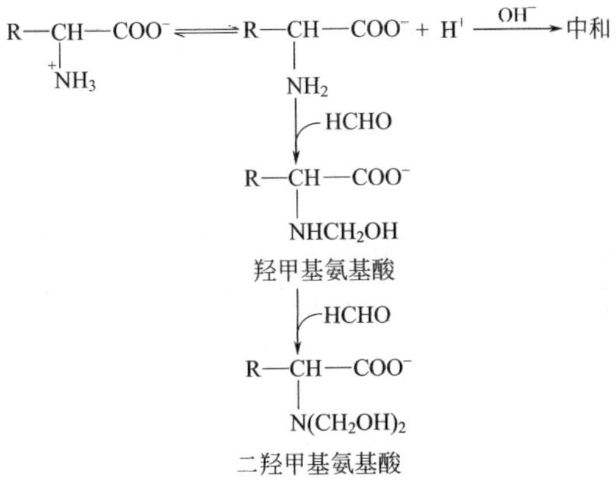

羟甲基氨基酸

二羟甲基氨基酸

4. 与 2,4-二硝基氟苯的反应

在弱碱性溶液中，氨基酸的 α-氨基很容易与 2,4-二硝基氟苯（DNFB）作用，生成稳定的黄色 2,4-二硝基苯氨基酸（简写 DNP-氨基酸）。其反应式如下。

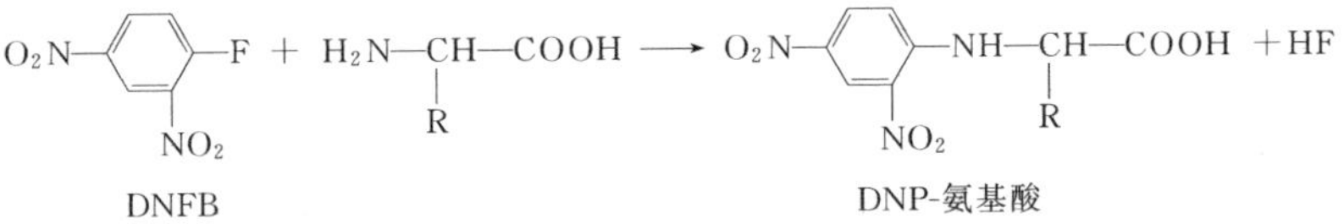

DNFB

DNP-氨基酸

这一反应在蛋白质化学的研究上起过重要作用，英国的 Sanger 等对胰岛素一级结构的阐明就是应用了这一方法，现在仍然是蛋白质 N 端氨基酸测定的方法之一。

5. 成盐反应

氨基酸的 α-氨基能与 HCl 作用生成氨基酸盐化合物。用 HCl 水解蛋白质得到的就是氨基酸盐酸盐；氨基酸的 α-羧基可以和碱作用生成盐；如果与重金属离子如铜离子、铁离子、锰离子等作用能形成稳定的配合物。如氨基酸能与铜离子形成蓝紫色配合物结晶，常用来分离或鉴定氨基酸。

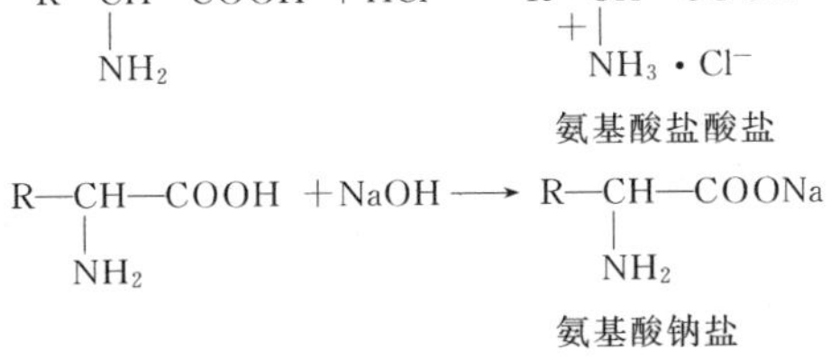

氨基酸盐酸盐

氨基酸钠盐

6. 成酯反应

氨基酸的 α-羧基被醇酯化后，形成相应的酯。例如：

$$R-CH-COOH + C_2H_5OH \xrightarrow{\text{干燥 HCl (气)}} R-CH-COOC_2H_5 + H_2O$$

乙醇   氨基酸乙酯

  羧基被酯化后,羧基的化学反应性能被掩蔽,可增强氨基的化学活性,所以在蛋白质人工合成中可用成酯反应将氨基酸活化。成酯反应也可用于氨基酸的分离纯化,因为各种氨基酸与醇所成的酯的沸点不同,故可进行分级蒸馏而分离。另外,在曲酒酿造中,不同氨基酸所生成的酯具有不同芳香味。

7. 与水合茚三酮的反应

  水合茚三酮与氨基酸的反应可用于氨基酸的比色(包括荧光法)测定。加热反应生成的复合物大多数是蓝色或紫色,仅脯氨酸和羟基脯氨酸生成黄色产物。水合茚三酮与氨基酸反应生成物的颜色与氨基酸的性质有关。蛋白质水解物经色谱分离后取洗脱液与水合茚三酮反应,在两个波长处测量吸收值,即脯氨酸和羟基脯氨酸采用 740nm 波长,其他大多数氨基酸 570nm 波长。

第三节　蛋白质结构

  蛋白质是由各种氨基酸通过肽键连接而成的多肽链,再由一条或一条以上的多肽链按各自特殊方式组合成具有完整生物活性的分子。随着肽链数目、氨基酸组成及其排列顺序的不同,也就形成了不同空间结构的蛋白质。为了表示蛋白质结构的不同组织层次,将其分为一级结构、二级结构、三级结构和四级结构。一级结构是指蛋白质的多肽链的氨基酸排列顺序,又称为初级结构;二级、三级、四级结构是指蛋白质肽链的空间排布(即肽链的构象),称为高级结构。

一、蛋白质的一级结构

  蛋白质的一级结构是指蛋白质分子中氨基酸的组成、连接方式以及氨基酸在多肽链中的排列顺序。一级结构是蛋白质分子的基本结构,它是决定蛋白质空间结构的基础。维持一级结构的化学键为共价键,主要是肽键。随着肽链数目、氨基酸组成及其排列顺序的不同,就形成了种类繁多、功能各异的蛋白质。一级结构"关键"部分如果被破坏或特定的氨基酸组成与排列顺序的改变会直接影响蛋白质的功能。

(一)氨基酸的连接方式——肽键

  一分子氨基酸的 α-羧基与另一分子氨基酸的 α-氨基脱水缩合形成的酰胺键(—CO—NH—)称为肽键,反应产物称为肽。可用下式表示。

$$H_2N-CH-C-OH+H-N-CH-COOH \longrightarrow H_2N-CH-C-N-CH-COOH$$

脱水   肽键

  由两个氨基酸形成最简单的肽,即二肽,二肽再以肽键与另一分子氨基酸缩合生成三肽,依次类推。多肽链上的各个氨基酸由于在互相连接的过程中"损失"了 α-氨基上的—H和 α-羧基上的—OH,故被称为氨基酸残基。一般把不多于 12 个残基的肽,直接称为二肽、三肽、四肽等；把超过 12 个而不多于 20 个残基的称寡肽；含 20 个以上残基的称为多肽。多肽是链状结构，所以又称为多肽链。多肽链可以简略地表示为：

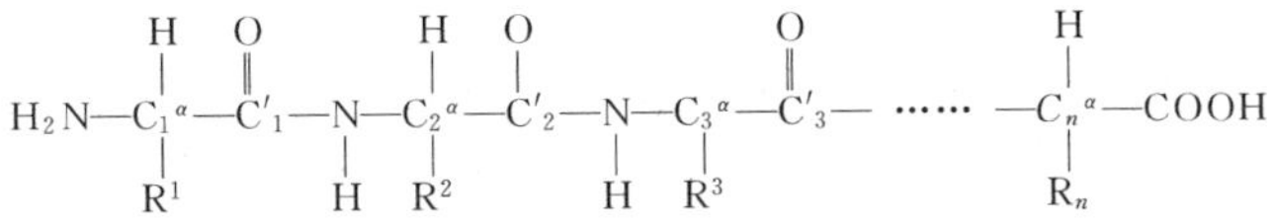

$$\underset{R^1}{\underset{|}{H_2N-C_1^\alpha}}\overset{O}{\underset{}{-C_1'}}-\underset{H}{\underset{|}{N}}-\underset{R^2}{\underset{|}{C_2^\alpha}}\overset{O}{\underset{}{-C_2'}}-\underset{H}{\underset{|}{N}}-\underset{R^3}{\underset{|}{C_3^\alpha}}\overset{O}{\underset{}{-C_3'}}-\cdots\cdots-\underset{R_n}{\underset{|}{C_n^\alpha}}\overset{H}{\underset{}{}}-COOH$$

C^α 代表 α 碳原子，C' 代表羧基碳原子

在多肽链的一端氨基酸含有尚未反应的游离氨基，称为肽链的氨基末端或 N 端；而肽链的另一端的氨基酸含有一个尚未反应的羧基，称为肽链的羧基末端或 C 端。一般表示多肽链时，常把 N 端放在左边，而把 C 端放在右边，一级结构的书写方式是从 N 端到 C 端。

（二）氨基酸的排列顺序

虽然构成各种蛋白质的氨基酸有 20 种，但由于氨基酸的种类、数目、比例、排列顺序的不同，仍然可以构成种类繁多、结构各异的蛋白质。在蛋白质一级结构中，除肽键外还有二硫键，它是由肽链内和肽链间的半胱氨酸残基脱氢连接而成的，是连接肽链内或肽链间的主要桥键（图 5-1）。二硫键在蛋白质分子中起着稳定肽链空间结构的作用，这往往与生物活性有关。一般二硫键数目愈多，蛋白质结构愈稳定。生物体内起保护作用的皮、角、毛、发的蛋白质中二硫键最多。

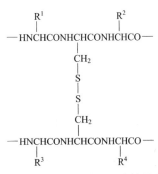

图 5-1　蛋白质肽链间二硫键示意

胰岛素是世界上第一个被测定一级结构的蛋白质，它是动物胰脏中胰岛 β 细胞分泌的一种相对分子质量较小的激素蛋白，其主要功能是降低体内血糖含量。胰岛素是由两条肽链共 51 个氨基酸组成，一条称 A 链，一条称 B 链。A 链含 21 个氨基酸残基，B 链含 30 个氨基酸残基。A 链和 B 链之间通过两个二硫键相连。另外，A 链本身 6 位和 11 位上的两个半胱氨酸通过二硫键相连形成链内小环，A 链和 B 链都是由氨基酸按特定的排列顺序组成的。图 5-2 为牛胰岛素的一级结构。

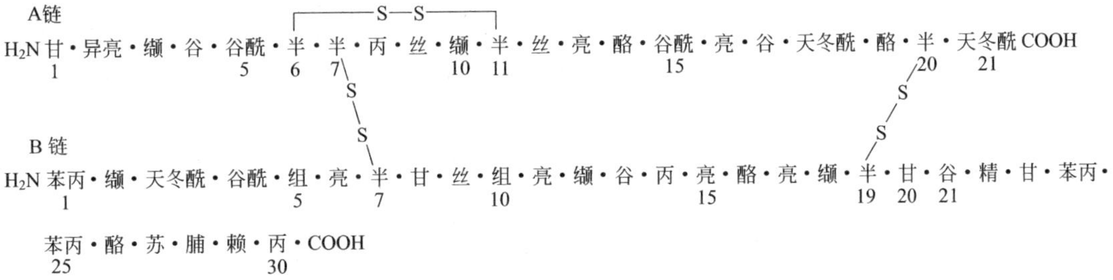

A链
H₂N 甘·异亮·缬·谷·谷酰·半·半·丙·丝·缬·半·丝·亮·酪·谷酰·亮·谷·天冬酰·酪·半·天冬酰 COOH
　　1　　　　　　　5　6　7　　　　10　11　　　　　15　　　　　　　　20　　21

B链
H₂N 苯丙·缬·天冬酰·谷酰·组·亮·半·甘·丝·组·亮·缬·谷·丙·亮·酪·亮·缬·半·甘·谷·精·甘·苯丙
　　1　　　　　　5　　　7　　　10　　　　　　15　　　　　　19　20　21

苯丙·酪·苏·脯·赖·丙·COOH
25　　　　　30

图 5-2　牛胰岛素的一级结构

二、蛋白质的二级结构

蛋白质的二级结构主要是指蛋白质多肽链的折叠和盘绕方式。维持蛋白质的二级结构的主要化学键是氢键。氢键是肽链的亚氨基上的 H 与肽链羰基上的 O 原子之间发生静电吸引形成的。二级结构的类型有 α-螺旋、β-折叠、β-转角和无规则卷曲等。

（一） α-螺旋结构

α-螺旋结构是 Pauling 和 Corey 等研究羊毛、马鬃、猪毛等 α-角蛋白时于 1951 年提出来的。α-螺旋结构是蛋白质主链的一种典型结构形式（图 5-3），多肽链围绕中心轴呈有规律右手螺旋，每 3.6 个氨基酸残基螺旋上升一圈，螺距为 0.54nm，氨基酸侧链伸向螺旋外侧。α-螺旋每个氨基酸残基的 N—H 与前面第四个氨基酸残基的 C=O 形成氢键，氢键的方向与螺旋长轴基本平行，肽链中的全部肽键都能参与链内氢键的形成，氢键是维持 α-螺旋结构稳定的主要次级键。螺旋体内氢键形成示意如下。

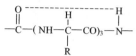

天然蛋白质的 α-螺旋绝大多数都是右手螺旋。纤维状蛋白和球状蛋白中均存在 α-螺旋结构。

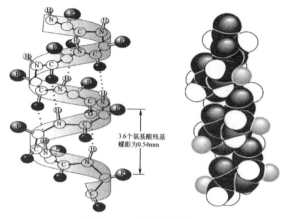

图 5-3　α-螺旋结构模型

蛋白质多肽链能否形成 α-螺旋结构以及形成的螺旋体是否稳定，与氨基酸组成和序列有关。如多肽链中有脯氨酸时，α-螺旋就被中断，并产生一个"结节"，这是因为脯氨酸的 α-亚氨基上氢原子参与肽键的形成后，再没有多余的氢原子形成氢键，所以在多肽链序列上有脯氨酸残基时，肽链就拐弯不再形成 α-螺旋。另外带有相同电荷的氨基酸连续出现在多肽链上时，由于同性电荷相斥也会影响 α-螺旋的形成。

（二） β-折叠结构

β-折叠也是 Pauling 等提出的，是一种肽链相当伸展的结构，它是蛋白质中第二种最常见的二级结构。这种结构不仅存在于纤维状蛋白质中，也存在于球状蛋白质中。β-折叠也是一种重复性的结构，可以把它想象为由折叠的条状纸片侧向并排而成（图 5-4），每条纸片可看成是一条肽链，在这里肽主链沿纸条形成锯齿状的折叠片层，因此这个结构又叫 β-片层结构。β-折叠依靠相邻的肽链上的 N—H 与 C=O 形成的氢键以维持其结构稳定。

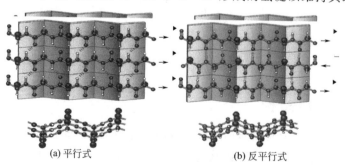

(a) 平行式　　　　　　　　　(b) 反平行式

图 5-4　β-折叠结构模型

折叠片可以有两种形式，一种是平行式［图5-4(a)］，另一种是反平行式［图5-4(b)］。在平行 β-折叠片中，相邻肽链是同向的，如 β-角蛋白即是；在反平行 β-折叠片中，相邻肽链是反向的，丝心蛋白就属于这一类型。从能量角度考虑，反平行结构更为稳定。

（三） β-转角结构

β-转角结构是在球状蛋白质中广泛存在的一种结构。当蛋白质多肽链以180°回折时，这种肽链的回折角就是 β-转角，它是由第一个氨基酸残基的 C＝O 与第四个氨基酸残基的 N—H 之间形成的氢键，产生一种环形结构（图5-5）。由于 β-转角结构，可使多肽链走向发生改变，目前发现的 β-转角多数都存在于球状蛋白质分子的表面。

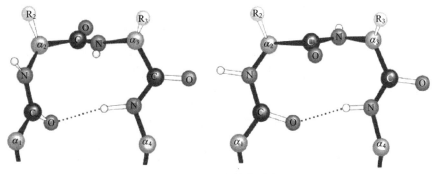

图 5-5 β-转角结构示意

（四） 无规则卷曲

无规则卷曲泛指那些不能被归入明确的二级结构如折叠片或螺旋的多肽区段，是没有一定规律的松散肽链结构。无规则卷曲经常构成酶活性部位和其他蛋白质特异的功能部位。

不同蛋白质的二级结构不同，有的相差很大，如肌红蛋白分子的肽链中约有75％是 α-螺旋结构，α-角蛋白几乎全是 α-螺旋结构，而蚕丝丝心蛋白却又几乎全是 β-折叠结构。

三、蛋白质的三级结构

蛋白质的三级结构是多肽链在二级结构的基础上进一步盘绕卷曲，在空间上形成较紧密的球状分子结构。三级结构的形成是由于肽链上某些氨基酸残基侧链基团的特性，使肽链中在序列上相隔较远的氨基酸残基相互作用而引起的。蛋白质三级结构特点是具备三级结构的蛋白质一般都是球状蛋白，都有近似球状或椭球状的物理外形，而且整个分子排列紧密，内部有时只能容纳几个分子的水或者空腔更小；大多数亲水性氨基酸分布在球状蛋白分子的表面上，形成亲水的分子外壳，从而使球状蛋白分子可溶于水；大多数疏水性氨基酸侧链埋藏在分子内部，形成疏水核。

蛋白质分子二级结构的稳定性是由侧链基团的相互作用生成的各种次级键，如离子键、氢键、疏水作用（疏水键）、范德华力和二硫键维持的，其中疏水作用力更为重要。三级结构研究最早的是肌红蛋白（图5-6），

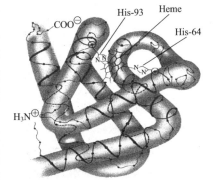

图 5-6 肌红蛋白三级结构示意

肌红蛋白是哺乳动物肌肉中运输氧的蛋白。

四、蛋白质的四级结构

蛋白质的四级结构是指具有两个或两个以上的蛋白质三级结构通过非共价键彼此缔合而形成的特定的蛋白质分子。其中每个具有独立的三级结构的多肽链称为亚基或亚单位。亚基单独存在时，没有生物活性，只有通过亚基相互聚合成四级结构时，蛋白质才具有完整的生物活性。维持四级结构的作用力主要是疏水作用，也包括氢键、离子键及范德华力。

蛋白质空间构象的维持离不开化学键。蛋白质一级结构的主要化学键是肽键，也有少量的二硫键，这些共价键的键能大，稳定性也强。而维持蛋白质构象的化学键主要是一些非共价键或次级键。它们是蛋白质分子的主链和侧链上的极性、非极性和离子基团等相互作用而形成的。次级键的键能较小，因而稳定性较差，但由于次级键的数量众多，因此在维持蛋白质分子的空间构象中起着重要的作用。主要的次级键有氢键、疏水键、盐键和范德华力等（图 5-7）。

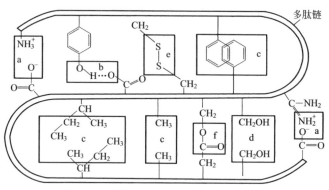

图 5-7　维持蛋白质空间结构的化学键

a—离子间的盐键；b—极性基间的氢键；c—非极性基间的相互作用力（疏水键）；d—范德华力；e—二硫键；f—酯键

第四节　蛋白质性质

蛋白质分子中保留有自由末端 α-氨基和 α-羧基，以及侧链上的各种官能团，因此，它具有氨基酸的一些物理性质和化学性质。但是蛋白质作为高分子化合物，相对分子质量大，所以有些性质与氨基酸不同，如胶体性质和变性等。

一、蛋白质的两性电离和等电点

蛋白质如同氨基酸一样，是两性电解质，既能与酸作用，也能与碱作用。蛋白质分子中可解离的基团除肽链末端的 α-羧基和 α-氨基外，主要还是肽链内氨基酸残基上的 R 侧链基团，如—NH$_2$、—COOH、—OH 等。在一定 pH 条件下，这些基团能解离，从而使蛋白质分子带电荷。蛋白质的解离情况远比氨基酸复杂，其总解离情况可用下式表示（P 代表蛋白质分子中各氨基酸残基）。

$$\underset{\text{COOH}}{\overset{\overset{+}{\text{NH}_3}}{\text{P}}} \quad \underset{\overset{\text{H}^+}{\longleftarrow}}{\overset{\text{OH}^-}{\rightleftharpoons}} \quad \underset{\text{COO}^-}{\overset{\overset{+}{\text{NH}_3}}{\text{P}}} \quad \underset{\overset{\text{H}^+}{\longleftarrow}}{\overset{\text{OH}^-}{\rightleftharpoons}} \quad \underset{\text{COO}^-}{\overset{\text{NH}_2}{\text{P}}}$$

蛋白质分子看作是一个多价离子，所带电荷的性质和数量是由蛋白质分子中的可解离基的种类和数目以及溶液的 pH 所决定的。对某一蛋白质来说，在某一 pH 条件时，它所带的正电荷与负电荷恰好相等，即净电荷为零，在电场中既不向阳极移动，也不向阴极移动，此时溶液的 pH 称为蛋白质的等电点（pI）。蛋白质在小于等电点的 pH 溶液中，蛋白质分子以阳离子形式存在，在电场中向阴极移动。相反，在大于等电点的 pH 溶液中，蛋白质分子以阴离子形式存在，在电场中向阳极移动。

由于不同种类的蛋白质组成和结构有所不同，所以它们的等电点也不同（表 5-4）。蛋白质在等电点时，以两性离子的形式存在，其总净电荷为零，这样的蛋白质颗粒在溶液中因为没有相同电荷而相互排斥，所以最不稳定，溶解度最小，极易借静电引力迅速结合成较大的聚集体，易从溶液中析出。这一性质常用于蛋白质的分离、提纯。

表 5-4　几种粮油子粒蛋白质的等电点

蛋白质	等电点	蛋白质	等电点
小麦胶蛋白	6.41～7.1	豌豆球蛋白	3.4
玉米胶蛋白	6.2	麻仁球蛋白	5.5～6.0
小麦球蛋白	5.5	小豆球蛋白	5.0

二、蛋白质的胶体性质

蛋白质是高分子化合物，相对分子质量大，其颗粒大小一般在 1～100nm 的范围内，达到胶体质点的范围，所以蛋白质具有胶体性质，如布朗运动、丁达尔现象、不能透过半透膜以及具有吸附能力等特性。

蛋白质水溶液是一种比较稳定的亲水胶体，其原因主要有两个方面。一是由于蛋白质分子的水化作用，蛋白质颗粒表面带有许多极性基团，如—NH_2、—COOH、—OH、—SH、—$CONH_2$等，这些极性基团与水有高度的亲和性。当蛋白质与水相遇时，水分子就很容易被蛋白质吸引，在蛋白质颗粒外面形成一层水化膜（又称水化层）。水化膜的存在使蛋白质颗粒相互隔开，颗粒之间不会碰撞而聚成大颗粒，因此蛋白质在水溶液中比较稳定而不易沉淀。二是由于蛋白质分子中的极性基团能解离为带电基团，这就使得蛋白质带有电荷，在同一种蛋白质溶液中，蛋白颗粒带有相同电荷，使蛋白质颗粒之间相互排斥，阻止了单个分子相互凝聚形成沉淀。因此蛋白质溶液是稳定的胶体溶液。当破坏水化膜和去掉电荷时，使蛋白质分子间引力增加而沉降。依据这一原理，加工脱水猪肉时，在干燥前调节肉的pH，使之距离等电点较远，蛋白质在带电情况下干燥，可以避免蛋白质分子的紧密结合，复水时较易嫩化。

蛋白质颗粒高度分散在介质（如水）中所形成的胶体溶液叫溶胶。例如，作物在田间生长、发育时期，未成熟的粮粒细胞中的原生质就是一种溶胶，此时代谢活动旺盛。在粮粒成熟过程中溶胶逐渐失水而失去流动性成凝胶，代谢活动也随之减弱，这种转变过程叫蛋白质的胶凝作用。粮粒在干燥过程中，凝胶进一步失水，体积逐渐缩小，最后成为固态的胶体物质，叫干凝胶。在生物体系内，蛋白质以凝胶和溶胶的混合状态存在。蛋白质凝胶具有一定的形状和弹性，具有半固体的性质。在成熟粮油子粒中，蛋白质的凝胶状态是粮粒能保持大量水分的主要原因。新鲜的猪肉在很高的压力下都不能把其中的水分压挤出来的原因就在于其蛋白质胶体的持水力，干燥后的粮油子粒吸水能力很强。由干凝胶吸水体积增加形成凝胶和溶胶的过程称蛋白质的溶胀作用。这也就是储粮易于吸湿返潮的原因之一。

三、蛋白质的沉淀作用

蛋白质由于带有电荷和水化膜，因此在水溶液中成稳定的胶体溶液。蛋白质溶液的稳定性是生物机体正常新陈代谢所必需的，也是相对的、暂时的、有条件的。当条件改变时，破坏了蛋白质的水化膜或中和了蛋白质的电荷，稳定性就被破坏，蛋白质分子相聚集而从溶液中析出，这种现象称为蛋白质的沉淀作用（图5-8）。

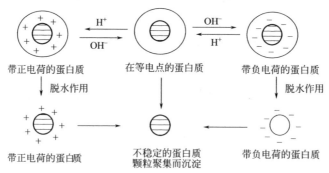

图 5-8　蛋白质的沉淀作用示意

在实际中使蛋白质沉淀的方法主要有以下几种。

1. 等电点沉淀和 pH 的控制

不同的蛋白质具有不同的等电点，利用蛋白质在等电点时溶解度最低的原理可以把蛋白质混合物彼此分开。当蛋白质混合物的 pH 被调到其中一种蛋白质的等电点时，这种蛋白质的大部分或全部将沉淀下来，那些等电点高于或低于该 pH 的蛋白质则仍留在溶液中。这样沉淀出来的蛋白质保持着天然构象，若条件恢复能再溶解。

2. 蛋白质的盐溶和盐析

中性盐（如硫酸铵、硫酸钠、氯化钠等）对蛋白质的溶解度有显著的影响。当盐浓度较低时，中性盐可以增加蛋白质的溶解度，这种现象称为盐溶。盐溶作用主要是由于蛋白质分子吸附某种盐类离子后，导致其颗粒表面同性电荷增加而彼此排斥，同时蛋白质分子与水分子间的相互作用却加强，因而溶解度提高。

当盐浓度较高时，中性盐可以破坏蛋白质胶体周围的水化膜，同时又中和了蛋白质分子的电荷，降低蛋白质的溶解度，使蛋白质发生沉淀，这种现象称为盐析。盐析所需盐浓度一般较高，但不引起蛋白质变性，若条件恢复能再溶解，因此盐析法是蛋白质分离和纯化过程中最常用的方法之一。不同蛋白质盐析时所需盐浓度不同，所以在蛋白质溶液中逐渐增大中性盐的浓度，不同蛋白质就先后析出，这种方法称为分段盐析。

3. 有机溶剂沉淀蛋白质

如乙醇、丙酮或甲醇等可使蛋白质产生沉淀，这是由于这些有机溶剂的亲水性强，破坏了蛋白质颗粒周围的水化膜，从而降低蛋白质的溶解度，发生沉淀作用。如蛋白质溶液的 pH 在等电点时，加入这些有机溶剂可加速蛋白质沉淀，因此也可应用于蛋白质的分离和纯化。但是有机溶剂沉淀蛋白质如果是在高温下或长时间作用蛋白质溶液，则沉淀蛋白质失去生物活性，不能再被溶解。

4. 重金属盐和生物碱剂沉淀蛋白质

蛋白质溶液的 pH 大于 pI 时，蛋白质带有负电荷，可与重金属离子如 Hg^{2+}、Ag^+、Pb^{2+}、Fe^{3+} 等作用，产生蛋白质的重金属盐沉淀。

当蛋白质溶液的 pH 小于 pI 时，蛋白质带有正电荷，可与生物碱试剂如单宁酸、苦味酸、钨酸和三氯乙酸等作用，产生溶解度很低的盐沉淀。

重金属盐和生物碱剂所引起的蛋白质沉淀不能再被溶解，沉淀蛋白质失去生物活性。

四、蛋白质的变性作用

（一）蛋白质变性作用的概念

天然蛋白质受到外界各种理化因素的影响后，其分子内部原有结构被破坏，多肽链按特定方式折叠卷曲的有序状态展开成松散的无规则排列的长链，导致蛋白质的理化性质和生物学性质都有所改变，但并不导致蛋白质一级结构的破坏，这种现象叫蛋白质变性作用。变性后的蛋白质叫变性蛋白质。在日常生活中有许多蛋白质变性的实例。如加热可使蛋清变性凝固，煮熟的牛奶和鸡蛋有特殊的气味。当引起蛋白质变性的各种物理或化学因素除去后，变性蛋白质又可重新回复到原有的天然构象，这一现象称为蛋白质的复性。

（二）蛋白质变性的本质

变性的实质是蛋白质次级键被破坏，二级、三级、四级结构改变，天然构象解体，但一级结构不变，无肽键断裂。蛋白质的复杂结构是由许多互相作用的弱键来维持的，因此蛋白质只有在比较温和的条件下才倾向于稳定。当超出条件限度，维持结构的弱键就会断裂，就可能引起蛋白质分子内部的改变，蛋白质分子就会从原来有秩序的紧密结构变为无秩序的松散伸展状结构，但蛋白质一级结构保持不变。因此变性的本质是蛋白质构象的改变或破坏。

（三）蛋白质变性的可逆性和影响变性的因素

蛋白质变性后在一定条件下还可恢复性称可逆变性。但是大部分蛋白质变性后不能恢复其原有的各种性质，这种变性称为不可逆变性。一般认为可逆变性中蛋白质分子的三级、四级结构遭到破坏，二级结构保持不变。而在不可逆变性中，蛋白质的二级、三级、四级结构均遭到破坏，所以不能恢复其原有的性质。例如胃蛋白酶加热至 $80\sim90^\circ\!C$ 时，失去溶解性，也无消化蛋白质的能力，如将温度再降低到 $37^\circ\!C$，则它又可恢复溶解性与消化蛋白质的能力。但随着变性时间的增加，条件加剧，变性程度也随之加深。如蛋白质的结絮作用和凝固作用就是变性程度较深，这就是一种不可逆的变性。

引起蛋白质变性的因素很多，物理因素有高温、高压、超声波、剧烈振荡、搅拌、X 射线和紫外线等；化学因素如强酸、强碱、尿素、胍、去污剂、重金属盐（Hg^{2+}、Ag^+、Pb^{2+} 等）、三氯乙酸、浓乙醇等都能使蛋白质变性。但不同蛋白质对各种因素的敏感程度是不同的。

（四）变性蛋白质的特点

蛋白质变性后，往往具有以下特点。

① 生物活性丧失，这是蛋白质变性的主要特征。如酶失去催化功能，血红蛋白丧失载氧能力等。

② 一些物理化学性质改变。分子中的侧链基团，如巯基、咪唑基、酚基和羟基等暴露

出来易与相应的试剂起化学反应。

③ 溶解度降低，易形成沉淀析出。由于变性蛋白质中的氢键等次级键被破坏，疏水基团外露，破坏了水化层，导致溶解度降低。

④ 易被酶水解和消化。蛋白质变性后，由于肽链结构变得伸展松散，增加了与酶的接触，这就是熟食易于消化的道理。

变性蛋白质常常相互凝聚成块，这种现象称为凝固。凝固是蛋白质变性深化的表现。因此，利用变性的深浅程度，在实际应用中具有重要意义。例如，在防治病虫害、消毒、灭菌等时，就应利用高温、高压、紫外线及高浓度有机溶剂等促进和加深蛋白质的变性；在生产制备酶制剂等有活性的蛋白质产品时，又要防止蛋白质的变性，避免不利因素的影响。

在粮食储藏中，应避免储粮发热。高水分粮进行烘干时，要根据粮食水分来控制烘干的温度，目的是防止粮食中蛋白质变性。粮食中蛋白质变性后易发生虫害、霉变。小麦蛋白质变性后吸水能力和溶胀能力下降，面筋失去弹性，影响面包馒头的品质。

五、蛋白质的颜色反应

蛋白质分子中某些氨基酸的侧链基团和肽键，与某些试剂作用产生相应的显色反应（表 5-5）。这些显色反应可用于蛋白质定性试验和定量测定。

表 5-5　蛋白质的颜色反应

反应名称	主要试剂	颜色	反应基团	有此反应的蛋白质或氨基酸
双缩脲反应	$NaOH + Cu_2SO_4$	紫红色	凡含两个或两个以上肽键结构的化合物	所有蛋白质均具有此反应
米伦反应	$HgNO_3$ 及 $Hg(NO_3)_2$	红色	酚基	用于鉴定酪氨酸、酪蛋白
黄色反应	硝酸银及碱	黄色	苯环	用于鉴定苯丙氨酸和酪氨酸
乙醛酸反应	乙醛酸	紫色	吲哚基	色氨酸
茚三酮反应	茚三酮	蓝色	自由氨基及羧基	α-氨基酸、所有蛋白质

（一）双缩脲反应

尿素在加热时，两分子尿素缩合生成双缩脲并放出一分子氨。双缩脲在碱性溶液中能与硫酸铜反应产生紫红色配合物。蛋白质分子中含有许多与双缩脲结构相似的肽键，因此蛋白质分子与碱性铜溶液中的铜离子形成紫红色配合物的反应，称为双缩脲反应。其反应式如下。

$$2H_2N-\underset{O}{C}-NH_2 \xrightarrow{\triangle} H_2N-\underset{O}{C}-NH-\underset{O}{C}-NH_2 + NH_3\uparrow$$

利用这一反应可以检测蛋白质。

（二）米伦反应

含有酪氨酸的蛋白质与米伦试剂（由硝酸汞、硝酸亚汞、硝酸配制而成）混合，即产生白色沉淀析出，再加热时变成砖红色。这一反应并非蛋白质的特征反应，但因大多数蛋白质均含有酪氨酸残基，所以也是检测蛋白质的一种方法。

（三）黄色反应

此反应是含有酪氨酸、色氨酸和苯丙氨酸等芳香族氨基酸的蛋白质所特有的呈色反应。蛋白质溶液遇浓硝酸后，先产生白色沉淀，加热则变黄，再加碱颜色加深为橙黄色。硝酸能与这些氨基酸中的苯环形成黄色的硝基化合物。

（四）乙醛酸反应

凡含有吲哚基的化合物都有此反应，因此，色氨酸及含有色氨酸的蛋白质溶液中加入乙醛酸试剂，并沿试管壁慢慢注入浓硫酸，在两液层之间就会出现紫色环。

（五）茚三酮反应

蛋白质与氨基酸一样，在溶液中加入水合茚三酮并加热至沸腾则显蓝紫色。此反应十分灵敏，常用来检测蛋白质的存在。

第五节　蛋白质分类

蛋白质的种类繁多，功能多样。大多数蛋白质的化学结构尚不清楚，一般按蛋白质的分子形状、分子组成及溶解度进行分类。

一、根据分子形状分类

根据蛋白质分子形状分为球状蛋白和纤维状蛋白两大类。

（一）球状蛋白质

蛋白质分子形状呈球状或椭球状，分子长短轴比小于10∶1，甚至接近1∶1。其多肽链折叠紧密，疏水的氨基酸侧链位于分子内部，亲水的侧链在外部暴露于水溶剂，因此球状蛋白质在水溶液中溶解性好。如血液的血红蛋白、血清球蛋白、豆类的球蛋白等，在动植物体内都有大量球蛋白。

（二）纤维状蛋白

蛋白质分子形状呈细棒或纤维状，分子长短轴比大于10∶1，在动植物体内广泛存在。这类蛋白质在生物体内主要起结构作用。典型的纤维状蛋白质如胶原蛋白、弹性蛋白、角蛋白和丝蛋白，不溶于水和低浓度盐溶液。

二、根据分子组成和溶解度分类

根据蛋白质分子组成和特性分为单纯蛋白和结合蛋白。

（一）单纯蛋白质

单纯蛋白质亦称简单蛋白质，是指蛋白质完全水解后的产物只有氨基酸。单纯蛋白质可以按其溶解特性进行分类（表5-6）。

表5-6　简单蛋白质的分类

分　类	溶解度	实　例
清蛋白	可溶于水及低浓度酸、碱或盐溶液，被饱和硫酸铵溶液沉淀	动植物细胞及体液中普遍存在，如血清蛋白、乳清蛋白、卵清蛋白、豌豆中的豆青蛋白
球蛋白	可溶于稀酸、稀盐和稀碱溶液，不溶于水，被半饱和硫酸铵溶液沉淀	动植物细胞及体液中普遍存在，如血球蛋白、大豆球蛋白、豌豆球蛋白

分　类	溶解度	实　例
组蛋白	可溶于水、稀酸、稀碱,不溶于氨水	存在于动物细胞中,在细胞核中与 DNA 结合,如小牛胸腺组蛋白
精蛋白	可溶于水和稀酸,不溶于氨水	动物性蛋白质,存在于鱼精、鱼卵和胸腺组织中,如鱼精蛋白
谷蛋白	可溶于稀酸或稀碱中,不溶于水和稀盐溶液	仅存在于植物细胞中,如米谷蛋白、麦谷蛋白、玉米谷蛋白
醇溶谷蛋白	可溶于 70%～80%乙醇中,不溶于水和无水乙醇	仅存在于植物细胞中,禾谷类粮食种子中含有,如小麦醇溶谷蛋白、玉米醇溶谷蛋白
硬蛋白	不溶于水、稀盐、稀酸、稀碱以及乙醇溶液	动物性蛋白质,存在于动物的毛、发、爪、筋、骨等组织中,起结缔保护功能,如胶原蛋白、角蛋白

（二）结合蛋白质

结合蛋白质亦称缀合蛋白质,是由一个蛋白质分子与一个或多个非蛋白质分子结合而成。按组分分为 5 类:核蛋白、脂蛋白、糖蛋白、磷蛋白和色蛋白。

1. 核蛋白

核蛋白是由蛋白质与核酸构成。它存在于所有细胞里,细胞核中的核蛋白是由脱氧核糖核酸与组蛋白结合而成。存在于细胞质中的核糖体就是核糖核酸与蛋白质组成的核蛋白。现在已知的病毒中也都含有核蛋白。

2. 脂蛋白

脂蛋白是由蛋白质与脂类通过非共价键相连而成,存在于生物膜和动物血浆中。大多数生物膜含蛋白质约 60%、脂类 40%,但生物功能不同的膜差异是很大的。脂蛋白不溶于乙醚而溶于水,因此在血液中由脂蛋白来运输脂类物质。在血液、蛋黄、乳、脑、神经及细胞膜中多见。

3. 糖蛋白

糖蛋白是由蛋白质与糖以共价键相连而成。糖和蛋白质的结合方式有两种:一种是由糖的半缩醛羟基和蛋白质中含羟基的氨基酸残基（如丝氨酸、苏氨酸等）以糖苷形式结合,称为 O-连接;另一种是由糖的半缩醛羟基和天冬酰胺的酰胺基连接,称为 N-连接。糖蛋白广泛分布于生物界,存在于骨骼、肌腱、其他结缔组织及黏液和血液等体液中。鱼类等水产动物的体表黏液中的黏蛋白的非蛋白部分是黏多糖。在人体中的免疫球蛋白也是重要的糖蛋白,在免疫功能中发挥重要作用。

4. 磷蛋白

磷蛋白是由蛋白质与磷酸组成。磷酸通常与丝氨酸或苏氨酸侧链的羟基组合,如胃蛋白酶、卵黄中的卵黄磷蛋白、乳中的酪蛋白都是典型的磷蛋白。

5. 色蛋白

色蛋白是由蛋白质与色素组成。色蛋白种类很多,其中以含卟啉类的色蛋白最为重要。人体及动物血液中的血红蛋白就是由含铁原子的血红素与蛋白质组合而成的,血红素是一种由原卟啉与一个二价铁原子构成的化合物。过氧化氢酶、细胞色素 C 都是由蛋白质和铁卟啉组成的。在植物中的叶绿蛋白是由含镁原子的叶绿素与蛋白质结合而成的,它们在生物体内都有重要作用。

三、根据营养学分类

在营养学上根据蛋白质中所含氨基酸的种类和数量把蛋白质分为完全蛋白质、半完全蛋白质和不完全蛋白质三类。

（一）完全蛋白质

完全蛋白质是一类优质蛋白质，它们所含的必需氨基酸种类齐全、数量充足、相互比例适当，不但可以维持人体健康，还可以促进生长发育。肉类、蛋类、奶类、鱼类中的蛋白质都属于完全蛋白质。

（二）半完全蛋白质

半完全蛋白质所含的必需氨基酸虽然种类齐全，但其中某些氨基酸的数量不能满足人体的需要。它们可以维持生命，但不能促进生长发育。例如小麦中的麦胶蛋白便是半完全蛋白质，含赖氨酸很少。食物蛋白质中一种或几种必需氨基酸缺少或数量不足，会使食物蛋白质合成为机体蛋白质的过程受到限制。由于限制了此种蛋白质的营养价值，这类氨基酸就称为限制氨基酸。其中相对含量最低的称为第一限制氨基酸，余者依此类推。植物蛋白质中，赖氨酸、蛋氨酸、苏氨酸和色氨酸含量相对较低，为植物蛋白质的限制氨基酸。谷类蛋白质中含有各种必需氨基酸，其中赖氨酸含量的高低决定了人和动物对其他必需和非必需氨基酸的利用，因此，将赖氨酸称为第一限制氨基酸。

（三）不完全蛋白质

不完全蛋白质不能提供人体所需的全部必需氨基酸，单纯依靠它们既不能促进生长发育，也不能维持生命。例如肉皮中的胶原蛋白、玉米中的玉米胶蛋白等都属于不完全蛋白质。

第六节　粮食中的蛋白质

谷类、豆类及其他油料种子中含有丰富的蛋白质，可以作为家畜、家禽饲料，也可供人类直接食用。粮种不同，蛋白质及氨基酸的含量与比例也不同。

一、小麦蛋白质

小麦中的蛋白质，其含量一般较高，约 12％，大部分（70％）集中在胚乳中，不同品种的小麦蛋白质含量不同，硬质小麦胚乳中蛋白质含量高于软质小麦。根据小麦蛋白质存在部位可分为胚蛋白和胚乳蛋白；根据小麦蛋白质溶解特性不同将它分为清蛋白（溶于水）、球蛋白（溶于 10％NaCl，不溶于水）、麦胶蛋白（溶于 70％～90％乙醇）和麦谷蛋白（不溶于水或乙醇而溶于酸或碱）四种蛋白质。

清蛋白和球蛋白一起占小麦胚乳蛋白质的 10％～15％。它们含有游离的巯基和较高比例的碱性及其他带电氨基酸。清蛋白的相对分子质量很低，在 12000～26000D 之间，而球蛋白的相对分子质量可高达 100000D，但多数低于 40000D。

麦胶蛋白：不溶于水、乙醚和无机盐溶液中，能溶于 $60\%\sim80\%$ 酒精溶液中。湿麦胶蛋白黏力强，富有延伸性，加入少量食盐时黏力则增大，加入过量食盐时黏力则降低。

麦谷蛋白：不溶于水、乙醇和无机盐溶液，能溶于稀酸或稀碱溶液，在热的稀酒精中可以稍微溶解，但遇热易变性。湿麦谷蛋白凝结力强，但无黏力。

麦胶蛋白和麦谷蛋白是构成面筋的主要成分，又称面筋蛋白。小麦中含有的小麦面筋蛋白质约占面粉蛋白质的 85%，它决定面团的特性。面筋的主要化学成分是蛋白质，除此以外还含有少量淀粉、脂肪、糖类、矿物质及纤维素等（表5-7）。在小麦面筋中，麦胶蛋白和麦谷蛋白各占 40% 左右。麦胶蛋白和麦谷蛋白易于分离，在稀酸中溶解面筋，添加 70% 乙醇，然后加入足够的碱以中和酸，在 $4\,℃$ 下放置一夜，麦谷蛋白沉淀，溶液中剩下麦胶蛋白。当面粉加水和成面团的时候，麦胶蛋白和麦谷蛋白按一定规律相结合，构成像海绵一样的网络结构，组成了面筋软胶的骨架。其他成分如脂肪、糖类、淀粉和水都包藏在面筋骨架的网络之中，这就使得面筋具有弹性和可塑性。它们在氨基酸组成上都含有丰富的谷氨酸和脯氨酸，而小麦清蛋白和球蛋白则富含赖氨酸和精氨酸。

表 5-7 面筋的成分（干重）　　　　　　　　　　　单位：%

蛋白质			脂肪	糖类		灰分
麦胶蛋白	麦谷蛋白	清蛋白和球蛋白		可溶性糖	淀粉	
43.02	39.10	4.41	2.80	2.13	6.45	2.00

面筋具有良好的弹性、延伸性，这对面团的形成过程起着非常重要的作用。并且，面筋还具有较好的保气能力，当面团发酵时，面筋能吸水膨胀，形成有弹性的网络结构，从而阻止二氧化碳的外溢，使蒸烤出来的馒头、面包具有多孔性，并且松软可口，品质优良。但是，如果小麦受过冻伤、发热劣变或加热处理过，造成蛋白质的含量减少，性质发生变化，吸水膨胀能力减弱，会影响面筋的产出率和面筋的质量。因此面筋的含量与质量是评定小麦和面粉工艺品质的重要指标之一，在生产上成为必不可少的测定项目。

二、玉米蛋白质

玉米子粒中蛋白质含量一般在 10% 左右，其中 80% 在玉米胚乳中，而另外 20% 在玉米子粒的胚中。我国玉米的产量很大，玉米蛋白质是食品与饲养的重要蛋白质来源。根据玉米蛋白质溶解特性不同可分为玉米胶蛋白、玉米谷蛋白、玉米清蛋白和玉米球蛋白。

玉米蛋白质以离散的蛋白质体和间质蛋白质存在于胚乳中，玉米子粒中粗蛋白的 $40\%\sim50\%$ 是人畜体内不能吸收利用的玉米胶蛋白。玉米胶蛋白的水解产物中谷氨酸、亮氨酸含量较多，但缺乏赖氨酸和色氨酸等必需氨基酸，所以玉米胶蛋白是一种不完全蛋白质。在以玉米胶蛋白为主的食料中补充少量的赖氨酸和色氨酸，便可大大促进幼小动物的生长。

玉米谷蛋白的水解产物与玉米胶蛋白不同，赖氨酸和色氨酸的含量较玉米胶蛋白为高。玉米子粒中还含有少量的玉米球蛋白和玉米清蛋白，它们与非蛋白氮合计只占 20%，在这两种蛋白质中含有较多的赖氨酸、精氨酸、组氨酸和天冬氨酸。

三、大豆蛋白质

大豆中的蛋白质主要是球蛋白和一些水溶性的蛋白质。就营养价值和消化性来看，大豆球蛋白是一种很有价值的蛋白质。

大豆、花生、棉籽、向日葵、油菜等，种子中除了油脂以外还含有丰富的蛋白质。因此，提取油脂后的饼粕或粉粕中含有 44%～50% 的蛋白质，常用作饲料，是目前最重要的植物蛋白质来源。用乙醇水溶液提取大豆粉粕中的糖分和小分子的肽，残余物中蛋白质含量以干物质计可达 70% 以上，称为"大豆蛋白质浓缩物"。

四、稻谷蛋白质

在稻谷中，蛋白质含量一般为 7%～12%。稻谷中所含的蛋白质主要是简单蛋白质，以碱溶性的谷蛋白为主，此外，还含有一定数量的清蛋白和球蛋白。稻谷蛋白质大部分分布在糊粉层中，稻谷加工精度越高，碾去的糊粉层就越多，蛋白质损失也就越多。稻谷蛋白含量与小麦和玉米相比虽然偏低，但却具有优良的营养品质。主要是由于稻谷蛋白含赖氨酸、苯丙氨酸等必需氨基酸较多，含赖氨酸高的谷蛋白占稻谷蛋白的 80% 以上，而品质差的麦胶蛋白含量低。例如，大米蛋白的氨基酸组成配比比较合理，大米蛋白的必需氨基酸组成比小麦蛋白、玉米蛋白的必需氨基酸组成更加接近于 WHO（世界卫生组织）认定的蛋白氨基酸最佳配比模式。与大豆蛋白、乳清蛋白相比，大米蛋白具有低过敏性，可以作为婴幼儿食品的配料。

 **本章练习**

一、名词解释

蛋白质的等电点（pI）　蛋白质的一级结构　蛋白质的二级结构　蛋白质的三级结构
蛋白质的四级结构　蛋白质的空间结构　亚基　蛋白质的变性　盐析　完全蛋白质

二、单项选择（选择一个正确的答案，将相应的字母填入题内的括号中）

1. 大多数蛋白质中的含氮量相当接近，一般平均为（　　）。

A. 12.5%　　　　B. 40%　　　　C. 38%　　　　D. 16%

2. 主链构象指的是蛋白质的（　　）。

A. 一级结构　　B. 二级结构　　C. 三级结构　　D. 四级结构

3. 维持蛋白质一级结构的最主要的化学键是（　　）。

A. 氢键　　　　B. 磷酸二酯键　　C. 肽键　　　　D. 盐键

4. 蛋白质的二级结构是指（　　）。

A. 蛋白质分子中氨基酸的排列顺序　　B. 多肽链中主链原子在局部空间的排列

C. 氨基酸残基侧链间的结合　　　　　D. 亚基间的空间排布

5. 蛋白质的 α-螺旋、β-折叠、β-转角都属于（　　）。

A. 一级结构　　B. 二级结构　　C. 三级结构　　D. 四级结构

6. 维持蛋白质二级结构最主要的化学键是（　　）。

A. 氢键　　　　B. 磷酸二酯键　　C. 肽键　　　　D. 盐键

7. 蛋白质分子各个亚基间的结合力不包括（　　）。

A. 氢键　　　　B. 疏水键　　　　C. 盐键　　　　D. 二硫键

8. 蛋白质在等电点的带电荷情况是（　　　　）。

A. 只带正电荷　　　B. 只带负电荷　　　C. 不带电荷　　　D. 带等量的正、负电荷

9. 利用透析方法分离蛋白质是利用了蛋白质性质中的（　　　　）。

A. 两性解离性质　　　B. 变性性质　　　C. 高分子性质　　　D. 紫外吸收性质

10. 下列有关蛋白质变性与沉淀的说法，正确的是（　　　　）。

A. 变性的蛋白质一定沉淀　　　　　　　B. 蛋白质发生沉淀一定已变性

C. 变性的蛋白质一定不沉淀　　　　　　D. 蛋白质发生沉淀未必已变性

三、填空

1. 各种蛋白质的含氮量很接近，平均为（　　　　）。

2. 多肽链的两端分别是（　　　　）和（　　　　）。

3. 蛋白质的二级结构有（　　　）、（　　　）、（　　　）和（　　　）四种类型。

4. 维系蛋白质一级、二级、三级、四级结构稳定的主要化学键有（　　　　）、（　　　　）、（　　　　）和（　　　　）。

5. 氨基酸是两性电解质，其解离方式取决于所处溶液的（　　　　）。

6. 维持蛋白质亲水胶体稳定的两个主要因素是（　　　　）和（　　　　）。

7. 根据蛋白质分子的形状可将其分为（　　　　）和（　　　　）两类。

8. 沉淀蛋白质的常用方法有（　　　）、（　　　）、（　　　）和（　　　）四种。

9. 在蛋白质分子中，一个氨基酸的 α 碳原子上的（　　　　）与另一个氨基酸 α 碳原子上的（　　　　）脱去一分子水形成的键叫（　　　　），它是蛋白质分子中的基本结构键。

10. 小麦蛋白中（　　　　）和（　　　　）占总蛋白的80%，两者与水混匀可形成面粉高黏弹性的（　　　　）。

四、判断题（将判断结果填入括号中，正确的填"√"，错误的填"×"）

1. 只有具有四级结构的蛋白质才有生物学活性。（　　　）

2. 变性的蛋白质一定发生沉淀。（　　　）

3. 食物充分煮熟对蛋白质的消化有利。（　　　）

4. 蛋白质处于其等电点的 pH 环境中时溶解度最小，易发生沉淀。（　　　）

5. 构成蛋白质四级结构的各亚基可以是相同的，也可以是不相同的。（　　　）

6. 所有的天然蛋白质均具有一级、二级、三级、四级结构。（　　　）

7. 肽链是维持 α-螺旋构象的主要化学键。（　　　）

8. 所有氨基酸都具有旋光性。（　　　）

9. 变性后的蛋白质其分子量也发生改变。（　　　）

五、简答

1. 蛋白质变性的实质是什么？

2. 何谓必需氨基酸？写出八种必需氨基酸的名称。

3. 简述蛋白质的生物学功能。

4. 简述蛋白质发生沉淀作用的原因。

5. 什么是蛋白质的等电点？在等电点时蛋白质具有哪些性质？

6. 什么是盐析？简述盐析的基本原理。

7. 影响蛋白质变性的因素有哪些？举例说明蛋白质变性在实践中的应用。

8. 根据分子组成，蛋白质分成哪两类？

9. 蛋白质的空间结构可分为几种类型，稳定这些结构的主要化学键分别为哪些？

10. 简述面团形成的基本过程。

11. 用凯氏定氮法测得 0.1g 大豆中氮含量为 4.4mg，试计算 100g 大豆中含多少克蛋白质？

第六章　谷物中的酶类

研究要点

1. 谷物中酶的概念、化学本质及催化的特点
2. 谷物中酶的化学组成与结构、命名及分类
3. 谷物中酶催化反应的机理及影响酶促反应的因素
4. 谷物中重要的酶类

　　新陈代谢是生命活动的基础，也是生命活动最重要的特征。而构成新陈代谢的许多复杂而有规律的物质变化和能量变化，都是在酶催化下进行的。例如，绿色植物利用 CO_2、H_2O 及无机盐等简单物质，经过一系列变化合成为复杂的糖、脂肪、蛋白质等物质；动物又利用植物体中的营养物质，经过错综复杂的分解和合成反应转化为自身组分，以维持生长、发育、繁殖。这些反应在体外无法进行，需要高温、高压或强酸强碱等特殊的反应条件才能进行，而在体内这些化学反应却在酶的催化下有条不紊、轻而易举地进行着。生物的生长发育、繁殖、遗传、运动、神经传导等生命活动都与酶的催化过程紧密相关，可以说，没有酶的参与，生命活动一刻也不能进行。

第一节　概　　述

一、酶的概念

　　人们对酶的认识来源于长期的生产实践和科学研究。虽然我们祖先不知道酶是何物，也无法了解其性质，但根据生产和生活的积累，已把酶利用到相当广泛的程度。最早体现出酶的作用是酿酒，约在公元前 21 世纪夏禹时代，人们就会酿酒。公元前 12 世纪周代，在制饴、做酱等工艺中也利用了酶的催化作用。后来随着自然科学的不断发展，人们对酶的认识也逐步深入。例如，用酒曲来治疗胃肠病；用鸡肫皮（鸡胃黏膜）、麦芽等治疗消化不良；用胰脏软化皮革等。1833 年，佩延从麦芽的水抽提物中，用酒精沉淀得到了一种对热不稳定的物质，它可促使淀粉水解成可溶性的糖，人们开始意识到生物细胞中可能存在着一种类

似于催化剂的物质。1878 年，库尼才给酶一个统一的名词，叫 Enzyme，这个词来自希腊文，其意思是"在酵母中"。1926 年，萨姆纳首次从刀豆中提取了脲酶结晶，证实这种结晶能催化尿素分解，并提出酶本身就是一种蛋白质。20 世纪 80 年代初，Cech 和 Altman 分别发现了具有催化功能的 RNA——核酶，这一发现使人们进一步认识到酶不都是蛋白质。

酶是由生物体活细胞产生的具有特殊催化活性和特定空间构象的生物大分子，包括蛋白质和核酸，又称为生物催化剂。

在食品工业中，利用酶水解淀粉和纤维素生成葡萄糖，将葡萄糖异构化为果糖；利用酶嫩化肉类、大豆脱腥、使面包富于弹性、澄清果汁、去除果皮、增进风味。在农业上，利用酶的抑制性作杀虫剂和除草剂；利用淀粉酶和纤维素酶处理饲料，增加饲料的营养价值。

谷物中也存在各种酶，如谷物的发热、生芽都是在酶作用下产生的。酶在谷物储藏与加工中对谷物的品质都有影响，所以酶在理论研究与实际生产应用中都有非常重要的意义。

酶在生物化学中占有突出的地位，现已发展成一个独立的科学分支——酶学。酶工程已成为当代生物工程的重要支柱。酶的研究成果用来指导有关工农业生产和医学实践，必将会给催化剂的设计、药物设计、农作物品种选育及病虫害的防治等提供理论依据。

二、酶的化学本质

到目前为止，被人们分离纯化研究的酶已有数千种，经过物理和化学方法分析证明了酶的化学本质是蛋白质。主要依据有以下几点。

（1）氮元素含量　酶的化学组成中氮元素的含量在 16% 左右。

（2）酶经酸碱水解后最终产物是氨基酸　某些酶的氨基酸组成已被测定，如核糖核酸酶由 124 个氨基酸组成，木瓜蛋白酶由 212 个氨基酸组成等。

（3）酶是具有空间结构的生物大分子　与其他蛋白质一样，酶的相对分子质量很大，是具有空间结构的生物大分子。已测定酶的相对分子质量，一般从一万到几十万以上，大到上百万（表 6-1）。

表 6-1　一些酶的相对分子质量及等电点

酶的名称	相对分子质量	等电点
核糖核酸酶	14000	7.8
胰蛋白酶	23000	7.0～8.0
碳酸酐酶	30000	5.3
胃蛋白酶	36000	1.5
过氧化物酶	40000	7.2
α-淀粉酶	45000	5.2～5.6
脱氧核糖核酸酶	60000	4.7～5.0
β-淀粉酶	152000	4.7
过氧化氢酶	248000	5.7
木瓜蛋白酶	420000	9.0
脲酶	480000	6.8
磷酸化酶	495000	6.8
L-谷氨酸脱氢酶	1000000	4.0

（4）酶是两性电解质　酶在水溶液中，可以进行两性解离，有确定的等电点，见表 6-1。

（5）凡导致蛋白质变性的物理及化学因素都可使酶变性失活　酶受某些物理因素（如加

热、紫外线照射等）、化学因素（如酸、碱、有机溶剂等）的作用会变性或沉淀，丧失酶的活性。如酶受热不稳定，易失去活性，一般蛋白质变性的温度往往也就是大多数酶开始失活的温度；一些使蛋白质变性的试剂如三乙酸等，也是酶变性的沉淀剂。

（6）具有胶体物质的特性　酶和蛋白质一样，具有胶体物质的一系列特性。如在溶液中，酶分子不能通过半透膜。在超速离心机中，它的沉降速度大体与蛋白质相同。

（7）酶也有蛋白质所具有的呈色反应　酶也可以与双缩脲、米伦、茚三酮等发生呈色反应。

综上所述，酶的化学本质是蛋白质。因此，酶具有蛋白质所共有的一些理化性质，所以在提取和分离时，要按防止蛋白质变性的一些措施来防止酶失去活性。但是，不能说所有的蛋白质都是酶，只是具有催化作用的蛋白质才称为酶。

三、酶的催化特点

酶作为生物催化剂与一般催化剂相比有其共同性，如用量少而催化效率高；能够缩短反应达到平衡所需的时间，但不改变化学反应的平衡点；能加快反应的速率，而其本身在反应前后不发生结构与性质的改变。酶除了具有上述催化剂的一般特点外，还有它独特的一些特性。

（一）酶催化的高效性

酶的一个突出特点是催化效率极高。同一反应，酶催化反应速率比一般催化剂的反应速率高 $10^7 \sim 10^{13}$ 倍。如过氧化氢酶和无机 Fe^{2+} 催化过氧化氢分解的反应：

$$2H_2O_2 \longrightarrow 2H_2O + O_2$$

1mol 的过氧化氢酶在 1min 内可催化 5×10^6 mol H_2O_2 分解，在同样条件下，1mol Fe^{2+} 只能催化 6×10^{-4} mol H_2O_2 分解。二者相比，过氧化氢酶的催化效率大约是 Fe^{2+} 的 10^{10} 倍。在人的消化道中如果没有各种酶类参与催化作用，在体温 37℃ 的情况下，消化一顿简单的午饭，大约需要 50 年；唾液淀粉酶稀释 100 万倍后，仍具有催化能力。由此可见，酶的催化效率是极高的。虽然各种酶在生物细胞内的含量很低，却可催化大量的底物发生反应。

通常用酶的转换数来表示酶的催化效率。酶的催化效率是指在一定条件下每分钟每个酶分子转换底物的分子数，即催化底物发生化学变化的分子数。根据上面的数据，可以计算出过氧化氢酶的转换数为 5×10^6。

（二）酶催化的高度专一性

所谓高度专一性是指酶对催化的反应和反应物有严格的选择性。被作用的反应物，通常称为底物。酶只能催化一种或一类反应，作用于一种或一类物质，而一般催化剂没有这样严格的选择性。如酸，既能催化蛋白质水解，也能催化淀粉和脂肪的水解。但是酶就不同，蛋白酶只能催化蛋白质肽键的水解，淀粉酶只能催化淀粉糖苷键的水解，脂肪酶只能催化脂肪酯键的水解，对其他物质无催化作用。酶作用的专一性有重要的生物学意义，也是与一般催化剂最主要的区别。

酶的专一性可分为两种类型：结构专一性和立体异构专一性。

1. 结构专一性

根据不同酶对不同结构底物专一程度的不同，又可分为绝对专一性和相对专一性。

（1）绝对专一性　　有些酶对底物的要求非常严格，只作用于一种底物，底物分子上任何细微的改变酶都不能作用，这种专一性称为"绝对专一性"。例如，脲酶只能水解尿素：

$$H_2N-\overset{\displaystyle O}{\overset{\|}{C}}-NH_2 \xrightarrow[+H_2O]{\text{脲酶}} CO_2+2NH_3$$

若在尿素中以氯或甲基取代氨基中的氢成为尿素衍生物（ $H_2N-\overset{\displaystyle O}{\overset{\|}{C}}-NHCl$ 或 $H_2N-\overset{\displaystyle O}{\overset{\|}{C}}-NHCH_3$ ），则脲酶不起催化作用。

（2）相对专一性　　有些酶对底物的要求不是十分严格，可作用一类结构相近的底物，这种专一性称为"相对专一性"。具有相对专一性的酶作用于底物时，对所作用的化学键两端的基团要求的程度不同，对其中一个基团要求严格，而对另一个则要求不严格，这种相对专一性称为基团专一性或族专一性。如 α-D-葡萄糖苷酶，不但要求 α-糖苷键，且 α-糖苷键的一端必须是葡萄糖残基，即 α-葡糖苷，而对键的另一端 R 基团则要求不严。有些具相对专一性的酶只要求作用于底物一定的化学键，而对键两端的基团并无严格的要求，称为键专一性。如酯酶催化酯键的水解，对底物中的基团没有严格的要求，只是对于不同的酯类，水解速率有所不同。

2. 立体异构专一性

当底物具有立体异构体时，酶只作用于其中的一个。如 L-氨基酸氧化酶只催化 L-氨基酸的氧化脱氨作用，对 D-氨基酸无作用；延胡索酸酶可催化延胡索酸加水生成苹果酸，但不能催化顺丁烯二酸加水。

（三）酶催化的反应条件温和

酶是蛋白质，凡能使蛋白质变性的因素，如高温、强碱、强酸、重金属盐等都能使酶失去催化活性，因此酶催化的反应都是在比较温和的常温、常压和 pH 接近中性条件下进行。如生物固氮在植物中是由固氮酶催化的，通常在 27℃ 和中性 pH 下进行，每年可从空气中将 1 亿吨左右的氮固定下来。而在工业上合成氨，则需要在 500℃、几百个大气压下才能完成。

（四）酶活性受到调节和控制

与一般催化剂相比，酶催化作用的另一特征是其催化活性可以自动地调控。调节和控制酶活性的方式很多，如酶原激活、抑制剂调节、反馈调节和激素调节等，通过对酶活性的调节和控制才使生命活动中各个反应有条不紊地进行。一旦失去了这种调节和控制，就会表现病态甚至死亡。一个失去调控作用的酶，即使它还具有催化活性，但在生物体内却失去了作用或起破坏作用。

（五）酶的催化活性与辅酶、辅基和金属离子有关

有些酶是结合蛋白质，其中的小分子物质（辅酶、辅基及金属离子）与酶的催化活性密切相关。若将它们除去，酶就失去活性。

高效率、专一性以及温和的作用条件使酶在生物体内新陈代谢中发挥重要的作用，酶活力的调控使生命活动中各个反应得以有条不紊地进行。

一、酶的化学组成

我们已经知道，蛋白质分为简单蛋白质和结合蛋白质两类。同样根据化学组成特点，酶也分为单纯蛋白酶和结合蛋白酶两大类。

1. 单纯蛋白酶

单纯蛋白酶是指其分子组成中只含有蛋白质，而不含其他物质，属于简单蛋白质，酶的催化活性取决于它们的蛋白质结构，如脲酶、蛋白酶、淀粉酶、脂肪酶、核糖核酸酶等。

2. 结合蛋白酶

结合蛋白酶是指其分子中除了含有蛋白质外，还含有对热稳定的非蛋白的小分子物质。结合酶中蛋白质部分称为酶蛋白，非蛋白部分称为辅助因子。酶蛋白与辅助因子单独存在时，均无催化活力，只有二者结合成完整的酶分子时才具有活力。此完整的酶分子称为全酶。

全酶＝酶蛋白＋辅助因子

酶的辅助因子包括金属离子及有机化合物，根据它们与酶蛋白结合的松紧程度不同，可分为两类，即辅酶和辅基。辅酶是指与酶蛋白结合比较松弛的小分子有机物质，通过透析的方法可以除去，如辅酶Ⅰ和辅酶Ⅱ等。辅基是以共价键与酶蛋白结合，不能通过透析方法除去，需经过一定的化学处理才能与酶蛋白分开，如细胞色素氧化酶中的铁卟啉、丙酮酸氧化酶中的 FAD（黄素腺嘌呤二核苷酸）都属于辅基。辅酶与辅基的区别只在于它们与酶蛋白结合的牢固程度，并无本质上的差别。

酶蛋白和辅酶（辅基）之间的摩尔比通常是 1∶1，当辅酶（辅基）量不足时，组成全酶的量受到限制，催化活性不能充分发挥。量过多时，酶活力也不会增高。通常一种酶蛋白只有与一种辅酶或辅基结合时，才能发挥催化作用，即酶对辅酶（辅基）的要求是有一定的专一性的，如果更换了辅酶，酶就不具有催化活力。反之，一种辅酶常可与不同的酶蛋白结合，而组成具有不同专一性的全酶。如乳酸脱氢酶的酶蛋白只能与 NAD^+（烟酰胺腺嘌呤二核苷酸）结合，组成乳酸脱氢酶，使底物乳酸发生脱氢反应。但 NAD^+ 可与不同的酶蛋白结合，组成乳酸脱氢酶、苹果酸脱氢酶和 3-磷酸甘油醛脱氢酶，分别催化乳酸、苹果酸及磷酸甘油发生脱氢反应。由此可见决定酶催化专一性的是酶的蛋白质部分。

二、酶的结构

（一）酶蛋白的分子结构

酶蛋白是由 20 余种氨基酸组成的球状蛋白质。各种酶蛋白的一级结构及空间构象各不相同。有些酶是由一条肽链构成的，如胃蛋白酶、溶菌酶等。有的酶是由几条肽链甚至几十条肽链组成的大分子，如胰凝乳蛋白酶分子就是由三条肽链所组成。酶蛋白的空间结构对酶的活力影响很大，酶蛋白变性后，酶即失去全部活性。

（二）酶的活性中心

酶是生物大分子，但是酶的特殊催化能力只局限在大分子的一定区域，也就是说，只有少数特异的氨基酸残基参与底物结合及催化作用。酶分子中直接与底物结合并催化底物发生化学反应的部位称为酶的活性中心。对于单纯酶来说，活性中心是由一些氨基酸残基的侧链基团组成（有时还包括某些氨基酸残基的主链骨架上的基团）；对于结合酶来说，辅酶或辅基上的某一部分结构往往也是活性部位的组成部分。

酶活性中心的氨基酸残基在一级结构上可能相距甚远，甚至位于不同的肽链上。但是通过肽链的盘绕和折叠而在空间构象上相互靠近，形成具有一定空间结构的区域。可以说没有酶的空间结构，也就没有酶的活性中心。酶的高级结构受到物理或化学因素影响时，酶的活性中心遭到破坏，酶即失活。酶的活性中心包括结合部位和催化部位，前者负责与底物结合，决定酶的专一性；后者负责催化底物键的断裂形成新键，决定酶的催化能力。酶活性中心的两个部分实际上是不能分割的，只有当底物结合到酶的适当位置，才能使底物中将要发生变化的键和催化基团相接近，"酶-底复合物"才能转变为产物。

（三）必需基团

酶分子中虽然有很多基团，但并不是所有的基团都与酶的活性有关。其中有些基团若经化学修饰（如氧化、还原、酰化等）使其改变，则酶的活性丧失，这些基团称为必需基团。常见的必需基团有丝氨酸的—OH、组氨酸的咪唑基、半胱氨酸的—SH、天冬氨酸和谷氨酸的侧链—OH等。

第三节　酶的命名与分类

酶的种类很多，目前已发现约4000多种酶，在生物体中酶的种类远远大于这个数。随着生物化学及分子生物学的发展，将会发现更多的新酶。为了研究和使用方便，需要对已知的酶加以分类，并给以科学名称。1961年，国际生物化学学会酶学委员会推荐了一套新的系统命名方案及分类方法。

一、酶的命名

酶的命名有习惯命名法和系统命名法两种。

（一）习惯命名法

1961年以前使用的酶的名称都是习惯沿用的，称为习惯名。主要依据以下三个原则。

1. 根据酶催化反应的性质来命名

例如，催化水解反应的酶称为水解酶，催化氧化作用的酶称为氧化酶或脱氢酶，催化转移氨基的酶称为转氨酶等。

2. 根据酶作用的底物及其反应类型来命名

例如，催化乳酸脱氢变为丙酮酸的酶称为乳酸脱氢酶。对于催化水解作用的酶，一般在酶的名字上省去反应类型，如水解蛋白的酶称蛋白酶，水解淀粉的酶称淀粉酶。

3. 结合以上情况，并根据酶的来源命名

例如，胰蛋白酶、胃蛋白酶、木瓜蛋白酶等。

习惯命名法简单、使用方便，但缺乏系统性。1961 年国际酶学委员会提出了酶的系统命名的原则。这样使得每一种酶除了习惯名称外，还有一个系统名称。

（二）系统命名法

国际系统命名法原则，是以酶所催化的整体反应为基础，规定每种酶的名称应明确标明酶的底物及所催化反应的性质。若酶催化反应中包含两种底物，则其名称均须列出，中间用冒号隔开。若底物之一是 H_2O，可将 H_2O 略去不写（表 6-2）。此外，底物的构型也应写出。

表 6-2　酶国际系统命名法举例

习惯名称	系统名称	催化的反应
乙醇脱氢酶 谷丙转氨酶 脂肪酶	乙醇:NAD^+ 氧化还原酶 L-丙氨酸:α-酮戊二酸氨基转移酶 脂肪:水解酶	乙醇＋$NAD^+ \longrightarrow$ 乙醛＋NADH 丙氨酸＋α-酮戊二酸$\longrightarrow$ 谷氨酸＋丙酮酸 脂肪＋$H_2O \longrightarrow$ 脂肪酸＋甘油

系统命名可消除习惯名称中的一些混乱现象。但是系统命名虽很严格，却有名称太长的缺点，一般使用不大方便，所以酶的习惯名称仍被广泛地使用。

二、酶的分类

国际酶学委员会根据各种酶催化反应的类型，将酶分为六大类，分别用 1、2、3、4、5、6 的编号来表示，即 1 为氧化还原酶类；2 为转移酶类；3 为水解酶类；4 为裂合酶类；5 为异构酶类；6 为合成酶类。再根据底物中被作用的基团或键的特点，将每一大类分为若干亚类，每一亚类又按顺序编成 1、2、3、4 等数字。每一亚类可再分为亚亚类，仍用 1、2、3、4 等编号。每个酶的分类编号由 4 个数字组成，数字间由 "·" 隔开。第 1 个数字表示此酶所属的大类，第 2 个数字表示此大类中的某一亚类，第 3 个数字表示亚类中的某一亚亚类，第 4 个数字表示此酶在此亚亚类中的顺序号，用 "EC" 代表国际酶学委员会。例如，乳酸脱氢酶（EC1.1.1.27）催化乳酸脱氢转变为丙酮酸。

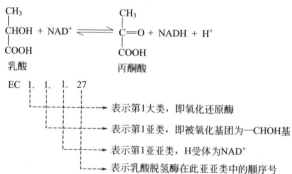

（一）氧化还原酶类

催化氧化还原反应的酶称为氧化还原酶，可分为氧化酶和脱氢酶两大类。

1. 氧化酶类

氧化酶类催化底物脱 H，并氧化生成 H_2O_2 和 H_2O。其催化反应通式为：

$$AH_2 + O_2 \Longleftrightarrow A + H_2O_2$$

$$2AH_2 + O_2 \Longrightarrow 2A + 2H_2O$$

这类酶需要黄素核苷酸（FAD 或 FMN）为辅基，如葡萄糖氧化酶。此酶作用时，底物脱下的 H 交给 FAD，使之还原成为 $FADH_2$，然后 $FADH_2$ 与氧作用，生成 H_2O_2。

$$
\begin{array}{ccc}
\text{CHO} & & \text{COOH} \\
\text{H—C—OH} & & \text{H—C—OH} \\
\text{HO—C—H} & +O_2+H_2O \Longrightarrow & \text{HO—C—H} \quad +H_2O_2 \\
\text{H—C—OH} & & \text{H—C—OH} \\
\text{H—C—OH} & & \text{H—C—OH} \\
\text{CH}_2\text{OH} & & \text{CH}_2\text{OH} \\
\text{α-D-葡萄糖} & & \text{α-D-葡萄糖酸}
\end{array}
$$

2. 脱氢酶类

脱氢酶类催化直接从底物上脱氢。其反应通式为：

$$AH_2 + B \Longrightarrow A + BH_2$$

这类酶需要辅酶 Ⅰ（NAD^+）和辅酶 Ⅱ（$NADP^+$）作为 H 供体或 H 受体起传递 H 的作用。如乙醇脱氢酶，此酶作用于乙醇，使乙醇脱 H 成乙醛，放出的 2H 交给 NAD^+，使之成为 $NADH + H^+$。

$$CH_3CH_2OH + NAD^+ \Longrightarrow CH_3CHO + NADH + H^+$$

（二）转移酶类

转移酶类催化化合物某些基团转移，即将一种分子上的某一基团转移到另一分子上去的反应。其反应通式为：

$$AR + B \Longrightarrow A + BR$$

如谷丙转氨酶属于转移酶类中的转氨基酶。该酶需要磷酸吡哆醛为辅基，将谷氨酸上的氨基转移到丙酮酸上，使之成为丙氨酸，而谷氨酸成为 α-酮戊二酸。

$$
\begin{array}{cccc}
\text{COOH} & \text{CH}_3 & \text{COOH} & \text{CH}_3 \\
(\text{CH}_2)_2 & | & (\text{CH}_2)_2 & | \\
| & \text{C=O} & \xrightarrow{\text{谷丙转氨酶}} & | & \text{C=O} & | \\
\text{H—C—NH}_2 + & | & & \text{C=O} + & \text{H—C—NH}_2 \\
| & \text{COOH} & | & | \\
\text{COOH} & & \text{COOH} & \text{COOH} \\
\text{谷氨酸} & \text{丙氨酸} & \text{α-酮戊二酸} & \text{丙氨酸}
\end{array}
$$

（三）水解酶类

催化水解反应的酶称为水解酶。其反应通式为：

$$AB + H_2O \Longrightarrow AOH + BH$$

水解酶类大都属于细胞外酶，一般不需要辅酶、辅基，但某些金属离子对这类酶的活力有影响。这类酶在生物体内分布最广、数量也多，包括水解酯键、糖苷键、醚键、肽键、酸酐键及其他 C—N 键共 11 个亚类，常见的有蛋白酶、淀粉酶、核酸酶和脂肪酶等。如磷酸二酯酶催化磷酸酯键水解：

$$
\begin{array}{ccc}
\quad\quad \text{O} & & \text{O} \\
\quad\quad \| & & \| \\
\text{R—O—P—O—R} +H_2O \xrightarrow{\text{磷酸二酯酶}} & \text{RO—P—OH} & +\text{ROH} \\
\quad\quad | & & | \\
\quad\quad \text{OH} & & \text{OH} \\
\text{磷酸二酯} & & \text{磷酸单酯} \quad \text{醇}
\end{array}
$$

（四）裂合酶类

裂合酶类催化一个化合物分解为几个化合物或其逆反应。其反应通式如下：

$$AB \rightleftharpoons A+B$$

这类酶包括最常见的 C—C、C—O、C—N、C—S 裂解酶亚类。如醛缩酶可催化果糖-1,6-二磷酸成为磷酸二羟丙酮及甘油醛-3-磷酸，是糖代谢过程中的一个关键酶。其反应式为：

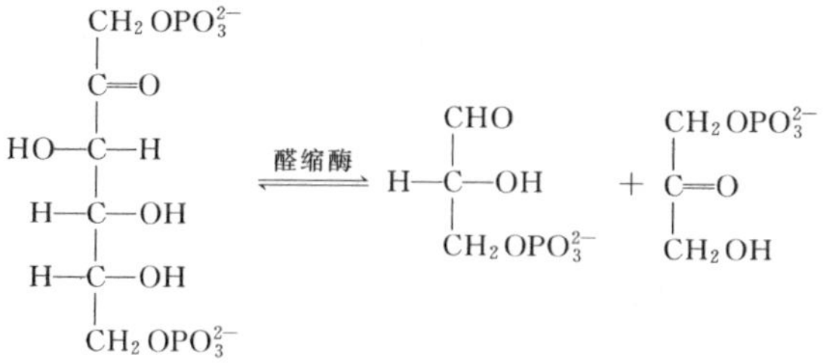

（五）异构酶类

异构酶类催化各种同分异构体之间的互相转化，即分子内部基团的重新排列。其反应通式为：

$$A \rightleftharpoons B$$

这类酶包括消旋酶、差向异构酶、顺反异构酶、分子内氧化还原酶、分子内转移酶和分子内裂解酶等亚类。如葡萄糖-6-磷酸异构酶可催化 6-磷酸葡萄糖转变为 6-磷酸果糖。其反应式为：

6-磷酸葡萄糖　　　　　　　　　　6-磷酸果糖

（六）合成酶类

合成酶类（也称连接酶）是催化两个分子连接成一个分子的反应，这类反应要消耗 ATP（三磷酸腺苷）的高能磷酸键。其反应通式为：

$$A+B+ATP \rightleftharpoons AB+ADP+Pi$$

$$A+B+ATP \rightleftharpoons AB+AMP+PPi$$

如天冬酰胺合成酶，在 ATP 的参加下，催化天冬氨酸与氨反应，生成天冬酰胺、ADP 及 H_3PO_4。其反应式为：

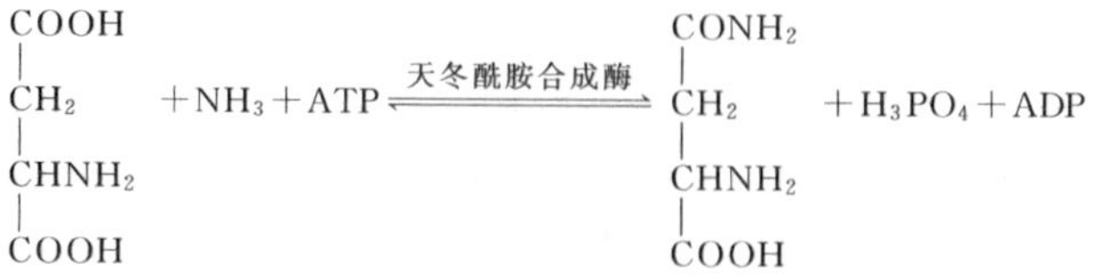

天冬氨酸　　　　　　　　　　天冬酰胺

一、酶的催化作用与分子活化能

在一个反应体系中，因为各个反应物分子所含能量高低不同，每一瞬间并非全部反应物分子都进行反应，只有那些能量超过其反应能阈值的分子碰撞时才能发生反应，这种反应物分子称为活化分子。反应体系中活化分子越多，反应速率越快。能阈是指化学反应中反应物分子进行反应时所必须具有的能量水平。在一定温度下，1mol 底物全部进入活化态所需要的自由能称为活化能，单位为 kJ/mol。反应所需的活化能愈高，相对的活化分子就愈少，反应速率就愈慢。

酶为什么具有很高的催化效率呢？在有催化剂参与反应时，由于催化剂能瞬时地与反应物结合成过渡态，因而降低了反应所需的活化能。过渡态是反应物分子处于被激活的状态，是反应途径中分子具有最高能量的形式，是分子的不稳定状态，是一个短暂的分子瞬间。在这一瞬间，分子的某些化学键正在断裂或形成，并达到能崩解生成产物或再返回生成物的程度。如图 6-1 所示，在有催化剂时反应所需活化能降低，只需较少的能量就可使反应物变成活化分子。和非催化反应相比，活化分子数量大大增加，因而使反应速率加快。例如，在没有催化剂存在时，H_2O_2 的分解所需活化能为 75.4kJ/mol；

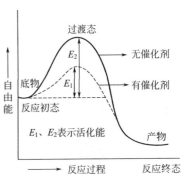

图 6-1　催化剂对化学反应的影响

用无机物液态钯作催化剂时，所需活化能降低为 48.9kJ/mol；当用过氧化氢酶作催化剂时，则活化能仅需 8.4kJ/mol。由此可见，酶作为催化剂比一般催化剂更显著地降低活化能，催化效率更高。

二、中间产物学说

酶如何使反应的活化能降低呢？目前公认的是米契里斯和曼吞在 1913 年提出的中间产物学说。

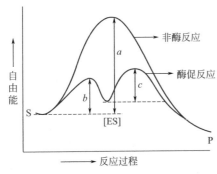

图 6-2　酶促反应与非酶促反应的活化能

酶在催化某一化学反应时，酶（E）首先与底物（S）结合成一个不稳定的中间复合物（[ES]），然后再生成产物（P），同时释放出酶。其反应式为：

$$E+S \rightleftharpoons [ES] \longrightarrow E+P$$

根据中间产物学说，酶促反应应分两步进行，每一步反应所需的活化能都较低，从而使反应易于进行，总的反应速度加快。如图 6-2，S→P 的反应，若没有酶催化时所需的活化能为 a；而在酶催化下，由 S→[ES]，活化能为 b；由 [ES]→P 需要的活化能为 c。b、c 均比 a 小得多，所以酶促反应所需的活化能较少，加快了反应的进行。

中间产物学说的关键是中间产物的形成，底物同酶结合成的中间复合物是一种非共价结合，依靠氢键、离子键、范德华力等次级键来维系。由于中间产物很不稳定，易迅速分解成产物，因此不易把它从反应体系中分离出来。

三、诱导契合学说

酶对它所作用的底物有着严格的选择性。它只能催化一定结构或一些结构近似的化合物发生反应。为了解释酶作用的专一性，曾提出过不同的假说。费歇尔 1890 年提出"锁与钥匙"学说，即酶和底物结合时，底物的结构必须和酶活性部位的结构非常吻合，就像锁和钥匙一样，这样才能紧密结合形成中间产物。但是后来发现，当底物与酶结合时，酶分子上的某些基团常发生明显的变化。另外，"锁与钥匙"学说不能解释酶的逆反应，如果酶的结构是固定不变的，那么这种结构不可能既适合于可逆反应的底物，又适合于可逆反应的产物。

1964 年，科施兰德提出"诱导契合"学说（图 6-3），他认为酶分子活性部位的结构原来并非和底物的结构互相吻合，但酶的活性部位不是僵硬的结构，它具有一定的柔性。当底物与酶分子结合时，可诱导酶蛋白的构象发生相应的变化，使活性部位上有关的各个基团达到正确的排列和定向，因而使酶和底物契合而结合成中间产物，并引起底物发生反应。近年来，X 射线晶体结构分析的实验结果支持这一假说，证明了酶与底物结合时，确有显著的构象变化。诱导契合学说比较圆满地说明了酶的专一性。

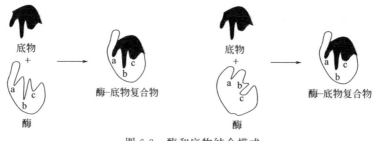

图 6-3　酶和底物结合模式

四、酶原激活

某些酶特别是一些与消化作用有关的酶，在最初合成和分泌时，并无催化活性，这种没有催化活性的酶的前体称为"酶原"。酶原在一定条件下经适当的物质作用，可转变成有活性的酶。使无活性的酶原转变为有活性酶的过程称为酶原激活。酶原激活的实质是酶活性部位形成或暴露的过程。

例如，胰蛋白酶刚从胰脏细胞分泌出来时，是没有催化活性的胰蛋白酶原。当它随胰液进入小肠时，可被肠液中的肠激酶激活。在肠激酶的作用下，自 N 端水解下一个 6 肽，促使酶的构象发生改变，使组氨酸、丝氨酸、缬氨酸、异亮氨酸等残基相互靠近，构成了活性中心，于是无活性的酶原就变成了有催化活性的胰蛋白酶（图 6-4）。胃蛋白酶原由胃黏膜细胞分泌，在胃液中 H^+ 或已有活性的胃蛋白酶作用下，从氨基端切去六段多肽，转变为有活性的胃蛋白酶。

在组织细胞中，某些酶以酶原的形式存在，具有重要的生物学意义。因为分泌酶原的组织细胞含有蛋白质，而酶原无催化活性，因此可以保护组织细胞不被水解破坏。

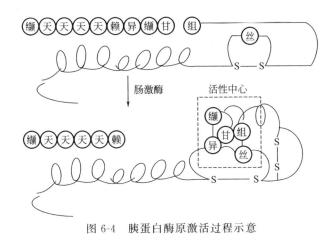

图 6-4　胰蛋白酶原激活过程示意

第五节　影响酶促反应的因素

酶的催化作用是在一定条件下进行的，酶促反应的速度要受到各种因素的影响。如酶的浓度、底物浓度、温度、pH 以及抑制剂和激活剂的存在，都能在不同程度上影响酶促反应的速度。

一、酶促反应速率的测定

酶促反应速率可以用在一定条件下单位时间内底物的减少量或产物的增加量来表示。在实际测量中，通常底物量足够大，其减少量很少。而产物由无到有，变化比较明显，因此，一般都是测定产物的增加量作为反应速率的度量。

在酶促反应开始，对于不同时间测定反应体系中产物的量，以产物的生成量（P）为纵坐标，以时间（t）为横坐标作图，可得到酶促反应过程曲线图（图 6-5）。不同时间的反

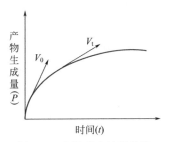

图 6-5　酶促反应过程曲线

应速率就是时间为不同值时曲线的斜率。从图 6-5 中可以看出，在反应初期，产物增加的比较快，酶促反应速率几乎维持恒定。但随着时间的延长，曲线斜率逐渐减少，反应速度逐渐降低。产生这种现象的原因很多，如随着反应的进行使底物浓度降低，产物浓度增加而逐渐增大了逆反应，酶本身在反应中失活，产物的抑制等。因此研究酶反应速度以酶促反应的初速度（v_0）为准，这时上述各种干扰因素尚未起作用，速度保持恒定不变。

二、酶浓度对酶促反应速率的影响

在酶促反应中，酶首先要与底物形成中间产物，当底物浓度大大超过酶浓度而其他条件不变，并且反应体系中不含有抑制酶活性的物质及其他不利于酶发挥作用的因素时，反应速率随酶浓度增加而增加，两者成正比关系。图 6-6 表示

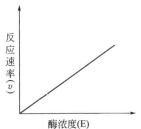

图 6-6　酶浓度与反应速率的关系

酶浓度与反应速率成直线关系，是酶活力测定的依据，可作为标准曲线。

三、底物浓度对酶促反应速率的影响

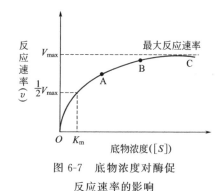

图 6-7　底物浓度对酶促
反应速率的影响

（一）底物浓度与酶促反应速率的关系

在酶浓度、pH、温度等条件不变的情况下，酶促反应速率与底物浓度的关系，可用图 6-7 中曲线表示。当底物浓度较低时，反应速率（v）随底物浓度（$[S]$）增加而升高（OA 段），v 与 $[S]$ 近乎成正比，此时符合一级反应。所谓一级反应是指化学反应的反应速率与一种反应物的浓度成正比。

当底物浓度增加到一定的程度后，虽然酶促反应速率仍随底物浓度增加而不断地升高，但 v 不再按正比升高（AB 段），呈逐渐减弱的趋势，表现为混合级反应。

当底物的浓度很大而达到一定限度时，底物浓度对反应速率影响变小，最后 v 不再受 $[S]$ 的影响（BC 段），反应达到最大速率（V_{max}），表现为零级反应。零级反应是指一种化学反应的速度与底物浓度无关。

酶促反应速率与底物浓度之间的这种关系，可用中间产物学说加以解释，即酶作用时，酶 E 先与底物 S 结合成一中间产物 ES，然后再生成为产物 P 并释放出酶。在底物浓度很小时，酶未被饱和，只有一部分酶与底物形成中间产物 ES，随着底物浓度增大，ES 的生成也越多，而反应速率取决于 ES 的浓度，故反应速率也随之增高。当底物浓度相当高时，反应体系中的酶分子都已与底物结合生成 ES，溶液中没有多余的酶，虽增加底物浓度也不会有更多的 ES 生成，因此酶促反应速率与底物无关，反应达到最大反应速率（V_{max}）。

（二）米氏方程式

米契里斯和曼吞将上述底物浓度和酶促反应速率关系进一步作定量分析，推导了能够表示整个反应中底物浓度和反应速率关系的公式，称为米氏方程。

$$v = \frac{V_{max}[S]}{K_m + [S]}$$

式中，v 表示反应速率；V_{max} 表示最大反应速率；$[S]$ 为底物浓度；K_m 为米氏常数。

米氏方程圆满地表示了底物浓度和反应速率之间的关系。在底物浓度很低时，即 $K_m \gg [S]$，米氏方程式分母中 $[S]$ 一项可忽略不计，得：

$$v = \frac{V_{max}}{K_m}[S]$$

即反应速率与底物浓度成正比，符合一级反应。

在底物浓度很高时，即 $[S] \gg K_m$，米氏方程式中 K_m 项可忽略不计，得：

$$v = V_{max}$$

即反应速率与底物浓度无关，符合零级反应。

（三）米氏常数的意义

由米氏方程式可知，当反应速度 v 等于最大反应速度 V_{max} 一半时，将 $v = \frac{V_{max}}{2}$ 代入方程得：

$$\frac{V_{max}}{2}=\frac{V_{max}[S]}{K_m+[S]}$$

计算可以得到：

$$[S]=K_m$$

由此可知，K_m 值的物理意义，即 K_m 值是当酶反应速率达到最大反应速率一半时的底物浓度。米氏常数的单位为浓度单位，一般用 mol/L 或 mmol/L 表示。

米氏常数是酶学研究中的一个极重要的数据，K_m 具有以下几个方面的重要意义。

① K_m 是酶的特征常数之一。K_m 的大小只与酶的性质有关，而与酶浓度无关。K_m 值随测定的底物、反应温度、pH 及离子强度而改变。每一种酶在一定条件下，都有它特定的 K_m 值，可用来鉴别酶。一些酶的米氏常数见表 6-3。

表 6-3　一些酶的 K_m 值

酶	底　　物	K_m/(mol/L)
过氧化氢酶	H_2O_2	2.5×10^{-2}
谷氨酸脱氢酶	α-酮戊二酸	2×10^{-3}
己糖激酶	葡萄糖	1.5×10^{-4}
己糖激酶	果糖	1.5×10^{-3}
α-淀粉酶	淀粉	6×10^{-4}
脲酶	尿素	2.5×10^{-2}
蔗糖酶	蔗糖	0.8×10^{-2}
乳酸脱氢酶	丙酮酸	3.5×10^{-5}

② 如果一种酶可作用于几种底物，则对每一种底物，都各有一 K_m 值。其中 K_m 值最小的底物，一般称为该酶的最适底物或天然底物。$1/K_m$ 可以近似地表示酶对底物亲和力的大小，K_m 愈小，$1/K_m$ 愈大，底物和酶的亲和力愈大，这时达到最大反应速率一半所需的底物浓度就愈小。因此酶的最适底物就是酶亲和力最大的底物。如己糖激酶既可以作用于葡萄糖，也可以作用于果糖，但两者之间的 K_m 分别为 1.5×10^{-4} mol/L、1.5×10^{-3} mol/L，所以我们说葡萄糖是己糖激酶的天然底物。

③ K_m 值不仅可以体现酶的性质，而且在酶的研究和实际应用中有着重要的作用。根据米氏方程和 K_m，可由所要求的反应速率，求出应当加入底物的合理浓度。反过来，也可以根据已知的底物浓度，求出该条件下的反应速率。

（四）米氏常数的求法

米氏常数可根据实验数据，通过作图法直接求得。从酶的 v-$[S]$ 图上可以得到 V_{max}，再从 $\frac{1}{2}V_{max}$ 可求得相应的 $[S]$，即 K_m 值。但实际上即使使用很大的底物浓度，也只能得到趋近于 V_{max} 的反应速率，而达不到真正的 V_{max}，因此得不到准确的 K_m 与 V_{max} 值。为了方便测定准确的 K_m 与 V_{max} 值，可把米氏方程式的形式加以变换，使它成为直线方程，然后用图解法求出 K_m 与 V_{max} 值。通常采用双倒数作图法，将米氏方程式两侧取双倒数，得到下面方程式。

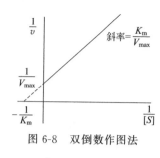

图 6-8 双倒数作图法

$$\frac{1}{V} = \frac{K_m}{V_{max}} \times \frac{1}{[S]} + \frac{1}{V_{max}}$$

以 $\frac{1}{v}$-$\frac{1}{[S]}$ 作图，得出一直线（图 6-8）。横轴截距为 $-\frac{1}{K_m}$，纵轴截距为 $\frac{1}{V_{max}}$，斜率为 $\frac{K_m}{V_{max}}$，据此求出 K_m 与 V_{max} 值。

四、温度对酶促反应速率的影响

酶对反应温度非常敏感，如果在不同温度条件下进行某种酶反应，然后将测得的反应速率相对于温度作图，可得到如图 6-9 所示的曲线。从图上曲线可以看出，在一定温度范围内，酶促反应速率随温度升高而增大，但当温度升高至一定程度后，反应速率反而下降。因此，只有在某一温度下，反应速率才能达到最大值，这个温度通常称为酶反应的最适温度。每种酶在一定条件下，都有它的最适温度。一般来说，动物细胞内的酶最适温度在 35～40℃ 之间；植物细胞中的酶最适温度通常在 40～50℃ 之间；微生物中的酶最适温度差别较大，如 Taq DNA 聚合酶的最适温度可高达 70℃。

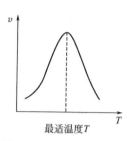

图 6-9 温度对酶促反应速率的影响

温度对酶促反应速率的影响表现在以下两个方面。

① 和一般化学反应相同，酶促反应在一定的温度范围内，其反应速率随温度升高而加快。化学反应中，反应温度每提高 10℃，其反应速率与原来反应速率之比称为反应的温度系数，用 Q_{10} 表示。对大多数酶来讲温度系数 Q_{10} 为 1～2，即温度每升高 10℃，酶促反应速率增加 1～2 倍。

② 酶的化学本质是蛋白质，随着温度升高，使酶蛋白逐渐变性而失活，引起酶促反应速率下降。

酶所表现的最适温度是这两种影响因素的综合结果。最适温度不是酶的特征常数，常受到其他条件如底物种类、作用时间、溶液的 pH 值、抑制剂和激活剂等因素影响而改变。酶作用时间的长短不同，所求得的最适温度也不相同。一般来说，作用时间愈长，酶的最适温度愈低。反之，作用时间愈短，最适温度则愈高。

酶最适温度的测定，在谷物干燥上有重要的实践意义。在低温下，酶活力低，谷物代谢活动微弱甚至处于不活动状态，有利于谷物安全储藏。

五、pH 对酶促反应速率的影响

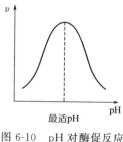

图 6-10 pH 对酶促反应速率的影响

酶的活力受 pH 的影响较大。在一定 pH 条件下，酶表现最大活力，高于或低于此 pH，酶活力降低，通常将酶表现最大活力的 pH 称为该酶的最适 pH。由图 6-10 可以看出，酶促反应速率随溶液 pH 的改变而发生显著的变化，只有在最适 pH 时，才达到最大反应速率，高于或低于此 pH 值，反应速率均下降。

各种酶在一定条件下，都有特定的最适 pH 值（表 6-4）。但酶的最适 pH 和最适温度一样，不是固定不变的常数，它常常受到底物种类和浓度、缓冲液种类和浓度等因素的影响而改变。因此最适 pH 只有在一定条件下才有意义。大多数酶的最适 pH 在 5～8 之间，一般植物及微生物体内的酶，最适 pH 在 4.5～6.5 之间；动物体内的酶，最适 pH 多在 6.5～8.0 之间。但也有例外，如胃蛋白酶最适 pH 为 1.5，胰蛋白酶的最适 pH 为 8.1，肝中精氨酸酶最适 pH 为 9.7。

表 6-4　一些酶的最适 pH

酶	来　源	底　物	最适 pH
淀粉酶	麦　芽	淀　粉	5.2
淀粉酶	胰　脏	淀　粉	6.0
麦芽糖酶	酵　母	麦芽糖	6.6
蔗糖酶	酵　母	蔗　糖	4.6～5.0
胃蛋白酶	胃	卵清蛋白	1.5
胃蛋白酶	胃	血红蛋白	2.2
木瓜蛋白酶	木　瓜	白明胶	5.0
胰蛋白酶	胰　脏	不同蛋白质	8.0～10.0
脲酶	大　豆	尿素(磷酸缓冲液)	6.9
脲酶	大　豆	尿素(柠檬酸缓冲液)	6.5

pH 影响酶活力的原因有以下几个方面。

① 环境过酸或过碱可以使酶的空间结构破坏，引起酶的构象改变，酶变性失活。

② pH 改变能影响酶分子活性部位上的有关基团的解离。在最适 pH 时，酶分子上的活性基团的解离状态最适于与底物结合，pH 低于或高于最适 pH 时，活性基团的解离状态发生改变，酶和底物的结合力降低，因而酶促反应速率降低。

③ pH 也会影响底物分子的解离状态，底物分子上某些基团只有在一定的解离状态，才适于与酶结合发生反应。若 pH 的改变影响了这些基团的解离，使之不适于与酶结合，反应速率亦会下降。

六、激活剂对酶促反应速率的影响

凡是能够提高酶活力的物质都称为酶的激活剂。激活剂大部分是无机离子及小分子有机化合物。作为激活剂的金属离子有 K^+、Na^+、Ca^{2+}、Mg^{2+}、Zn^{2+} 及 Fe^{2+}，无机阴离子如 Cl^-、Br^-、I^-、CN^-、PO_4^{3-} 等都可作为激活剂。如经透析获得的唾液淀粉酶活性不高，加入 Cl^- 后则活性增高，所以 Cl^- 是唾液淀粉酶的激活剂；Mg^{2+} 是多数激酶及合成酶的激活剂。

作为激活剂的小分子有机化合物主要是一些还原剂，如半胱氨酸、还原型谷胱甘肽、抗坏血酸等。这些激活剂能使含巯基酶中被氧化的二硫键还原成巯基，从而提高酶活性。另外，酶原可被一些蛋白酶选择性水解肽键而被激活，这些蛋白酶也可看成为激活剂。激活剂不是酶的组成成分，它只能起提高酶活性的作用。

七、抑制剂对酶促反应速率的影响

凡使酶的必需基团或酶活性中心的基团的化学性质改变而引起酶活力降低或丧失的物质，称为抑制剂，用 I 来表示，其作用称为抑制作用。由于酶蛋白变性而引起酶活力丧失的作用，称为失活作用。抑制作用不同于失活作用。变性剂对酶的失活作用无选择性，而一种抑制剂只能对一种酶或一类酶产生抑制作用，因此抑制剂对酶的抑制作用是有选择性的。

根据抑制剂与酶的作用方式及抑制作用是否可逆，可把抑制作用分为不可逆抑制作用和可逆抑制作用两大类。

（一）不可逆抑制作用

这种抑制作用中抑制剂与酶的结合是不可逆反应。抑制剂与酶的必需基团以共价键结合而引起酶活力丧失，不能用透析、超滤等物理方法除去抑制剂而使酶恢复活力，称为不可逆抑制作用。

例如二异丙基氟磷酸能够与胰凝乳蛋白酶或乙酰胆碱酯酶活性中心的丝氨酸残基反应形成稳固的共价键，因而抑制酶的活性。这种抑制作用随抑制剂浓度增加而逐渐增加，抑制剂量大到和所有的酶结合时，则酶的活性完全被抑制。

（二）可逆抑制作用

这种抑制作用中抑制剂与酶的结合为可逆反应。抑制剂与酶以非共价键结合而引起酶活力降低或丧失，能用物理方法除去抑制剂而使酶复活，称为可逆抑制作用。

根据可逆抑制剂与底物的关系，可逆抑制作用分为竞争性抑制、非竞争性抑制和反竞争性抑制三种类型。

1. 竞争性抑制

有些抑制剂和底物竞争与酶结合，当抑制剂与酶结合后，就妨碍了底物与酶的结合，减少了酶的作用机会，因而降低了酶的活力，这种作用称为竞争性抑制作用。

这类抑制剂的结构与酶的正常底物相似，因此也能结合到酶的活性中心上，生成酶-抑制剂络合物（EI）。竞争性抑制作用可用下式表示。

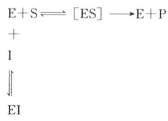

酶分子不能同时与抑制剂和底物相结合，因此抑制剂和底物是相互竞争的。酶和抑制剂结合以后，降低了与底物结合的酶浓度，从而使反应速率下降。例如，琥珀酸脱氢酶能催化琥珀酸脱氢生成反丁烯二酸，如果有和此酶的底物琥珀酸结构近似的丙二酸、草酰乙酸、戊二酸存在时，琥珀酸的脱氢反应速率就大大下降。

竞争性抑制剂对酶活力抑制的程度取决于下列几个因素：底物浓度；抑制剂浓度；酶-底物络合物和酶-抑制剂络合物的相对稳定性。

竞争性抑制作用的特点是，当底物浓度增加时，抑制作用减弱；当抑制剂浓度增加时，抑制作用就加强。因此这种抑制作用可以通过增加底物浓度来减轻或解除。

2. 非竞争性抑制

有些抑制剂与酶结合后，并不妨碍酶再与底物结合，但所形成的酶-底物-抑制剂三元复合物（ESI）不能进一步转变为产物，这种抑制叫非竞争性抑制。

重金属如 Ag^+、Hg^+、Pb^{2+} 等以及有机汞化合物能与酶分子中的—SH 络合，而抑制酶的活性；某些需要金属离子维持活性的酶也可被非竞争性抑制剂所抑制，如 F^-、CN^-、N_3^- 等非金属络合剂可与金属酶中的金属离子络合，使酶活性受到抑制；螯合剂 EDTA（乙二胺四乙酸）、邻氮二菲可从金属酶上除去金属来抑制酶的活性。

非竞争性抑制作用可以用下式表示。

$$
\begin{array}{ccc}
E+S & \rightleftharpoons [ES] & \longrightarrow E+P \\
+ & \quad + & \\
I & \quad I & \\
\big\updownarrow & \quad \big\updownarrow & \\
EI+S & \rightleftharpoons ESI &
\end{array}
$$

这类抑制剂与酶的活性部位以外的基团相结合，其结构与底物无共同之处。底物和抑制剂之间没有竞争性关系，它所引起的抑制作用，不能用提高底物浓度来解除，只能用除去抑制剂或与抑制剂相结合的其他物质来解除其影响。

3. 反竞争性抑制

这类抑制是酶只有先与底物结合形成酶和底物的络合物后，才能和抑制剂结合形成三元络合物（ESI），ESI 不能分解成产物，因此影响酶活力。反竞争性抑制作用常见于多底物反应中，而在单底物反应中比较少见。研究发现，L-苯丙氨酸、L-精氨酸等多种氨基酸对于碱性磷酸酶的作用是反竞争抑制，肼类化合物抑制胃蛋白酶，氰化物抑制芳香硫酸酯酶的作用也属于反竞争性抑制。反竞争性抑制作用可以用下式表示。

$$
\begin{array}{c}
E+S \rightleftharpoons [ES] \longrightarrow E+P \\
+ \\
I \\
\big\updownarrow \\
ESI
\end{array}
$$

（三）抑制剂的实际应用

在生物体中酶的抑制作用是很重要的，有机体往往只要有一种酶被抑制，代谢就会受到很大影响，出现不正常状态，甚至死亡。

杀虫剂、消毒防腐剂的应用就与它们对昆虫及微生物酶的抑制作用有关。研究抑制剂和抑制作用，可为医药上设计新药和农业生产上设计新农药提供理论依据。

目前临床上对汞中毒、砷中毒或某些毒气中毒的病人，可以用二巯基丙磺酸钠、二巯基丙醇、半胱氨酸来治疗，起解毒作用。主要作用是它们分子中的巯基和酶蛋白上的巯基都能与抑制剂结合。如二巯基丙磺酸钠与含汞或砷等有机物抑制剂有较强亲和力，能与之结合成为稳定的化合物而排出体外，并使酶蛋白的巯基酶释放出来，达到解除抑制、恢复活力的作用。

在农业生产上，可利用化学制剂对害虫生命所必需的酶促反应起抑制作用，如有机磷杀虫剂 DDV（敌敌畏）能抑制害虫体内的胆碱酯酶的作用，使乙酰胆碱不能分解为乙酸与胆碱。乙酰胆碱是在相邻神经细胞之间，通过神经节传导神经刺激的重要物质，在正常情况下，乙酰胆碱被乙酰胆碱酯酶水解消失，当生物体内有 DDV 时，乙酰胆碱不能分解为乙酸与胆碱，导致乙酰胆碱在害虫体内大量积累，影响神经传导，造成生理功能失调而死亡。

第六节 谷物中重要的酶

谷物中存在的酶主要有淀粉酶、酯酶、蛋白酶、氧化还原酶等。

一、淀粉酶

淀粉酶广泛地分布于生物界，是水解淀粉类物质（包括糖原、糊精）的一类酶的总称。按其来源可分为细菌淀粉酶、霉菌淀粉酶、麦芽淀粉酶、胰淀粉酶、唾液淀粉酶等。根据其对淀粉作用方式的不同，可分为α-淀粉酶、β-淀粉酶、葡萄糖淀粉酶和异淀粉酶四种。

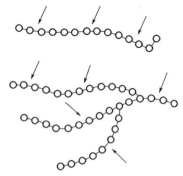

图6-11 α-淀粉酶对淀粉分子
不规则降解作用

（一）α-淀粉酶

α-淀粉酶能够从底物内部随机水解糖苷键，属于内切酶，又称为"内淀粉酶"。α-淀粉酶广泛存在于植物、动物和微生物中，如麦芽、唾液、胰脏、霉菌和细菌中。在谷物中，只有玉米、稻米、高粱、谷子（小米）等几个粮种含有α-淀粉酶，其他粮种只有在发芽过程中才会大量出现。该酶的作用特点是可以不规则地切断淀粉分子内的α-1,4糖苷键（图6-11）。

1.α-淀粉酶的水解特点

① 水解位于分子末端的α-1,4糖苷键比水解位于分子中间的α-1,4糖苷键困难。

② 不能水解支链淀粉的α-1,6糖苷键分支点，也不能水解紧靠分支点的α-1,4糖苷键。

③ 不能水解麦芽糖，但可以水解含有3个以上α-1,4糖苷键的低聚糖。

2.α-淀粉酶的作用方式

α-淀粉酶对直链淀粉的作用方式分两个阶段。第一阶段，迅速将直链淀粉分子切断成短链的低聚糖，使淀粉的黏度迅速下降，这种作用称为淀粉的液化作用，故在生产上α-淀粉酶又称液化淀粉酶。第二阶段，包括低聚糖在内缓慢水解生成最终产物为麦芽糖和葡萄糖。由于它生成的还原糖其结构上是α-D型，所以称为α-淀粉酶。

α-淀粉酶对支链淀粉的作用方式是由于其不能作用于α-1,6糖苷键，故其最终产物除麦芽糖、葡萄糖外尚含有α-1,6糖苷键的异麦芽糖和含有3~7个葡萄糖基的糊精。

α-淀粉酶相对分子质量在50000左右，是单成分酶，其活性需要Ca^{2+}。Ca^{2+}能保持酶的结构，使酶具有最高活力和最大稳定性。α-淀粉酶最适宜的pH值为4.5~7.0，当pH小于3.6时就失活。最适宜的温度为55~70℃，最高温度可达97~98℃。

α-淀粉酶对谷物的食用品质影响很大，陈米煮饭不如新米煮饭好吃，其主要原因之一是陈米中的α-淀粉酶活性丧失；发了芽的小麦磨成的面粉，制作成面包制品质量低劣，主要由于小麦发芽时，产生大量的α-淀粉酶将淀粉水解为糊精所致。

（二）β-淀粉酶

β-淀粉酶又称糖化淀粉酶，是外切型淀粉酶。它主要存在于高等植物中，哺乳动物中不含此酶。近年来，发现不少微生物如巨大芽孢杆菌、多黏芽孢杆菌、蜡状芽孢杆菌、链霉菌等，亦有 β-淀粉酶存在。在谷物中存在特别广泛，如大麦、小麦、甘薯、大豆中都有此酶，玉米、稻米及高粱中含有少量。生产实践中，从麦芽、大麦、大豆、甘薯等高等植物中提取 β-淀粉酶。

β-淀粉酶在水解淀粉时的特点有以下几点。

① 对直链淀粉的水解是从非还原性末端开始，水解间隔的 α-1,4 糖苷键，每次切下两个葡萄糖单位即一个麦芽糖分子。由于水解一开始就有麦芽糖产生，故生产上称它为"糖化酶"。

② 淀粉在水解过程中发生了构型变化，产生的麦芽糖属于 β-型，所以该酶得名为 β-淀粉酶。由于它作用于淀粉分子是从非还原末端逐步进行，而不能从分子内部进行水解作用，所以叫"外淀粉酶"。

③ 对支链淀粉的水解，因 β-淀粉酶不能分解 α-1,6 糖苷键，也不能跨过 α-1,6 糖苷键，故水解到 α-1,6 糖苷键前 1～3 个葡萄糖残基时，水解作用即停止，因而造成了淀粉的不完全降解，它最多只能水解产生 50%～60% 麦芽糖，剩余的部分称为"极限糊精"（图 6-12）。

不同来源的 β-淀粉酶具有不同的酶蛋白，但是它们具有相同的催化作用。如对直链淀粉、支链淀粉、糖原的分解率分别为 100%、50%、40%。植物来源的 β-淀粉酶的最适 pH 值为 5～6。与 α-淀粉酶相比，β-淀粉酶的热稳定性较差。大麦和甘薯中 β-淀粉酶的最适温度为 50～60℃，大豆中 β-淀粉酶的最适温度为 60～65℃，一般细菌中 β-淀粉酶最适温度在 50℃ 以下。

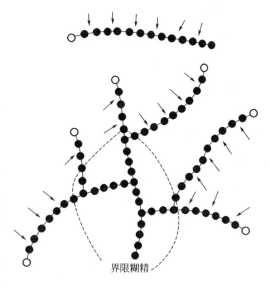

界限糊精

○淀粉分子非还原性尾端　●葡萄糖残基

图 6-12　β-淀粉酶对淀粉分子作用示意图

β-淀粉酶对谷物的食用品质有很大的影响。例如，甘薯中 β-淀粉酶与甘薯食用品质有着十分密切的关系，甘薯在蒸煮或烘烤过程中，有 50% 以上的淀粉被 β-淀粉酶水解成麦芽糖，食之味甜而鲜。如将甘薯切片脱水制成薯干，其中的 β-淀粉酶即失去活性，煮食或做馍，味不甜，并失去鲜美味。面粉发酵做馒头和面包时，必须考虑面粉中有一定数量的 β-淀粉酶，否则食用品质就会下降。

（三）异淀粉酶

异淀粉酶是一种水解支链淀粉 α-1,6 糖苷键的酶。异淀粉酶很早就在酵母菌中发现，许多高等植物和微生物细菌中都广泛存在这种酶。谷物中甜玉米、蚕豆、马铃薯中亦均含有这种酶。在产气杆菌中已获得异淀粉酶，用于葡萄糖制造业和纺织业上。

异淀粉酶最大的特点是专一分解淀粉中 α-1,6 糖苷键，它把支链淀粉切成短段的直链糊精，所以又称为"脱支酶"，该酶可以将支链淀粉 100% 地转变为直链淀粉。若与 β-淀粉酶一起作用水解支链淀粉，可使极限糊精水解，进而提高淀粉水解率，将淀粉全部转变为麦芽糖。此酶能专一分解糯米淀粉和曲霉多糖中的分支点 α-1,6 糖苷键。对纤维二糖、右旋糖苷、环状糊精、糖原等无水解作用。

（四）葡萄糖淀粉酶

葡萄糖淀粉酶的水解作用是从淀粉的非还原端开始，每次依次切下一个葡萄糖分子。此酶既可水解 α-1,4 糖苷键，又可水解 α-1,6 糖苷键和 α-1,3 糖苷键，能把直链淀粉与支链淀粉全部变为葡萄糖。这类酶主要是由根霉、黑曲霉、红曲霉等菌所产生，在谷物霉变分解淀粉时起很大的作用。葡萄糖淀粉酶的最适 pH 范围是 4～5，在 24h 作用内的最适温度范围是 50～60℃。

淀粉酶对天然存在的完整淀粉粒作用比较困难，而淀粉粒在加工过程中被糊化以后，对淀粉酶的作用较敏感。

二、酯酶

酯酶是指能够水解酯键的酶类，对谷物的食用品质影响较大，与粮食储藏有关的酯酶主要有脂肪酶、植酸酶。

（一）脂肪酶

谷物和油料如小麦、黑麦、玉米、稻米、高粱、大豆及蓖麻籽中一般都含有脂肪酶，大麦及棉籽中脂肪酶在发芽后迅速产生，而且含量增加很快。脂肪酶在粮粒中存在部位是不一样的，小麦和黑麦的脂肪酶存在粮粒的糊粉层内，而蓖麻籽中的脂肪酶则存在于它们的胚乳中。

脂肪酶催化油脂水解，生成甘油和脂肪酸。它对底物的专一性不严格，既能水解油脂，也能水解一般酯类（即无机酸或有机酸与一元醇所构成的酯类），但该酶水解油脂的速度远远超过水解其他酯类的速度。脂肪酶在水解油脂时，水解过程是逐步进行的，因此在水解过程中能同时产生二酰甘油、一酰甘油，最后生成甘油和脂肪酸。脂酶的存在使脂肪在适宜的条件下发生水解，生成游离脂肪酸，结果使产品酸度增加，并产生苦味。

脂肪酶不耐高温，热稳定性不强，一般最适温度为 30～40℃，但某些脂肪酶在零下温度还有活性，如橄榄油、丁酸三甘油酯在 -30℃ 已凝成固体，但仍有水解产物出现。大多数脂肪酶适宜于碱性介质中，pH 值范围为 8～9，但也有些脂肪酶的最适 pH 在酸性范围内。

在正常情况下，原粮中脂肪酶与它所作用的底物在细胞中有一定的固定位置，彼此不易发生反应。但加工成成品粮后，给酶与底物创造了接触的机会，从而加速了脂肪的分解，所以成品粮比原粮难保管。

脂肪酶能引起粮油储藏品质劣变。由于脂肪酶的作用导致谷物、油品中游离脂肪酸的含量增高，造成酸苦味，使谷物变质、油品酸败。在储藏保管实践中，玉米、高粱粉不耐储藏；米糠油精炼不及时，或精炼不好，酸值增高，严重影响油品质量。精度不高的面粉由于脂肪含量较多，在储藏期间受脂肪酶的作用，而使面粉的味道不佳；由于不饱和脂肪酸氧化引起面筋蛋白质和面包烘焙品质变质等现象都与脂肪酶有直接关系。

脂肪酶除了在储藏上有消极作用一面外，目前在工业生产中，也可用以解决生产上存在的问题。如在啤酒生产中脂肪酶用以消除原料中影响品质的脂肪，从鱼肝油中提取维生素 A，就是利用脂肪酶消除脂肪的影响。

（二）植酸酶

植酸酶是专门水解磷酸酯的酶。稻谷、小麦、玉米、豆类中均含有此酶，特别在这些粮粒的糊粉层中含量较多。粮食微生物、酵母菌中亦大量存在这种酶。

植酸酶适于酸性介质，最适 pH 值为 5.5。在 pH3.0 以下或 7.2 以上时，则催化水解作用停止。植酸酶对热作用比较敏感，特别是大麦芽中的植酸酶对温度极为敏感。最适温度为 55℃。

植酸是肌醇与磷酸结合形成的酯，又称肌醇磷酸或肌醇酯。植酸在植物种子中，通常以它的钙、镁复盐形式存在。植酸易与钙结合形成难溶解的植酸钙盐，不能被人体消化液所消化吸收。人们如果从谷物中摄入过多的植酸，则会在体内与谷物其他营养物中的钙结合成不溶性物质，从而降低钙的生物利用率。植酸酶能水解植酸，使之分解为肌醇与磷酸，有利于钙的吸收。所以植酸酶在人体消化钙盐的过程中，起着非常重要的作用。

谷物中植酸酶水解植酸，不仅有利于人体对钙的吸收，而且生成的肌醇还是人体的重要营养物质。在面粉制作面团发酵时，酵母中含有活性植酸酶，可使面粉中的植酸几乎全部分解，有利于人们对营养物质的吸收和利用。其反应式如下。

植酸　　　　　　　　　　　　　　　肌醇

植酸酶在成熟的种子中才出现，它对干燥和冬眠种子中的植酸不发生水解作用。但是在谷物储藏过程中，若储粮环境条件适于微生物的活动，由于植酸酶的作用，会使谷物中植酸磷（有机磷）的含量降低。在一定条件下，无机磷含量增加，如小麦在变质初期，由于植酸酶水解的作用，生成无机磷的速度甚至比脂肪酸增加得更快。所以谷物中植酸的含量与变化，也常作为谷物品质变化的一个指标。

植酸盐在米糠中含量特别丰富，工业上常用稀酸萃取方法，以米糠为原料来制取植酸及肌醇，这些产品广泛应用于医药、食品及化学化工等领域。

三、蛋白酶

生物体系中有许多种类的蛋白酶，它们能将蛋白质肽链的肽键水解，使蛋白质生成多肽和氨基酸。蛋白酶根据其水解蛋白质的方式不同，可分为内肽酶和外肽酶两大类。

（一）内肽酶

内肽酶从肽链内部水解肽键，使蛋白质成为相对分子质量较小的多肽链碎片。植物果实中含有丰富的蛋白酶，如木瓜中的木瓜蛋白酶、菠萝中的菠萝蛋白酶。

（二）外肽酶

外肽酶又称端肽酶或简称肽酶，它从肽链两端开始水解肽键，最后生成氨基酸。外肽酶包括羧肽酶、氨肽酶和二肽酶三种。羧肽酶是从多肽的游离氨基端开始水解，逐个切下氨基酸分子。氨肽酶是从多肽的游离氨基末端开始水解，逐个切下氨基酸分子。二肽酶是水解二肽为单个氨基酸的酶。

在谷物如小麦、大麦及由发芽、虫蚀或发霉的小麦制成的面粉中都含有蛋白酶。发芽、虫蚀或发霉的小麦制成的面粉因含有过多的蛋白酶，使面筋蛋白质水解，所以只能形成少量的面筋或不能形成面筋，因而大大损坏了面粉的工艺品质和食用品质。溴酸盐、碘酸盐、过硫酸盐、维生素 C 等氧化剂都能抑制蛋白酶的作用，因而对面粉有改善品质的作用。

四、氧化还原酶

（一）酚氧化酶

酚氧化酶类属于氧化还原酶类。它可分为两种：一种是酚羟化酶又称甲酚酶，其作用底物为一元酚或二元酚；另一种是多元酚酶，又称儿茶酚酶。酚氧化酶以 Cu^{2+} 为辅基，必须以 O_2 为受氢体，是一种末端氧化酶。这类酶分别能使生物组织中的各种酚类（最常见的是酪氨酸或儿茶酚等）氧化成醌类化合物，然后羟醌进行聚合，随后依聚合度的增大而由红色变成褐色直至生成褐黑色的黑色素物质。切开苹果、马铃薯块茎表面变黑，都是由于酚类被酚氧化酶作用发生氧化的结果。酚氧化酶类在生物界中分布很广，如马铃薯块茎、谷物、蔬菜、水果、霉菌、甲壳类和软体动物中均有存在。

（二）过氧化氢酶和过氧化物酶

过氧化氢酶与过氧化物酶是含有铁卟啉的结合酶类，它们在生物氧化过程中不能传递电子或氢，但对生物氧化过程中所生成的并对生物体有毒害作用的过氧化氢或过氧化物能起分解作用。

1. 过氧化氢酶

一般生物都含有过氧化氢酶，谷物中也普遍存在这种酶，如小麦麸皮及大豆子粒中含有此酶。过氧化氢酶具有高度的专一性，它对过氧化氢有很强的分解作用，其作用总反应式如下。

$$2H_2O_2 \longrightarrow 2H_2O + O_2 \uparrow$$

在催化反应中，一分子过氧化氢酶先与一分子过氧化氢结合，生成具有活性的中间产物。这个中间产物在没有其他可被氧化的底物存在时，则迅速地氧化另一分子过氧化氢生成水和氧分子，若有其他可被氧化的底物存在时，则氧化这些底物产生相应的产物和水（过氧化氢酶也具有过氧化物酶的性质）。其反应过程如下。

$$\underset{\text{过氧化氢酶}}{E + H_2O_2} \Longleftrightarrow \underset{\text{具有活性的中间产物}}{E\text{-}H_2O_2}$$

$$E\text{-}H_2O_2 + AH_2 \longrightarrow E + 2H_2O + A$$

$$E\text{-}H_2O_2 + H_2O_2 \longrightarrow E + 2H_2O_2 + O_2 \uparrow$$

2. 过氧化物酶

过氧化物酶通常不单独对 H_2O_2 进行分解，只活化 H_2O_2 或其他过氧化物（如脂肪过氧化物）去氧化多种底物，如甲苯酚、邻苯酚、酪氨酸等。如邻苯酚可被过氧化物酶作用，发生如下反应。

邻苯酚 ······ 过氧化物酶 ······ 邻苯醌

反应步骤如下。

$$\underset{\text{过氧化氢酶}}{E + H_2O_2} \Longleftrightarrow \underset{\text{具有活性的中间产物}}{E\text{-}H_2O_2}$$

$$E\text{-}H_2O_2+AH_2 \longrightarrow E+2H_2O+A$$

过氧化物酶普遍分布于植物组织中，所有谷物中均发现存在这种酶。过氧化物酶在过氧化氢存在的情况下，能起多酚氧化酶类似的作用。过氧化物酶与有些谷物如玉米面、燕麦片等储藏变苦有一定关系。

本章练习

一、名词解释

酶　　全酶　　辅酶　　辅基　　酶原　　酶的活性中心　　必需基团　　米氏常数
不可逆抑制作用　　可逆抑制作用

二、单项选择（选择一个正确的答案，将相应的字母填入题内的括号中）

1. 下列有关酶的描述，错误的是（　　）。

A. 酶具有高度的特异性　　　　　　　　B. 酶具有高度的催化效率

C. 酶有高度的不稳定性　　　　　　　　D. 酶能催化热力学上不可能进行的反应

2. 酶催化作用对能量的影响在于（　　）。

A. 增加产物能量水平　　　　　　　　　B. 降低活化能

C. 降低反应物能量水平　　　　　　　　D. 增加活化能

3. 结合酶在下列哪种情况下才有活性（　　）。

A. 酶蛋白单独存在　　　B. 辅酶单独存在　　　C. 亚基单独存在　　　D. 全酶形式存在

4. 酶原激活的实质是（　　）。

A. 激活剂与酶结合使酶激活

B. 酶蛋白的别构效应

C. 酶原分子空间构象发生了变化而一级结构不变

D. 酶原分子一级结构发生改变从而形成或暴露出活性中心

5. 下列参数中属于酶的特征性常数的是（　　）。

A. V_{max}（最大反应速度）　　　　　　B. K_m（米氏常数）

C. 最适作用温度　　　　　　　　　　　D. 最适作用 pH 值

6. 欲使某单底物米氏酶促反应速度达到 V_{max} 的 80%，其底物浓度应达到酶 K_m 的
（　　）倍。

A. 2　　　　　　　B. 8　　　　　　　C. 4　　　　　　　D. 6

7. 丙二酸对琥珀酸脱氢酶的抑制作用属于（　　）。

A. 竞争性抑制　　　　B. 反馈抑制　　　　C. 非竞争性抑制　　　　D. 反竞争性抑制

8. 温度对酶促反应速度的影响是（　　）。

A. 温度升高反应速度加快，与一般催化剂完全相同

B. 低温可使大多数酶发生变性

C. 最适温度是酶的特性常数，与反应进行的时间无关

D. 最适温度不是酶的特性常数，延长反应时间，其最适温度降低

9. α-淀粉酶水解淀粉、糖原和环状糊精分子内的（　　　）。

A. α-1,6-糖苷键　　　　B. α-1,4-糖苷键　　　　C. β-1,6-糖苷键　　　　D. β-1,4-糖苷键

10. 反竞争性抑制作用的描述是（　　　）。

A. 抑制剂只与酶-底物复合物相结合

B. 抑制剂既与酶相结合又与酶-底物复合物相结合

C. 抑制剂使酶促反应的 K_m 值降低，V_{max} 增高

D. 抑制剂使酶促反应的 K_m 值升高，V_{max} 降低

三、多项选择（选择正确的答案，将相应的字母填入题内的括号中）

1. 关于酶的叙述哪些是正确的（　　　）。

A. 酶的化学本质是蛋白质　　　　　　　　B. 所有的酶都是催化剂

C. 酶可以降低反应活化能　　　　　　　　D. 酶能加速反应速度，不改变平衡点

2. 酶与一般催化剂相比有以下特点（　　　）。

A. 反应条件温和，可在常温、常压下进行

B. 加速化学反应速度，可改变反应平衡点

C. 酶催化具有高度的专一性

D. 酶的催化效率极高

3. 酶的专一性可分为（　　　）。

A. 作用物基团专一性　　　　　　　　　　B. 相对专一性

C. 立体异构专一性　　　　　　　　　　　D. 绝对专一性

4. 关于全酶的描述正确的是（　　　）。

A. 全酶由酶蛋白和辅助因子组成

B. 只有全酶才有催化活性

C. 酶蛋白决定酶的专一性

D. 辅助因子只维持酶分子构象

5. 影响酶促反应的因素有（　　　）。

A. 温度，pH 值　　　　B. 作用物浓度　　　　C. 激活剂　　　　D. 酶本身的浓度

6. 酶的活性中心是指（　　　）。

A. 是由必需基团组成的具有一定空间构象的区域

B. 是指结合底物，并将其转变成产物的区域

C. 是变构剂直接作用的区域

D. 是重金属盐沉淀酶的结合区域

7. 底物浓度对酶促反应速度的影响是（　　　）。

A. 当 $[S]=K_m$ 时，$v=V_{max}/2$　　　　　　B. 当 $[S]\ll K_m$ 时，v 与 $[S]$ 成正比

C. 当 $[S]\ll K_m$ 时，v 与 $[S]$ 无关　　　　D. 当 $[S]=K_m/4$ 时，$v=20\% V_{max}$

8. pH 对酶促反应速度影响主要是由于（　　　）。

A. 影响酶必需基团的游离状态　　　　　　B. 影响酶活性中心的空间构象

C. 影响辅酶的游离状态　　　　　　　　　D. 影响底物分子的解离状态

9. 酶的辅助因子可以是（　　　）。

A. 金属离子　　　　　　　　　　　　　　B. 某些小分子有机化合物

C. 维生素或其衍生物　　　　　　　　　　D. 各种有机和无机化合物

10. 可逆性抑制剂（   ）。

A. 是特异的与酶活性中心结合的抑制剂

B. 是抑制剂与酶结合后用透析等方法不能除去的抑制剂

C. 是抑制剂与酶结合后用透析等方法能除去的抑制剂

D. 是与酶分子以共价键结合的抑制剂

四、填空

1. 酶的化学本质是（   ）。

2. 根据国际系统分类法，所有的酶按所催化的反应性质可分为六类，分别是（   ）、（   ）、（   ）、（   ）、（   ）和（   ）。

3. 酶的活性中心包括（   ）和（   ）两个功能部位，其中（   ）直接与底物结合，决定酶的专一性，（   ）是发生化学变化的部位，决定催化反应的性质。

4. 结合酶，其蛋白质部分称（   ），非蛋白质部分称（   ），二者结合其复合物称（   ）。

5. 温度对酶活力影响有以下两方面：一方面（   ），另一方面（   ）。

6. 无活性状态的酶的前身物称为（   ），在一定条件下转变成有活性酶的过程称（   ）。其实质是（   ）的形成和暴露过程。

7. 酶促反应动力学的双倒数作图，得到的直线在横轴的截距为（   ）、纵轴上的截距为（   ）。

8. 抑制作用可分为（   ）和（   ）两大类。

9. 可逆性抑制作用的类型可分为（   ）、（   ）、（   ）三种。

10. 淀粉酶根据其对淀粉作用方式不同，可分为（   ）、（   ）、（   ）和（   ）四种。

五、判断题（将判断结果填入括号中。正确的填"√"，错误的填"×"）

1. 酶与一般催化剂相同的特点是都可以改变反应的平衡点。　　　　　　（   ）

2. 米氏常数只与酶的种类有关，而与酶的浓度无关。　　　　　　　　（   ）

3. 对于酶的催化活性来说，酶蛋白的一级结构是必需的，而与酶蛋白的构象关系不大。（   ）

4. 酶和底物的关系比喻为锁和钥匙的关系是很恰当的。　　　　　　　（   ）

5. 当底物处于饱和水平时，酶促反应的速度与酶浓度成正比。　　　　（   ）

6. 最适温度是酶特征的物理常数，它与作用时间长短有关。　　　　　（   ）

7. 异淀粉酶是专一分解淀粉中 α-1,6 糖苷键。　　　　　　　　　　　（   ）

8. 抑制剂对酶的抑止作用是通过使酶变性从而导致失活。　　　　　　（   ）

9. 蛋白酶能将蛋白质肽链的肽键水解，使蛋白质生成多肽和氨基酸。　（   ）

10. 成品粮比原粮难保管，是因为成品粮中脂肪酶与底物接触增多，加速脂肪的分解。　　　　　　　　　　　　　　　　　　　　　　　　（   ）

六、简答

1. 简述酶作为生物催化剂与一般化学催化剂的共性及其个性。

2. 举例说明酶的专一性。

3. 比较三种可逆性抑制作用的特点。

4. 酶蛋白与辅助因子的相互关系如何？

5. 简述米氏常数 K_m 的物理意义？

6. 何谓酶原与酶原激活？酶原与酶原激活的生理意义是什么？

7. 影响酶促反应速度的因素有哪些？

8. pH 影响酶反应速度的三种可能原因是什么？

9. 脲酶的 K_m 值为 25mM，为使其催化尿素水解的速度达到最大速度的 95%，反应系统中尿素浓度应为多少？写出计算过程。

10. 温度对酶反应速度的双重影响是什么？

第七章 谷物中的维生素

研究要点

1. 谷物中维生素的概念、分类和命名
2. 谷物中脂溶性维生素的种类、分布及作用
3. 谷物中水溶性维生素的种类、分布及作用

第一节 概　　述

一、维生素的概念

从 19 世纪 60 年代到 20 世纪初，经过半个多世纪的研究，人们对维生素的作用有了清楚的认识。1912 年波兰科学家冯克（Funk）首次将这种生物体中为了维持生命、在新陈代谢过程中不可缺少的物质取名为 Vitamin（维他命）——即维生素。

维生素是维持人和动物机体健康所必需的一类低分子有机化合物，它们不能在机体内合成，或者所合成的量难以满足机体的需要，所以必须由食物供给。维生素的每日需求量甚少（常以 mg 或 μg 计），它们既不是构成机体组织的原料，也不是体内供能的物质，然而在调节物质代谢、促进生长发育和维持生理功能等方面却发挥着重要作用，如果长期缺乏某种维生素，就会导致疾病。因缺乏维生素而引发的疾病称为维生素缺乏症。

谷物子粒中含有多种维生素，大部分分布在胚和糊粉层中，胚乳中很少。谷物加工以后维生素大多数转入副产品中，所以谷物加工精度越高，维生素含量就越低。从营养学角度出发，合理的加工过程，应该是既达到一定精度，又尽量保留谷物原有的维生素。

二、维生素的分类和命名

（一）维生素的分类

维生素按其溶解性的不同，可分为脂溶性维生素和水溶性维生素两大类。脂溶性维生素主要有维生素 A、维生素 D、维生素 E、维生素 K 等；水溶性维生素包括 B 族维生素、维生

素C两类（表7-1）。

表 7-1　维生素的类别

类别	名　　称	类别	名称
脂溶性维生素	维生素 A(A_1、A_2) 维生素 D(D_2、D_3、D_4、D_5) 维生素 E(α-、β-、γ-等 8 种) 维生素 K(K_1、K_2、K_3) 硫辛酸	水溶性维生素	B 族维生素 维生素 B_1(硫胺素) 维生素 B_2(核黄素) 维生素 B_3(泛酸、遍多酸) 维生素 PP(烟酰胺、烟酸) 维生素 B_6(吡哆素) 维生素 B_7(生物素) 维生素 B_{11}(叶酸) 维生素 B_{12}(钴胺素) 维生素 C

（二）维生素的命名

① 习惯上采用拉丁字母 A、B、C、D……来命名，中文命名则相应地采用甲、乙、丙、丁……来命名，这些字母并不表示发现这种维生素的历史次序（维生素 A 除外），也不说明相邻维生素之间存在什么关系。有的维生素在发现时以为是一种，后来证明是多种维生素混合存在，便又在拉丁字母下方注 1、2、3 等数字加以区别，如 B_1、B_2、B_3、B_6 等。

② 根据化学结构来命名，如维生素 B_1，因分子中含有硫和氨基（—NH_2），又称为硫胺素。

③ 根据维生素特有的生理和治疗作用来命名，如维生素 B_1，有防止神经炎的功能，所以也称为神经炎维生素。

第二节　脂溶性维生素

维生素 A、维生素 D、维生素 E、维生素 K 均不溶于水，而能溶于油脂及脂溶剂（如乙醇、乙醚、苯及氯仿等）中，故称为脂溶性维生素。在食物中，它们常和脂类同存，因此它们在肠道被吸收时也与脂类的吸收密切相关。当脂类吸收不良时（如胆道梗阻或长期腹泻），脂溶性维生素的吸收大为减少，甚至会引起缺乏症。吸收后的脂溶性维生素可以在体内，尤其是在肝脏内储存。

一、维生素 A

维生素 A 是不饱和的一元醇类，其基本形式是全反式视黄醇，即维生素 A_1。维生素 A_1 以棕榈酸酯的形式存在于哺乳动物及咸水鱼的肝脏中；在淡水鱼肝油中尚发现另一种维生素 A，称为维生素 A_2，其生理效用仅及维生素 A_1 的 40%。一般所说的维生素 A 常指维生素 A_1。

维生素A_1(视黄醇)　　　　维生素A_2(3-脱氢视黄醇)

维生素 A 为淡黄色片状结晶，能溶于油脂及大多数有机溶剂中，不溶于水，化学性质活泼，易被空气氧化而失去生理作用，紫外线照射亦可使之破坏，故维生素 A 的制剂应装在棕色瓶内避光储存。

视黄醇是胡萝卜素在动物体内的肝脏和肠壁中经胡萝卜素酶的转化作用而产生的。胡萝卜素是存在于植物中的一种多烯烃类，有近百种异构体及衍生物，总称为类胡萝卜素。只有能转化成视黄醇的类胡萝卜素称为维生素 A 原。维生素 A 原中以 β-胡萝卜素的生物效价最高。1 分子 β-胡萝卜素可转化为 2 分子维生素 A，在人类营养中是维生素 A 的重要来源。β-胡萝卜素结构式如下。

维生素 A 是构成视网膜的感官物质的重要来源，具有维持正常的视觉、防治夜盲症，维持呼吸道、消化道、泌尿道、性腺、腺体的上皮组织、眼睛的角膜和结膜以及皮肤等健康的作用，并有增强上皮组织对细菌、病毒的抵抗能力；促进骨骼、牙齿和机体生长发育和细胞的增殖；延缓和阻止癌前病变，防止化学性致癌物的致癌作用，特别是对于防止上皮肿瘤的发生、发展起到重要作用。当维生素 A 缺乏时，上皮干燥、增生及角化，其中以眼、呼吸道、消化道、泌尿道及生殖系统等的上皮影响最为显著。儿童维生素 A 缺乏时，可出现生长停顿、骨骼生长不良和发育受阻。

维生素 A 主要存在于动物性食物中，以动物肝、乳制品及蛋类含量丰富。谷物种子中不含有维生素 A，但含有少量的 β-胡萝卜素。例如在玉米胚乳中，β-胡萝卜素含量随胚乳的颜色不同而异（表 7-2）。

表 7-2　玉米胚乳的 β-胡萝卜素含量

胚乳颜色	β-胡萝卜素含量/($\mu g/g$)
白色	0.03
黄白色	1.35
浅黄色	3.00
深黄色	4.50

小麦子粒中的类胡萝卜素主要是黄体黄素，不具有维生素 A 的活力。

二、维生素 D

维生素 D 为类固醇衍生物，有多种形式，主要包括维生素 D_2 和维生素 D_3。前者是麦角胆固醇经紫外光照射后转变而成的；后者是人和动物皮下脂肪组织中的 7-脱氢胆固醇经紫外光线照射后的产物。维生素 D_3 被运送至肝脏、肾脏转化为具有生理活性的形式后，再发挥其生理作用。维生素 D_2、维生素 D_3 结构式如下。

维生素D_2　　　　　维生素D_3

维生素 D_2 和维生素 D_3 均为无色针状结晶，易溶于脂肪和有机溶剂，除对光敏感外，化学性质一般稳定。

两种维生素 D 具有同样的生理作用，能促进小肠对食物中钙和磷的吸收，维持血中钙和磷的正常含量，促进骨和齿的钙化作用。人体主要从动物食品中获取一定量的维生素 D_3（它常与维生素 A 共存），然而，正常人所需要的维生素 D 主要来源于 7-脱氢胆固醇的转变。7-脱氢胆固醇存在于皮肤内，它可由胆固醇脱氢产生，也可以直接由乙酰 CoA 合成。

婴幼儿缺乏维生素 D 将引起佝偻病，临床主要表现为骨骼的软骨连接处及骨骼部位增大。可观察到肋骨串珠和鸡胸、方头、前额凸出；长骨的骨骼增大、O 形腿、膝外翻；婴幼儿颅骨可因经常枕睡而变形、枕秃、囟门闭合迟缓；出牙晚，胸腹部之间由于膈肌的拉力使下部肋骨内陷。

成人缺乏维生素 D 会造成钙吸收不良，使已成熟的骨骼脱钙而发生骨软化症或骨质疏松症，临床表现为骨质软化、骨密度降低、骨易变歪、易折断、腿部痉挛；孕妇及乳母缺乏维生素 D 易发生骨软化症，最显著的病变部位是骨盆和下肢，以后逐渐波及脊柱、胸骨和其他部位；老年人缺乏维生素 D 和钙，易引起骨质疏松症，发生自发性、多发性骨折且难以完全愈合。

天然食物中维生素 D 含量很低，脂肪含量高的海鱼、动物肝脏、蛋黄、奶油和干酪中相对较多，瘦肉、奶中含量较少（表 7-3）。谷物中不含维生素 D，但是某些植物油，如棉籽油的不皂化部分和小麦胚芽油中含有少量的麦角固醇，经紫外线照射可转变为维生素 D_2，被人体吸收利用。鱼肝油中的天然浓缩维生素 D 含量极高。

表 7-3　几种常见食物的维生素 D 含量　　　　　　　　单位：IU/100g

品　种	含　量	品　种	含　量
黄油	35	鲮鱼	1100
干酪	12～15	大比目鱼	44
奶油	50	鲱鱼	315
鸡蛋	50～60	鲑鱼	154～550
蛋黄	150～400	沙丁鱼（罐头）	1150～l570
牛奶	0.3～0.4	牛肝	9～42
人奶	0～10	小牛肝	0～15
小虾	150	羊肝	17～20
鱼肝油	8000～30000	猪肝	44～45

三、维生素 E

维生素 E 又名生育酚或抗不育维生素，是苯并二氢吡喃的衍生物。已经发现的维生素 E 有 α、β、γ、δ 四种，其中以 α-生育酚的生物活性最大。α-生育酚结构式如下。

维生素 E 是淡黄色的油状物，不溶于水而溶于有机溶剂（如乙醚、石油醚及酒精）中。在酸性条件下较为稳定，在无氧条件下加热 200℃ 以上亦不会被破坏。对氧十分敏感，易被氧化破坏，特别是在光照及热、碱、铁或铜等存在下，可加速其氧化。维生素 E 被氧化后即失效。

维生素E是人体内的一种强抗氧化剂，可保护细胞免受自由基的危害，抑制细胞内和细胞膜上的脂类不被氧化，还可与过氧化物反应，使其转变为对细胞无毒害的物质。作为抗氧化剂，维生素E的存在也能防止维生素A、维生素C的氧化，保证它们在体内的营养功能。维生素E还能促进毛细血管增生，改善微循环，可防止动脉粥样硬化和其他心血管疾病，具有预防血栓发生的效能。实验发现，维生素E与性器官的成熟和胚胎的发育有关，故临床上用于治疗习惯性流产和不育症。如将含维生素E较高的小麦胚或麦胚油加入饲料中，即能抑制牲畜的流产。近年来，还发现维生素E有抗癌作用，能预防胃、皮肤、乳腺癌的发生和发展。

维生素E广泛存在于动植物食品中（表7-4），谷类、坚果类和绿叶菜中也含有一定量的维生素E，但肉、奶、蛋及鱼肝油中维生素E含量较少。从小麦或稻谷胚芽的不皂化部分，经过去杂和减压蒸馏，可以得到维生素E制剂，它是几种维生素E的混合物。

表 7-4　食物中维生素 E 的含量　　　　　　　　　　　　单位：mg/100g

品　　种	含　　量	品　　种	含　　量	品　　种	含　　量
茶油	27.9	猪油	5.2	大麦	1.2
芝麻油	68.5	椰子油	4.0	白米	0.5
葵花籽油	54.6	猪肝	0.9	糙米	0.8
辣椒油	87.2	牡蛎	6	白面包	1.7
棉籽油	86.5	鸡蛋	2.3	花菜	0.4
色拉油	24.0	鱼	0.2～1.2	胡萝卜	0.4
棕榈油	15.2	牛肉（后腿）	0.8	大豆	18.9
菜籽油	60.9	牛肉	0.2	马铃薯	0.3
花生油	42.1	牛奶	0.2	大多数绿叶菜	1～10
玉米油	51.9	鸡肉	0.22	鲜玉米	0.5
豆油	93.1	小米	3.6	鲜果	0.1～2.0
牛油	4.6	小麦胚粉	23.2	杏仁	18.5
羊油	1.08	面粉	1.8	花生	18.1
		玉米粒（干）	3.9		

四、维生素 K

维生素K是一切具有叶绿醌生物活性的2-甲基-1,4萘醌衍生物的统称，是凝血酶原形成所必需的因子，故又称凝血维生素。

维生素K分为天然产物和人工合成两类。天然的维生素K有维生素K_1和维生素K_2。维生素K_1在绿叶植物中含量丰富，因此维生素K_1又称为叶绿2-甲基萘醌。维生素K_2是人体肠道细菌的代谢产物。现在临床上所用的维生素K是人工合成的，有维生素K_3、维生素K_4、维生素K_5和维生素K_7等，均以2-甲基-1,4-萘醌为主体，其中维生素K_4的凝血活性比维生素K_1高3～4倍。通常维生素K是以维生素K_1为参考标准的。维生素K_1、维生素K_2、维生素K_3和维生素K_4的结构式如下。

维生素K_1　　　　　　　　　　　　　　　　维生素K_3

维生素 K₂ ... 维生素 K₄

维生素 K_1 是黄色油状物，熔点 $-20℃$，加热到 $110\sim120℃$ 时分解。维生素 K_2 是黄色晶体，熔点 $52℃$。维生素 K_1、维生素 K_2 不溶于水，微溶于油和有机溶剂中，均能耐热，但对光和碱很敏感，故保存时需避免光照。维生素 K_3，亮黄色晶体，熔点 $105\sim107℃$，是凝血特效药。

维生素 K 参与凝血作用，可促进凝血因子的合成，并使凝血酶原转变为凝血酶，进而促进血液凝固；可以增加肠道的蠕动和分泌功能，同时具有增强体内甲状腺分泌活性的作用。一般情况下人类很少有缺乏维生素 K 的现象，但当胆道梗阻、腹泻等引起脂类消化吸收不良，或长期服用抗生素，抑制了肠道细菌生长时，便可引起维生素 K 缺乏。缺乏维生素 K 时，会造成凝血时间延长，常发生皮下、肌肉及胃肠道出血。

维生素 K 最好的来源是菠菜、白菜、花菜和猪肝等。人体肠道中的大肠杆菌也能合成维生素 K，因此人体一般不会缺乏维生素 K。几种食物的维生素含量见表 7-5。

表 7-5　几种食物中维生素 K 的含量　　　　　　　单位：mg/100g

食物名称	维生素 K	食物名称	维生素 K
菠菜	4.4	马铃薯	0.16
苜蓿	1.6~3.2	嫩豌豆	2.8
白菜	3.2	猪肝	0.8
花菜	3.0	蛋	0.08
胡萝卜	0.8	牛乳	0.002
番茄	0.4~0.8	鱼糜	0.04

第三节　水溶性维生素

水溶性维生素是指能够溶于水而不溶于脂肪和有机溶剂的一类维生素，主要包括 B 族维生素和维生素 C。B 族维生素主要有维生素 B_1、维生素 B_2、维生素 B_3（泛酸）、维生素 B_5（维生素 PP）、维生素 B_6、维生素 B_7（生物素）、维生素 B_{11}（叶酸）及维生素 B_{12} 等。构成辅酶（或辅基）的主要是 B 族维生素。B 族维生素是生物体内的糖类、脂肪、蛋白质等转化成热量时不可缺少的物质，它们是协同作用，调节新陈代谢，维持皮肤和肌肉的健康，增进免疫系统和神经系统的功能，促进细胞生长和分裂，包括促进红细胞的产生，预防贫血发生。如果缺少 B 族维生素，则细胞功能马上降低，引起代谢障碍，造成口角发炎、唇炎、皮炎、口臭、眼鼻与口腔周围的皮肤起小疙瘩以及某些贫血、水肿、精神抑郁或四肢震颤等疾病症状。

一、B 族维生素

（一）维生素 B_1

维生素 B_1 的化学名称为硫胺素，又叫抗脚气病因子、抗神经炎因子，是维生素中发现最早的一种。在动植物组织和微生物体内以焦磷酸硫胺素（TPP$^+$）的形式存在并发挥作用。

维生素 B_1 是由嘧啶环和噻唑环结合而成的一种 B 族维生素，在自然界常与焦磷酸结合成焦磷酸硫胺素（TPP$^+$）。TPP$^+$ 的结构式如下。

维生素 B_1 呈白色针状结晶，微带酵母气味，口感呈咸味，溶于水，不溶于脂肪和有机溶剂，故在淘洗米或蒸煮时，常随水流失。维生素 B_1 对热稳定，干热100℃不分解；在水中加热至100℃缓慢分解；在酸性条件下较稳定，加热120℃仍不分解；在中性和碱性条件下遇热易破坏，所以在烹调食品中，如果加碱会造成维生素 B_1 损失。另外，具有还原性的化学物质，如二氧化硫、亚硫酸盐等在中性及碱性介质中能加速维生素 B_1 的分解。

维生素 B_1 进入人体内后，被磷酸化生成焦磷酸硫胺素（TPP$^+$）。维生素 B_1 以 TPP$^+$ 的形式作为 α-酮酸氧化脱羧酶及转酮基酶的辅酶，在丙酮酸、α-酮戊二酸的氧化脱羧反应中起重要作用。丙酮酸和 α-酮戊二酸是糖代谢重要的中间产物，因此维生素 B_1 与糖代谢有着密切的关系。由于所有细胞在其活动中的能量来自于糖类的氧化，因此维生素 B_1 是体内物质代谢和能量代谢的关键物质。

维生素 B_1 对神经生理活动有调节作用，与心脏活动、食欲维持、胃肠道正常蠕动及消化液分泌有关。缺乏维生素 B_1，易造成胃肠蠕动缓慢、消化液分泌减少、食欲不振、消化不良等消化功能障碍，并使人健忘、不安，进一步发生四肢无力、肌肉疼痛、皮肤渐渐失去知觉等症状，临床上称为脚气病。

维生素 B_1 在谷物中大多集中在皮层和胚部，胚乳中较少。谷物子粒中维生素 B_1 的含量见表 7-6。

表 7-6　谷物中维生素 B_1 含量　　　　　　　　　　　单位：mg/100g

名称	含量	名称	含量
小麦	0.37～0.61	糙米	0.3～0.45
麸皮	0.7～2.8	皮层	1.5～3.0
麦胚	1.56～3.0	胚	3.0～8.0
面粉：			
出粉率85%	0.3～0.4	胚乳	0.03
出粉率73%	0.07～0.1	玉米	0.3～0.45
出粉率60%	0.07～0.08	大豆	0.1～0.6

由此可见，谷物加工精度越高，维生素的损失量越大。

（二）维生素 B_2

维生素 B_2 是核糖醇与 6,7-二甲基异咯嗪的缩合物。由于异咯嗪是一种黄色素，所以维生素 B_2 又称为核黄素。

维生素 B_2 在生物体中以黄素单核苷酸（FMN）和黄素腺嘌呤二核苷酸（FAD）的形式存在，其结构式如下。

维生素 B_2 味苦，为橘黄色针状结晶，溶于水呈黄绿色荧光，在碱性溶液中受光照射时极易破坏，因此维生素 B_2 应储存于褐色容器，避光保存。

维生素 B_2 是人体内多种氧化酶系统不可缺少的构成部分。黄素单核苷酸（FMN）和黄素腺嘌呤二核苷酸（FAD）是黄素酶辅基，与酶蛋白紧密结合组成黄素蛋白。这类酶催化脱氢时将代谢物上的一对氢原子直接传给 FMN 或 FAD 的异咯嗪基而形成 $FMNH_2$ 或 $FADH_2$，其反应式为：

$$FMN \underset{-2H}{\overset{+2H}{\rightleftharpoons}} FMNH_2 \qquad FAD \underset{-2H}{\overset{+2H}{\rightleftharpoons}} FADH_2$$

FMN 和 FAD 在细胞代谢呼吸链反应中起控制作用，直接参与氧化还原反应，或参与复杂的电子传递；在氨基酸、脂肪酸和糖类代谢中逐步释放能量供细胞利用；此外，还可激活维生素 B_6，参与色氨酸形成尼克酸的过程。核黄素还与人体内铁的吸收、储存与动员有关，在防治缺铁性贫血中起重要作用。

缺乏维生素 B_2 时，主要表现为口角炎、舌炎、阴囊炎及角膜血管增生等。

谷物子粒中的维生素 B_2 含量较维生素 B_1 少，在子粒中分布情况与维生素 B_1 大致相同。小麦子粒中的维生素 B_2 含量分布见表7-7。

表7-7　小麦及其加工制品中维生素 B_2 的含量

名称	维生素 B_2 的含量/(mg/100g)
全麦粉	0.06～0.37
麸皮	0.78～1.45
麦胚	0.28～0.69
标一粉	0.04～0.13

在谷物加工过程中，保留维生素 B_2 的方法与保留维生素 B_1 的方法是一致的。

谷物种子发芽时，维生素 B_2 的含量有所增加（表7-8）。

表7-8　谷物种子发芽前后维生素 B_2 的含量对比

名称	全粒种子/(mg/100g)	发芽5天/(mg/100g)
玉米	0.14	0.43
小麦	0.11～0.12	0.54
燕麦	0.13	1.16

（三）维生素 B$_3$

维生素 B$_3$ 是自然界分布十分广泛的维生素，故又称泛酸或遍多酸，是由 α,γ-二羟基-β-β-二甲基丁酸和 β-丙氨酸脱水缩合而成的一种有机酸，以结合的形式存在于所有的动物和植物组织中。

维生素 B$_3$ 是辅酶 A 的组成成分。辅酶 A 是酰基转移酶的辅酶，以它所含的巯基（—SH）和酰基结合成硫酯，在物质代谢过程中作为酰基的载体传递酰基，用于合成胆固醇，因此缺乏泛酸容易引起胆固醇含量不足，因而引起肾上腺机能不足和损伤。辅酶 A 也可写作 CoA-SH，其结构式如下。

维生素 B$_3$ 是浅黄色黏性油状物，易潮解。具有酸性，易溶于水和乙醇，不溶于脂肪溶剂，易被酸、碱、加热等破坏，对氧化剂及还原剂极为稳定。

维生素 B$_3$ 与糖类、脂类及蛋白质代谢都有密切关系。它的存在对于人体合理利用维生素 B$_1$、维生素 B$_2$ 都有协调作用。由于人体肠道细菌能合成维生素 B$_3$，所以尚未发现人的典型缺乏症。

酵母中含有丰富的维生素 B$_3$，肝脏、肾、蛋黄、新鲜蔬菜以及全面粉面包、牛乳等也是维生素 B$_3$ 的主要来源。另外，人体肠道内细菌也能合成泛酸。表 7-9 为食物中维生素 B$_3$ 的含量。

表 7-9　食物中维生素 B$_3$ 的含量　　　　　　　　　单位：mg/100g

食物名称	维生素 B$_3$	食物名称	维生素 B$_3$
苹果	0.105	花椰菜	1.170
杏	0.092	蚕豆	0.470
香蕉	0.260	干酪	0.500
橘子	0.250	鸡肉	0.800
面包	0.430	蛋	1.60
全面粉面包	0.760	火腿	0.675
胡萝卜	0.280	牛肝	7.70
嫩豌豆	0.750	牛乳	0.34
菠菜	0.300	牛肉	0.62
酵母	20.0	菠菜（罐头）	0.140

（四）维生素 B₅

维生素 B₅ 又称维生素 PP、抗癞皮病维生素。维生素 B₅ 实际上包括两种物质，即烟酸（尼克酸）和烟酰胺（尼克酰胺），二者均属于吡啶衍生物。在体内维生素 B₅ 主要以烟酰胺的形式存在，烟酸是烟酰胺的前体，两者在体内可相互转化，具有同样的生物效价。烟酸和烟酰胺的结构式如下。

烟酰胺是辅酶Ⅰ（烟酰胺腺嘌呤二核苷酸，NAD⁺）和辅酶Ⅱ（烟酰胺腺嘌呤二核苷酸磷酸，NADP⁺）的组成成分。辅酶Ⅰ和辅酶Ⅱ的结构式如下。

辅酶Ⅰ（NAD⁺）
（烟酰胺腺嘌呤二核苷酸）

辅酶Ⅱ（NADP⁺）
（烟酰胺腺嘌呤二核苷酸磷酸）

烟酸为白色或淡黄色晶体或结晶性粉末，无臭或有微臭，味微酸，熔点 $236\sim237℃$，溶于水，易溶于沸水、沸乙醇、碳酸钙溶液和氢氧化钙溶液，不溶于乙醚。烟酰胺为白色结晶粉末，无臭，味苦，熔点 $128\sim131℃$，易溶于水、乙醇和甘油。维生素 B₅ 性质很稳定，不易被酸、碱及热破坏，是各种维生素中最稳定的一种。

烟酰胺为辅酶Ⅰ与辅酶Ⅱ的组成成分，在糖类、脂肪和蛋白质的能量释放上起重要作用，　是氧化还原反应的递氢者，是氢的供体和受体，反应式为：

$$NAD^+ \underset{-2H}{\overset{+2H}{\rightleftharpoons}} NADH + H^+ \qquad NADP^+ \underset{-2H}{\overset{+2H}{\rightleftharpoons}} NADPH + H^+$$

它们参与细胞内呼吸，将糖酵解产物氢逐步转给黄素单核苷酸和细胞色素，最后生成水。维生素 B₅ 在维生素 B₆、泛酸和生物素存在下，参与脂肪、蛋白质和 DNA 合成。此外，维生素 B₅ 在固醇类化合物的合成中起重要作用，具有降低体内胆固醇的作用。

维生素 B₅ 缺乏则能量代谢受阻，神经细胞得不到足够的能量，致使神经功能受影响。典型的维生素 B₅ 缺乏症称为癞皮病，其症状为皮炎、腹泻及痴呆。癞皮病的皮炎有特异性，仅发生在肢体暴露的部位，而且有对称性，患者皮肤发红发痒，发病区与健康区域界限分明。当胃肠道黏膜受影响时，患者出现腹泻等症状，进而头痛、失眠、重症产生幻觉、神志不清甚至痴呆等。

一般认为，维生素 B₅ 缺乏常与维生素 B₁、维生素 B₂ 及其他营养素缺乏同时存在，故常伴有其他营养素缺乏症状。

维生素 B_5 及其衍生物广泛存在于食物中（表 7-10）。植物性食物中存在的主要是烟酸，动物性食物中以烟酰胺为主，两者活性相同。烟酸在肝、肾、瘦畜肉、鱼以及坚果类（如花生）中含量丰富；乳、蛋中的含量虽不高，但色氨酸较多，可转化为烟酸；谷类食物中含量也较丰富，但视加工程度而有很大变化。玉米中的烟酸多呈结合型，为总量的 70% 左右，不能被人体吸收利用，但如加入 0.6%～1.0% 的碳酸氢钠，按 1:1 加水蒸煮，则可使大量烟酸（60%～90%）从结合型中游离出来，从而提高其生物效价。

表 7-10　常见食物中维生素 B_5 含量　　　　　　　　单位：mg/100g

品　种	含　量	品　种	含　量	品　种	含　量
标准米	3.5	羊肝	18.9	鲜豌豆	2.8
精白米	1.0	牛肝	16.2	毛豆	1.7
标准粉	2.5	猪肝	16.2	油菜	0.9
精白粉	1.1	鸡肝	10.4	韭菜	0.9
玉米面(黄)	2.0	鸭肝	9.1	苋菜	1.1
黄米面	4.3	牛心	8.6	茴香	0.7
大麦米	4.8	羊肾	8.2	菠菜	0.6
小米	1.6	鸡肉	8.0	番茄	0.6
黄豆	2.1	羊心	7.3	茄子	0.5
豆腐皮	1.5	猪心	5.7	白萝卜	0.5
豇豆	2.4	鸭肉	4.7	大白菜	0.3
花生仁(生)	9.5	猪肉	4.2	橘子	0.3
葵花子	5.1	鲤鱼	2.8	苹果	0.1
南瓜子	3.0	梭鱼	2.6	鲜蘑	3.3

（五）维生素 B_6

维生素 B_6 又称吡哆素、抗皮炎维生素。在生物体组织中有吡哆醇、吡哆醛和吡哆胺三种形式。吡哆醇在机体内可转变成后两种衍生物，吡哆醛与吡哆胺又可以互相转换。维生素 B_6 是三者的统称。维生素 B_6 三种形式的结构式如下。

吡哆醇　　　　　　　　吡哆醛　　　　　　　　吡哆胺

维生素 B_6 为无色晶体，易溶于水和乙醇，微溶于脂溶剂。在酸性溶液中稳定，但易被碱破坏，中性环境易被光破坏。吡哆醛与吡哆胺在高温时易被破坏，吡哆醇对热稳定，因此在食品加工和储存中吡哆醇的稳定性较好。

维生素 B_6 在体内是以磷酸酯的形式存在。进入人体的维生素 B_6，被磷酸化后以辅酶形式参与许多酶系代谢。参加代谢的主要以磷酸吡哆醛和磷酸吡哆胺，它们作为氨基酸转氨酶和某些氨基酸脱羧酶的辅酶在氨基酸代谢中发挥重要作用。磷酸吡哆醛接受氨基后转变为磷酸吡哆胺，磷酸吡哆胺再把氨基转移出去后又变为磷酸吡哆醛。其反应过程如下。

磷酸吡哆醛　　　　　　　　　　　　　　磷酸吡哆胺

目前已知有 60 种左右的酶依赖磷酸吡哆醛，其主要作用表现在以下几个方面。

① 参与氨基酸代谢，如转氨、脱氨、脱羟、转硫和色氨酸转化等作用。

② 参与糖原与脂肪酸代谢，维生素 B_6 的磷酸酯是磷酸化酶的一个基本成分，催化肌肉与肝中糖原转化，还参与亚油酸合成花生四烯酸和胆固醇的合成与转运。

③ 脑和其他组织中的能量转化、核酸代谢、内分泌腺功能、辅酶 A 的生物合成以及草酸盐转化为甘氨酸等过程，也都需要维生素 B_6 的参与。

一般情况下成人不会缺乏维生素 B_6。在某些特殊情况下，如怀孕、受电离辐射照射、高温下生活、服用雌激素类避孕药物等情况下可能引起维生素 B_6 缺乏。体内缺乏维生素 B_6 会引起蛋白质及氨基酸代谢异常，表现为贫血、抗体减少、皮肤损害（特别是鼻尖），幼儿还会出现惊厥、生长不良等。

维生素 B_6 广泛存在于动植物食物中，酵母菌、蛋黄、肉类、肝、鱼类和谷类中含量丰富，尤其是粮粒中的种皮、果皮含有丰富的维生素 B_6（表 7-11），同时肠道微生物也可以合成一定量的维生素 B_6。

表 7-11　常见食物中维生素 B_6 含量　　　　　　　　　单位：mg/100g

品　种	含　量	品　种	含　量
鸡肝	0.75	榛子仁	0.54
鸡肉	0.32～0.68	花生仁（炒）	0.40
牛肉	0.44	核桃	0.73
猪肉	0.32	黄豆	0.81
鱼	0.43～0.90	胡萝卜	0.70
蟹	0.30	青萝卜	0.26
鸡蛋（个）	0.25	葵花籽	1.25
牛奶	0.03～0.3	甜薯	0.22
全麦粉	0.40～0.7052	马铃薯	0.14
糙米	0.55	菠菜	0.28

（六）生物素（维生素 B_7）

生物素又称维生素 B_7 或维生素 H，它是多种羧化酶的辅酶，是含硫维生素，由噻吩环和尿素结合而成的一种双环化合物，侧链上有一分子异戊酸，其结构式如下。

$$O=C \begin{array}{c} NH-CH-CH-(CH_2)_4-COOH \\ | \quad\quad | \\ NH-CH-CH_2 \end{array} S$$

生物素为无色针状晶体，微溶于水，能够在热水中溶解，不溶于乙醇、乙醚及氯仿。在 232～233℃ 时即熔解并开始分解，因此一般的烹调加工损失很少。在酸性溶液中较稳定，高温和氧化剂会使其丧失生理活性。

生物素是多种羧化酶的辅酶，它与专一性的酶蛋白结合，催化体内 CO_2 的固定以及羧化反应。如丙酮酸转变为草酰乙酸，乙酰 CoA 转变为丙二酸单酰 CoA，丙酰 CoA 转变为甲基丙二酸单酰 CoA 等反应都需要生物素作辅酶。生物素对一些微生物如酵母菌、细菌的生长有强烈的促进作用。

人体一般不易发生生物素缺乏症，因为除了可从食物中取得部分生物素外，人和动物肠道中的微生物有一定的合成能力。人和动物缺乏生物素时易引起毛发脱落、皮肤发炎等疾病。当长期口服抗生素药物或过多吃生鸡蛋清，也会发生生物素缺乏。因为生蛋清中有一种抗生物素的碱性蛋白质能与生物素结合，形成一种不易吸收的抗生物素蛋白，所以不宜吃生鸡蛋。煮熟的鸡蛋由于抗生物素蛋白被破坏，因此不会发生上述现象。

生物素分布于动植物组织中，动物的肝、肾及大豆粉等生物素含量丰富，花椰菜、蛋类、蘑菇、坚果、花生酱等是生物素的良好来源。许多生物都能自身合成生物素，牛、羊的合成能力最强，人体肠道中的细菌也能合成部分生物素。

（七）叶酸（维生素B₁₁）

叶酸因存在于植物的绿叶中而得名，又称维生素 B_{11}、蝶酰谷氨酸，是微生物和某些高等动物营养必需的物质。天然存在的叶酸大多是多谷氨酸形式，叶酸的生物活性形式为四氢叶酸（THFA，或写作 FH_4），四氢叶酸又称为辅酶F（CoF）。

叶酸是由 2-氨基-4-羟基-6-甲基蝶呤啶与对氨基苯甲酸及 L-谷氨酸三部分结合而成，其结构式如下。

叶酸在体内以四氢叶酸的形式存在，四氢叶酸的结构式如下。

叶酸为深黄色结晶，无臭无味，加热到250℃颜色逐渐变深，最后成黑色胶状物。叶酸不易溶于水，但其钠盐溶解度较大。不溶于乙醚、丙酮等有机溶剂。叶酸对光照射敏感，在中性及碱性溶液中对热稳定，而在酸性溶液中温度超过100℃即被分解破坏。叶酸在食物储存和烹调中一般损失50%～70%，有时可达90%。但食物中抗坏血酸含量较高时，叶酸的损失可相应减少。

在人体内叶酸以四氢叶酸形式发挥辅酶作用，它主要携带"一碳基团"（甲酰基、亚甲基及甲基等）参与嘌呤、嘧啶核苷酸的合成，氨基酸的相互转变，以及在某些甲基化反应中起重要作用。因此叶酸对氨基酸代谢、核酸及蛋白质的生物合成都有着重要的影响。

叶酸在核酸合成中发挥着重要作用，当叶酸缺乏时会引起红细胞中核酸合成受阻，使红细胞的发育和成熟受到影响。红细胞比正常的大而少称为巨幼红细胞性贫血，此类贫血以婴儿和妊娠期妇女较多见，可用叶酸治疗，因此叶酸又称抗贫血维生素。正常情况下，除膳食供给外，人体肠道细菌能合成部分叶酸，一般不易发生缺乏，但当吸收不良或组织需要增多或长期使用抗生素等情况下也会造成叶酸缺乏。

叶酸广泛存在于动植物食品中，含量丰富的有肝、肾、蛋和鱼，以及梨、蚕豆、芹菜、花椰菜、莴苣、柑橘和香蕉及其他坚果类。常见食物中叶酸含量见表7-12。

表 7-12　常见食物中叶酸含量　　　　　　　　单位：mg/100g

品　种	含　量	品　种	含　量
鸡肉	7.0	豌豆	8.0
牛肉	3.0	胡萝卜	3.0
肾	6～30	橘子	45
蛋	30.0	菠萝(罐头)	2.0
猪肉、火腿	3.0	苹果	2.0
牛奶	8.5	杏(罐头)	4.0
干酪	6.0	香蕉	27.0
白面包	17.0	菠菜	29.0

（八）维生素 B_{12}

维生素 B_{12} 因分子中含有钴 C_0 （含量为 4.5％），所以又称钴胺素，是唯一含有金属元素的维生素。进入体内的维生素 B_{12}，必须转变为辅酶形式才具有生物活性，所以也称辅酶 B_{12}。

维生素 B_{12} 分子的主体是一个钴为中心元素的卟啉环，其结构式如下。

维生素 B_{12} 为粉红色针状结晶，对热稳定，加热到 210℃ 颜色加深。溶于水和乙醇。在 pH4.5～5 的水溶液中稳定，在强酸或碱中则易分解。对光、氧化剂及还原剂敏感易被破坏。

维生素 B_{12} 可增加叶酸的利用率，促进人体中核酸和蛋白质的合成，也可以促成红细胞的生成、发育和成熟。其能力是叶酸的 1000 倍，具有抗恶性贫血作用。维生素 B_{12} 还参加胆碱等合成过程，胆碱是磷脂的组分，在肝脏内参与脂蛋白的形成，有助于把脂肪从肝脏中移出，具有防脂肪肝的作用。

维生素 B_{12} 各种功能的作用机制是以辅酶方式参加各种代谢作用。维生素 B_{12} 的辅酶形式是辅酶 B_{12}，辅酶 B_{12} 在体内的生理功能主要为两方面：一方面它能促使无活性的叶酸变为有活性的四氢叶酸并进入细胞，以促进核酸和蛋白质的合成而有利于红细胞的发育、成熟；另一方面，辅酶 B_{12} 参与神经组织中髓磷脂的合成，同时它又能使谷胱甘肽保持还原型（—SH）而有利于糖的代谢，因此对维持神经系统的正常功能有重要作用。

缺乏维生素 B_{12} 可能造成儿童及幼龄动物发育不良，消化管上皮组织细胞失常；造血器官功能失常，不能产生正常的红细胞，导致恶性贫血；鞘磷脂的生物合成减少，引起神经系统的损害。

动物瘤胃和结肠中的细菌可合成维生素 B_{12}，因此动物食品富含维生素 B_{12}，其中肝脏是维生素 B_{12} 的最好来源，其次为奶、肉、蛋、心、肾等。另外发酵的豆制品如腐乳、臭豆腐等食品中也含有维生素 B_{12}。几种食物中维生素 B_{12} 的含量见表 7-13。

表 7-13　常见食物中维生素 B_{12} 的含量　　　　单位：mg/100g

食物名称	维生素 B_{12}	食物名称	维生素 B_{12}
牛肝	310～1200	鸡肉	0.5
羊腿	17～66	鸡蛋	2.0
牛乳	1.6～6.6	青鱼	14
羊乳	1.4	大豆	2.0
干酪	1.0	臭豆腐	1.68～9.80
牛肉	1.8	酱豆腐	0.420
猪心	25	整麦	1.0

天然维生素 B_{12} 是与蛋白质结合存在的。人类肠道细菌虽然也能合成维生素 B_{12}，但由于这种维生素 B_{12} 与蛋白质相结合，有 95% 不能被人体吸收利用，吸收前需经加热或蛋白水解酶分解成自由型才能被吸收。

二、维生素 C

维生素 C 能够防治坏血症，所以又称抗坏血酸，它是含有内酯结构的多元醇类，其特点是具有可解离出 H^+ 的烯醇式羟基，因而其水溶液具有较强的酸性。维生素 C 有 L-型及 D-型两种异构体，其中 L-型有生理功效。维生素 C 可脱氢而被氧化，有很强的还原性，氧化型维生素 C（脱氧抗坏血酸）还可接受氢而被还原。

L-型抗坏血酸有还原型和氧化型两种形式，它们的转化过程如下。

L-抗坏血酸(还原型)　　　脱氢抗坏血酸(氧化型)

维生素 C 是无色或白色结晶，有酸味，易溶于水，微溶于乙醇。固态的维生素 C 性质相对稳定，溶液中的维生素 C 极易氧化，遇空气、热、光、碱性物质，特别是有氧化酶及微量铜、铁等重金属离子存在时，可促进其氧化进程。食物中维生素 C 有还原型与氧化型两种，两者可通过氧化还原相互转变，两者都具有生物活性。当氧化型维素 C 继续被氧化或加水分解变成二酮古洛糖酸或其他氧化产物，则丧失其维生素活性。

维生素 C 同大多数 B 族维生素不同，它不是某种酶的组成成分，但它是维持人体健康不可缺少的物质。维生素 C 通过自身的氧化和还原性在生物氧化过程中作为氢的载体，激活脯氨酸羟化酶，促进组织及细胞间黏合物质——胶原蛋白的合成，因此维生素C对伤口愈合、骨质钙化、增加微血管壁致密性及减低其脆性等方面有重要作用；维生素C可以使被重金属离子结合的巯基酶类还原为—SH，达到解毒的效果；可增强人体对疾症的抵抗力；帮助色氨酸及无机铁的吸收利用；还能促进叶酸转化为四氢叶酸。

膳食中长期缺乏维生素C，体内胶原蛋白的正常合成受阻，可引起坏血病。早期症状包括体重下降、倦怠，以及牙龈疼痛出血、伤口愈合慢等，严重时牙齿松动、骨骼畸形、全身性出血直至心脏衰竭。

维生素C主要食物来源为新鲜蔬菜与水果，其含量见表7-14。谷物一般不含有维生素C，但是在种子发芽时，会出现维生素C增加的情况。各种种子发芽时维生素C的增长情况见表7-15。

表 7-14　常见食物中维生素C的含量　　　　　　　　　　　　单位：mg/100g

品　　种	含　　量	品　　种	含　　量
柿椒(红)	159	四季豆	57
芥蓝	90	荠菜	55
柿椒(青)	89	油菜	51
菜花	88	菠菜	39
芥菜	86	苋菜(绿、红)	28、38
花菜	85	水萝卜(心里美)	34
苦瓜	84	白萝卜	30
雪里蕻	83	沙田柚	123
青蒜	77	酸枣	830～1170
甘蓝	76	红果	89
小白菜	60	橙	49
洋白菜	38	柠檬	40
番茄	8～12	苹果	2～6
黄瓜	6～9	草莓	35

表 7-15　谷物种子发芽时的维生素C的增长情况

发芽天数/天	小麦/(µg/g干物质)	大豆/(mg/株豆芽)	豌豆/(mg/株豆芽)
0	0	0	0
2	0	0.55	0.89
3	—	1.28	未测
4	91	未测	2.28
5	166	2.06	未测

本章练习

一、名词解释

维生素　脂溶性维生素　水溶性维生素　维生素A原　辅酶Ⅰ　辅酶Ⅱ　辅酶A　黄素酶　生物素　维生素缺乏症

二、单项选择（选择一个正确的答案，将相应的字母填入题内的括号中）

1. 维生素 A 的主要生理功能为（　　　）。

A. 促进钙的吸收　　　　B. 调节血压　　　　C. 调节血脂　　　　D. 维持正常视觉

2. 维生素 D 缺乏可导致（　　　）。

A. 坏血病　　　　B. 癞皮病　　　　C. 佝偻病　　　　D. 干眼病

3. 在维生素 E 异构体中活性最强的是（　　　）。

A. α-生育酚　　　　B. β-生育酚　　　　C. γ-生育酚　　　　D. δ-生育酚

4. 维生素 K 缺乏时发生（　　　）。

A. 凝血因子合成障碍症　B. 血友病　　　　C. 贫血　　　　D. 溶血

5. 脚气病由于缺乏下列哪种维生素所致（　　　）。

A. 钴胺素　　　　B. 硫胺素　　　　C. 生物素　　　　D. 遍多酸

6. 唯一含金属元素的维生素是（　　　）。

A. 维生素 B_1　　　　B. 维生素 B_2　　　　C. 维生素 B_6　　　　D. 维生素 B_{12}

7. 谷类食物中的维生素主要为（　　　）。

A. B 族维生素　　　　B. 维生素 E　　　　C. 维生素 C　　　　D. 视黄醇

8. 长期过量摄入脂溶性维生素时（　　　）。

A. 以原形从尿中排出　　　　　　　　B. 经代谢分解后全部排出体外

C. 在体内储存备用　　　　　　　　　D. 导致体内储存过多引起中毒

9. 主食强化需要在精白米面中强化，常用强化剂有铁、钙、赖氨酸和（　　　）。

A. 维生素 B_1、维生素 B_2　　　　　　B. 维生素 D、维生素 E

C. 维生素 A、维生素 C　　　　　　　　D. 维生素 E、维生素 K

10. 有关维生素 C 功能的叙述哪项是错误的（　　　）。

A. 与胶原合成过程中的羟化步骤有关　　B. 保护含巯基的酶处于还原状态

C. 维生素 C 缺乏易引起坏血病　　　　　D. 在动物性食品中有大量存在

三、多项选择（选择正确的答案，将相应的字母填入题内的括号中）

1. 维生素在体内（　　　）。

A. 不构成身体组织　　　　B. 不提供能量　　　　C. 是一类调节物质　　D. 提供能量

2. 脂溶性维生素包括（　　　）。

A. 维生素 A　　　　B. 维生素 D　　　　C. 维生素 E　　　　D. 维生素 K

3. 维生素 D 缺乏可有（　　　）等表现。

A. 肋骨串珠　　　　B. 夜盲　　　　C. 颅骨软化　　　　D. X 型腿

4. 下列哪些是水溶性维生素（　　　）。

A. 维生素 C　　　　B. 维生素 E　　　　C. 维生素 B_2　　　　D. 维生素 B_6

5. 维生素 B_2 以哪种形式参与氧化还原反应（　　　）。

A. 辅酶 A　　　　B. FMN　　　　C. NAD^+　　　　D. FAD

6. 关于维生素 D 的叙述正确的是（　　　）。

A. 在酵母和植物油中的麦角固醇可以转化为维生素 D_2

B. 皮肤的 7-脱氢胆固醇可转化为维生素 D_3

C. 化学性质稳定，光照下不被破坏

D. 儿童缺乏维生素 D 可引起佝偻病

7. （　　）促进维生素 A 的吸收。

A. 脂肪　　　　　　　B. 维生素 E　　　　　　C. 卵磷脂　　　　　　D. 维生素 D

8. 维生素 B_6 的存在形式主要有（　　）。

A. 吡哆醇　　　　　　B. 吡哆醛　　　　　　C. 吡哆胺　　　　　　D. 烟酰胺

9. 关于水溶性维生素的叙述正确的是（　　）。

A. 在人体内只有少量储存

B. 易随尿排出体外

C. 每日必须通过膳食提供足够的数量

D. 当膳食供给不足时，易导致人体出现相应的缺乏症

10. 关于脂溶性维生素的叙述正确的是（　　）。

A. 溶于脂肪和脂溶剂　　　　　　　　　　B. 可随尿排出体外

C. 在肠道中与脂肪共同吸收　　　　　　　D. 长期摄入量过多可引起相应的中毒症

四、填空

1. 水溶性维生素包括（　　　）族维生素和维生素（　　　）。

2. 维生素 D_2 是（　　　）在紫外线照射下，分子内部环断裂转变成的。而维生素 D_3 是
（　　　）在人体的皮下经紫外线照射转化成的。

3. 维生素 B_2 在体内的活性型为（　　　）及（　　　），分别可作为黄素酶的辅基。

4. 叶酸在体内的活性型为（　　　），它是体内（　　　）的辅酶。

5. 缺乏维生素 B_1 可使神经组织中（　　　）堆积，引起（　　　）。

6. 脂溶性维生素包括（　　　）、（　　　）、（　　　）、（　　　）。

7. 维生素 B_6 包括（　　　）、（　　　）、（　　　）三种物质，其中（　　　）和（　　　）
在体内可以互变，它们的活性形式是（　　　）、（　　　）。

8. 生物素是（　　　）的辅酶，它的作用是（　　　）。

9. 维生素 PP 是（　　　）衍生物，包括（　　　）和（　　　），其构成的辅酶生化
功能是（　　　）。

10. 维生素 K 促进（　　　）的合成。

五、判断题（将判断结果填入括号中。正确的填"√"，错误的填"×"）

1. 多数 B 族维生素参与辅酶与辅基的组成，参加机体的代谢过程。　　　　　　（　　）

2. 维生素 B_1 的辅酶形式是 TPP，在糖代谢中参与 α-酮酸的氧化脱羧作用。　　（　　）

3. 维生素 B_1 缺乏必然带来 TPP 含量减少，导致机体脂代谢障碍，临床上称为脚气病。

（　　）

4. 维生素 B_2 称为核黄素，其辅酶形式是 NAD^+ 和 $NADP^+$。　　　　　　　（　　）

5. 维生素 A 又称为抗癞皮病维生素。　　　　　　　　　　　　　　　　　　　（　　）

6. 维生素是维持机体正常生命活动不可缺少的一类高分子有机化合物。　　　　（　　）

7. 维生素 E 是一种天然的抗氧化剂，其本身极易被氧化。　　　　　　　　　　（　　）

8. 维生素对人体有益，所以摄入的越多越好。　　　　　　　　　　　　　　　（　　）

9. 摄入量的不足是导致维生素缺乏的唯一原因。　　　　　　　　　　　　　　（　　）

10. 维生素 B_{12} 与四氢叶酸的协同作用，可促进红细胞的发育与成熟。　　　　（　　）

六、简答

1. 脂溶性和水溶性维生素的体内代谢各有何特点？

2. 维生素分类的依据是什么？每类包含哪些维生素？

3. 引起维生素缺乏症的原因有哪些？

4. NAD^+、$NADP^+$是何种维生素的衍生物？作为何种酶类的辅酶？在催化反应中起什么作用？

5. 试述维生素与辅酶、辅基的关系？

6. 维生素B_6包括哪些物质？有何生理功能？

7. 维生素 C 为何又称抗坏血酸？有何生理功能？

8. 治疗恶性贫血病时，为什么使用维生素B_{12}针剂？

9. 维生素 E 有何生理功能？

10. TPP 是何种维生素的衍生物？是什么酶的辅酶？

第八章　谷物中的水分和矿物质

研究要点

1. **谷物中水分存在的主要状态**
2. **谷物平衡水分、安全水分和水分活度的概念**
3. **水分对谷物储藏和加工的影响**
4. **谷物中矿物质的概念、种类及功能**

　　水分是生物体中的重要组成成分，在生物体的各种物质组成中，水的含量最大。植物中的水分含量在很大程度上取决于植物所处的生长阶段和植株部位，多者可达95%；动物体中水分含量约达体重的一半；血液中水分含量最高达80%，肌肉次之，占72%~78%。水是生物体内营养物质的溶剂，是机体内物质代谢的原料和产物，还是废物携带者，并参与体温调节，因此水在生物体中起着非常重要的作用。同时，水也是大多数谷物和食品的主要成分。水分的含量、分布及结合状态对谷物和食品的结构、外观、加工性质、储藏特性等都产生极大的影响。因此，了解水的理化特性、分布及存在状态，对于粮油储藏有重要意义。

　　矿物质普遍存在于动植物体中，种类较多但含量不高，主要有钾、钠、钙、磷、锰、硫、氯、镁等。它们虽然不能为机体提供能量，但在生物体中起着重要的作用。

第一节　谷物中的水分

一、水的生物功能

　　水在生物体内大量存在，具有重要生理作用，主要体现在以下几点。

（一）水是生物体细胞原生质的重要成分

　　原生质的主要成分是蛋白质。蛋白质与水之间的亲和力是维持原生质胶体状态的主要因素，只有保持原生质呈溶胶状态才能进行正常代谢。如果含水量减少使原生质失水皱缩，引起结构破坏，原生质便由溶胶状态变成凝胶状态，生理活性显著下降。

（二）水是生物体内的溶剂

水的溶解能力很强，各种无机物质及有机物质都很容易溶于水，即使不溶于水的物质如脂肪和部分蛋白质，也能在适当的条件下分散于水中成为乳浊液或胶体溶液。水的介电常数很大，能促进电解质的电离。生物体中的一切生化反应都在水的参与下进行。水即是生化反应的介质，又是生化反应的原料和产物。

（三）水是生物体内物质运输的载体

生物体内组织和细胞所需的营养和代谢物在体内的运转，都要靠水作为载体来实现。如植物光合作用的产物——糖类的转运，根部吸收土壤溶液中的矿物质元素，人体吸收经酶分解的各种营养成分等都依靠水的输送。缺少水，生物体所需的营养和代谢物就停止转运，丧失正常的生理机能。

（四）水是促进酶活性的重要物质

生物体中的催化剂——酶的活性强弱与水分含量有密切的关系。在一定条件下，水分含量高，酶的活性强；水分含量低，酶的活性弱。谷物种子在潮湿的条件下易发芽就是因为水分含量的增加提高了酶的活性。

（五）水是生物体内摩擦的润滑剂

水的黏度小，可使摩擦面滑润，减少损伤。体内的关节、韧带、肌肉、膜等处均有滑润液体，都是水溶液。食物吞咽也需要水的帮助。

二、水分的存在状态

虽然新鲜的动植物组织中含有大量的水分，但是在切开时一般不会流出水来，这是因为水分被不同的作用力系着的缘故。根据作用力的不同，一般认为水分在生物体内的存在状态有两种，即自由水和结合水。

（一）自由水

自由水又称为游离水。它存在于谷物子粒的细胞间隙与毛细管中，具有普通水的性质，即0℃结冰，受热易蒸发，100℃沸腾，可作溶剂，参与一切生物体的生理生化反应，可以自由出入于谷物子粒内外，并随温湿度的变化而变化。谷物在储藏期间水分的变化主要是自由水的变化。

（二）结合水

结合水也称束缚水，它存在于植物细胞内，与谷物内部的亲水胶体物质以氢键的形式结合，因此性质稳定，不具有一般水的性质，0℃时不结冰，甚至温度低到-25℃时还保持液态；受热时不易蒸发；几乎不能成为溶剂，一般不为生物所利用。谷物子粒中的亲水胶体物质对结合水的吸引力，随着距离增加而逐渐减弱。当吸引力小于水分子的扩散力时，这些水分子就成为自由水。

自由水和结合水没有严格的界线，但是可以根据其理化性质作定性的区分。首先，结合水的量与有机大分子的极性基团的数量有固定的比例关系，如在新鲜食品中，每克蛋白质可结合0.3~0.5g的水，每克淀粉能结合0.3~0.4g的水。其次，结合水的蒸汽压比自由水低得多，所以在低于100℃的条件下，结合水不能被分离出来。而且结合水的沸点高，冰点低，一般在－400℃不结冰。

由于自由水和结合水的特性差异，使得两者在谷物子粒生命活动中的意义和重要性不同，对粮油储藏、加工以及谷物品质的影响也不尽相同。自由水能被微生物利用而结合水不能，自由水能作为溶剂参与生理生化反应而结合水不能，所以自由水在谷物子粒中的含量对谷物储藏的稳定性起着重要的作用。自由水/结合水比例的大小，决定着细胞或生物体的代谢强度，比值越大，自由水的含量越多，代谢越强；反之，代谢越弱。因此，自由水含量高，谷物耐藏性差；自由水含量低，甚至几乎接近结合水时，谷物的耐藏性大为提高。为了提高谷物储藏稳定性，可通过晾晒、烘干等方法降低谷物中的自由水，保持结合水的存在，使谷物子粒中的亲水凝胶颗粒空间结构不被破坏，维持谷物子粒处于低度的生理活动状态或休眠状态。

三、谷物的平衡水分

（一）谷物平衡水分的概念

谷物在储藏期间的水分随着空气中温湿度的变化而变化。谷物子粒在相对湿度大的环境中能吸收水汽而增加本身的水分；相反，在相对湿度小的环境中又能散失水汽而使自身的水分减少，这就是谷物的吸湿与散湿性能。谷物子粒吸收湿气的多少与快慢，一方面取决于谷物本身的化学成分和子粒的细胞结构，另一方面又以当时当地的气温和空气的相对湿度为转移。它随储粮环境的温湿度的变化而变化，经常不断地进行着水分的吸湿与散湿。在一定温度和空气相对湿度的条件下，当谷物从周围环境中吸收水分的速率与谷物向周围环境中散失水分的速率相等时，则谷物子粒湿度与外界空气湿度处于动态平衡，这时谷物所含的水分叫谷物平衡水分。与谷物周围空气相平衡的相对湿度叫平衡相对湿度。

（二）影响谷物平衡水分的因素

谷物平衡水分的高低与大气相对湿度、温度有关，也与谷物的种类有关。在相同的温度下，空气相对湿度越大，则谷物的平衡水分越高。一般相对湿度为70％时，谷物的平衡水分可达15％左右，开始有毛细管水分；相对湿度80％时，平衡水分为17％左右。在同一相对湿度条件下，谷物的平衡水分随温度的升高而降低。另外谷物的平衡水分与谷物的种类有关，如大豆含脂肪较高，故平衡水分较低。未熟粒、破碎粒、不健全粒的平衡水分往往高于正常粮粒。谷物平衡水分与大气相对湿度、温度的关系见表8-1。

表8-1 不同温度、湿度下谷物的平衡水分　　　　　　　　单位：％

温度	平衡水分 种类	相对湿度 20	30	40	50	60	70	80	90
30℃	小麦、大麦	7.50	8.90	10.30	12.50	14.10	16.10	16.30	20.00
	稻谷	7.13	8.51	10.00	10.88	11.93	13.12	14.66	17.13
	玉米	7.85	9.00	11.13	11.24	12.39	13.90	15.85	18.30
	黍	7.21	8.66	10.15	11.00	12.06	13.60	15.32	17.72
	黄豆	5.00	5.72	6.40	7.17	8.86	10.63	14.51	20.15

平衡水分 相对湿度 种类 温度		20	30	40	50	60	70	80	90
20℃	小麦、大麦	8.10	9.20	10.80	12.00	13.20	14.80	16.90	20.19
	稻谷	7.54	9.10	10.35	11.35	12.50	13.70	16.23	17.83
	玉米	8.23	9.40	10.70	11.90	13.19	14.90	16.92	19.20
	黍	7.75	9.05	10.50	11.56	12.70	14.30	15.90	18.25
	黄豆	5.40	6.45	7.10	8.00	9.50	11.50	15.25	20.28
0℃	小麦、大麦	8.30	9.65	10.85	12.00	13.20	14.60	16.40	20.50
	稻谷	7.90	9.50	10.70	11.80	12.85	14.10	16.75	18.40
	玉米	8.80	10.00	11.10	12.25	13.50	15.40	17.20	19.60
	黍	8.20	9.60	11.00	12.00	13.15	14.80	16.50	18.90
	黄豆	7.20	8.70	9.90	11.30	12.40	14.80	17.30	20.20

四、粮食的安全水分

（一）粮食安全水分的概念

粮食安全水分是指在常规储藏条件下，粮食能够在当地安全度夏而不发热、霉变的水分值。通常长期储藏或安全度夏的粮食在实际可控最高粮温条件下，以粮堆平衡相对湿度为65%所对应的水分含量作为确定粮食安全水分的参考指标。

（二）影响粮食安全水分的因素

我国各地区气候、仓房设施、储藏技术、粮食品种等储粮环境条件存在着很大差异，因此，各地区粮食安全水分也不尽相同。以黑龙江为例，水稻安全水分为14.5%，玉米安全水分为14.0%，小麦安全水分为12.5%。一般来说，禾谷类作物粮食水分达到13%~15%以上，自由水逐渐出现；油料作物子粒的水分达到8%~10%以上时，也逐渐出现自由水。

禾谷类粮食含亲水胶体物质多，结合水含量一般比油料多，相反油料物质疏水基团较多，结合水的含量比禾谷类少，所以禾谷类物质的安全水分比油料物质高。粮食的安全水分不仅与粮食的种类有关，同时也受温度的影响。因地区气温的差异，粮食安全水分也各异，南方地区气温高于北方地区，故储粮安全水分一般低于北方。

五、水分活度

（一）水分活度的概念

水分活度是指谷物或食品的水蒸气分压（P）与同温度纯水的饱和蒸汽压 P_0 之比，其数值在 0~1 之间。水分活度用 A_w 表示，即：

$$A_w = \frac{P}{P_0}$$

对纯水来说，因 P 和 P_0 相等，则 $P = P_0$，即 $A_w = 1$。若谷物或食品为完全无水，则谷物的蒸汽压 $P = 0$，即水分活度 $A_w = 0$。

水分活度也可以用平衡相对湿度（ERH）来表示：

$$A_w = \frac{P}{P_0} = \frac{ERH}{100}$$

即谷物、食品的水分活度在数值上等于平衡相对湿度除以 100。平衡相对湿度是指物料吸湿与散湿达到平衡时的大气相对湿度。如果在密闭容器内相对湿度为 85%，则水分活度为 0.85。

水分活度表示谷物或食品中水分存在的状态，即水分与谷物或食品的结合程度或游离程度。结合程度越低，水分活度值越高；结合程度越高，水分活度值越低。谷物中的水总会与含有糖、氨基酸、无机盐及一些可溶性的高分子化合物等结合，因此总会有一部分水是以结合水的形式存在，而结合水的蒸汽压远比纯水的蒸汽压低，因此谷物的 A_w 总是小于 1。在粮食中含水量较高的是薯类，其水分活度可达 0.98，大米及黄豆等水分活度为 0.60～0.64。

（二）含水量与水分活度之间的关系

含水量与水分活度是两种不同的概念。在一般情况下，同种类谷物的含水量与水分活度之间是成正比关系，即含水量越高，水分活度越高，此时自由水增高，谷物耐藏差。但不同种类的谷物之间水分含量的高低并不能表明谷物或食品是否能安全储藏，因为不同种类的谷物中各种化学成分的含量不同。例如，玉米和花生在水分含量相同的条件下，玉米的水分活度低于花生，玉米的耐藏性高于花生，这是由于玉米的可溶性物质和亲水胶体含量高，结合水分高，因此可利用自由水相对少，水分活度也随之降低。而花生的疏水胶体含量高，结合水分低，因此可利用自由水相对多，水分活度也随之升高。所以谷物或食品的水分含量多少不能正确表示出谷物储藏的安全性，必须用"水分活度"来衡量谷物或食品中自由水的含量，以便正确表示谷物或食品能否安全储藏。

（三）水分活度与酶促反应及微生物生长繁殖的关系

水分活度对谷物化学变化和微生物的生长繁殖均有较大的影响。

1. 水分活度与酶促反应的关系

谷物或食品的水分活度高，酶促反应速率快，反之则慢，甚至停止。水在酶促反应中起着溶解底物和增加底物流动性的作用。如卵磷脂酶在 30℃ 条件下，水分活度为 0.7 时，12h 开始水解，水分活度降至 0.25～0.35，卵磷脂水解反应几乎没有发生。这是因为含水量大，水分活度高，酶由吸附状态进入溶解状态，酶活性增强，反之含水量少，水分活度低，酶由溶解状态进入吸附状态，酶活性降低。

一般控制谷物的水分活度在 0.25～0.35，谷物中的淀粉酶、酚氧化酶、过氧化氢酶等受到极大地抑制。

降低食品的 A_w，可以延缓褐变，减少食品营养成分的破坏，防止水溶性色素的分解。但 A_w 过低，则会加速脂肪的氧化酸败，又能引起非酶褐变。因此，要使食品具有最高的稳定性所必需的水分含量，最好将 A_w 保持在结合水范围内。这样，使化学变化难于发生，同时又不会使食品丧失吸水性和复原性。

2. 水分活度与微生物生长繁殖的关系

微生物的生长繁殖对水分活度有一定要求，不同的微生物在谷物中繁殖时，都有它最适宜的水分活度范围，细菌最敏感，其次是酵母菌和霉菌。一般情况下 $A_w < 0.90$ 时，细菌不能生长繁殖；$A_w < 0.87$ 时，大多数酵母菌生长繁殖受到抑制；$A_w < 0.8$ 时，大多数霉菌不

能生长（表 8-2）。水分活度低于 0.50 时，一切微生物都不能生长繁殖。所以，在一般情况下如果知道谷物的水分活度，就可了解和推断微生物的种类和感染程度。因此，控制谷物的水分活度对于防止谷物霉变，保持谷物储藏稳定性有很大意义。

表 8-2　微生物生长繁殖的最低水分活度（A_w）

微生物种类	生长繁殖最低水分活度（A_w）
一部分细菌孢子，某些酵母菌	1.00～0.95
多数球菌、乳杆菌，某些霉菌	0.95～0.91
大多数酵母菌	0.91～0.87
大多数霉菌、金黄色葡萄球菌	0.87～0.80
大多数耐盐细菌	0.80～0.75
耐干燥霉菌	0.75～0.65
耐高渗透压酵母菌	0.65～0.60
微生物不生长	＜0.50

注：引自 Mossel（1971）资料。

　　不同的谷物都有一定的水分活度（A_w）值。根据微生物与生物化学反应所需水分活度要求，我们可以预测谷物的耐藏性。由于谷物本身所含化学成分和组织结构的不同，水的束缚程度也不同，因而水分活度亦是不同的。所以，同样含水量的各种谷物在储藏期间的稳定性也常有差异。目前，在谷物储藏上亦把水分活度（A_w）值作为衡量谷物耐藏性的一项重要指标。

六、水分对谷物储藏和加工的影响

（一）水分对谷物储藏的影响

　　酶的活性、微生物的生长繁殖都与谷物的水分含量有密切的关系。一般来说，同种谷物水分含量越高，谷物的新陈代谢越快，呼吸作用就旺盛，其结果是消耗了干物质，产生大量热，也给霉菌和昆虫的生长繁殖提供了条件。微生物活动分解谷物中的糖类、脂类、蛋白质，一方面降低了谷物的营养价值；另一方面散发出大量的热使粮温急剧上升，导致谷物发热霉变，甚至失去食用价值，而造成巨大的经济损失。谷物中的水分太低（低于安全水分甚至更低），也会影响谷物的品质，主要表现在色泽和食味品质方面。因为水分过低，子粒中的蛋白质由凝胶状态转为干凝胶状态，凝胶的空间结构遭到破坏，而失去谷物固有的光泽和食味。如烘干玉米，应控制好温度和烘干时间，避免水分降到"安全水分"以下，使玉米既失去自由水，又失去了结合水，破坏了玉米中糖、脂肪、蛋白质等营养成分。因此，谷物在入库前和储藏过程中必须经常测定其含水量，同时采取妥善的办法控制谷物的含水量，使之保持在适宜范围内，确保储粮安全。

（二）水分对谷物加工的影响

　　谷物的物理性质可随着含水量的变化而变化，在一般情况下，其相对密度、容重、散落性、硬度等均因含水量增高而降低；而子粒的色泽、果皮、种皮的韧性随含水量增高而增强。

　　谷物含水量的多少，不仅会影响谷物的储藏安全和谷物的品质，也会影响加工的工艺品质,故谷物加工时,要求原粮含有适当的水分,水分过高或过低都会对加工产生不利影响。在大米加工中,如果水分过高,子粒硬度降低,容易碾碎,使碎米增多,因而出米率降低,导致筛理困难,增加动力消耗,增加加工成本。如水分过低,子粒发脆,也容易产生碎米。为提高出米率,并保证成品质量,稻谷的含水量应符合加工的标准,一般以13.5%~16%为宜。在制粉生产中,要使皮不磨碎,而胚乳磨碎成粉,因此要求皮和胚乳有不同的含水量。一般可以通过水分调节、润麦等措施来解决。如果小麦原始水分较低,可以着水,使入磨麦的水分适度,由于胚部吸水最快,皮层次之,胚乳最慢,尤其是胚乳的中心部分更慢,因此可以通过润麦使水分在各部分的分布有所差异。润麦可以增加皮层的韧性,避免麦皮破碎而混入粉中,再通过风筛可以使麸皮和面粉分离,从而保证小麦的出粉率和面粉质量。如果水分过高,胚乳难以从麸皮上刮净,不仅影响出粉率,还易堵塞筛眼,影响筛理效果,且增加自流管中的流动困难,造成管道堵塞,增大动力消耗。这时需要进行烘干,使水分含量达到工艺上的要求。如果水分过低,麸皮脆而易碎,容易混入粉中,胚乳坚硬不易磨碎,这样会造成粉色差、粒度粗。因此,小麦水分过高或过低,都不宜于制粉。为了使入磨小麦的水分达到制粉的工艺要求,需要对入磨前的小麦进行水分调节,以保证产品品质和出粉率。

第二节 谷物中的矿物质

矿物质即无机物,是谷物中除去碳、氢、氧、氮四种元素以外的其他元素的统称。由于谷物经过高温灼烧后发生一系列变化,有机成分挥发逸去,而无机物大部分以氧化物的形式存在于灰分中,因此又称为灰分。在人和动物体内,矿物质总量不超过体重的4%~5%,但却是不可缺少的成分,在新陈代谢中起着重要的作用。

很早以前人们就把"水土不服"看成是一种疾病,那时就已经意识到环境中有一种客观的因素对人体产生影响,但限于条件还不了解它的本质。直到科学发展的今天,使人们对含有许多微量元素的无机盐在营养上的重要性逐渐有所了解,发现缺少某种元素会造成人体代谢功能的障碍。矿物质与其他营养物质不同,它们不能在人体内合成,由于新陈代谢,每天都有一定数量的矿物质随汗、尿、粪便排出体外,所以必须不断给予补充。人体所需要的矿物质一部分从食物中获得,一部分从水、食盐中摄取。

一、谷物中矿物质的含量与分布

到目前为止已发现谷物中含有30种以上的矿物质元素。按矿物质元素在人体内的含量和人体对膳食中矿物质的需要量,可将矿物质分为两大类,即常量元素和微量元素。人体中矿物质含量在0.01%以上的称为常量元素或大量元素,如钙、磷、硫、钾、钠、氯、镁七种元素;含量在0.01%以下的称为微量元素或痕量元素,如铁、锌、铜、碘、锰等。

由于谷物种类和栽培条件的不同,其矿物质含量有很大差异。豆类的矿物质含量较丰富,接近5%,含有钾、磷、铁、镁、锌、锰等。谷物中矿物质含量相对较少,主要存在于种子皮层中。一般带壳的禾谷类粮粒(稻谷、燕麦等)的矿物质含量高于不带壳的禾谷类粮粒(小麦、玉米等);大粒油料子粒(豌豆)的矿物质含量低于小粒油料子粒(油菜籽);皮薄的子粒(花生仁)的矿物质含量低于皮厚的子粒(大豆)。几种主要谷物的灰分含量及其元素成分见表8-3。

表 8-3　几种主要谷物的灰分含量及其元素成分（干物质）　　　　单位：％

粮种	总灰分	灰分的化学成分							
		K_2O	Na_2O	CaO	MgO	P_2O_5	SO_3	SiO_2	Cl_2
稻谷	4.60	22.47	4.55	2.93	12.30	48.31	0.23	6.53	0.91
小麦	1.68	0.52	0.03	0.05	0.20	0.79	0.01	0.03	0.01
黑麦	1.79	0.58	0.03	0.05	0.20	0.85	0.02	0.03	0.01
大麦	1.70	0.28	0.07	0.01	0.21	0.56	0.05	0.49	—
燕麦	2.67	0.48	0.04	0.10	0.19	0.68	0.05	1.05	0.03
玉米	1.24	0.37	0.01	0.03	0.19	0.57	0.01	0.03	0.02
黍	2.95	0.33	0.04	0.02	0.28	0.65	0.01	1.56	0.01
高粱	1.60	0.33	0.04	0.02	0.24	0.65	—	0.12	—

由此可见，谷物（以稻谷为例）灰分中以磷为最多，约占谷物灰分总含量的 50％，大都以有机状态存在，是磷酸己糖、磷酸丙糖、磷脂、植酸盐、某些辅酶和辅基、核酸等有机物的组成成分。磷在生物代谢中起着极为重要的作用。钾的含量仅次于磷，占总灰分的 1/4 至 1/3，多数以离子状态存在。在植物代谢过程中，特别是对糖类的合成、转运与储存，以及蛋白质的代谢都有密切的关系。两个碱性金属元素镁和钙都是植酸盐的组分，但镁的总含量是钙的 4 倍之多，同时，镁是与光合作用有关的叶绿素的组成成分。硫的含量很少，为蛋白质中含硫氨基酸及辅酶 A 的特有成分。硅在稻谷中含量最多，占稻壳总灰分的 94％以上。硅酸与钙盐作为细胞壁的填充剂，有加强组织机械性能的作用。

矿物质在谷物中分布不均匀，谷物子粒的皮层（壳、皮、糊粉层）灰分含量最多，其次是胚部，内胚乳中灰分含量最少。以稻谷为例，稻谷全粒灰分含量为 5.3％，其中稻壳灰分占全粒总灰分 17％，皮及糊粉层占 11％，而内胚乳只占 0.4％。可见谷物类谷物的壳、皮、糊粉层及胚部含量较多，而胚乳含量较少。因此谷物加工制品中，加工精度越高，灰分含量则越少。

二、矿物质的生理功能

（一）构成机体的组分

钙、磷、镁等是骨骼和牙齿的重要组分，同时也是构成神经、血液、内分泌腺、肌肉和其他软组织的重要成分。

（二）调节机体生理机能

酸、碱性矿物质元素适当配合，起着体内缓冲溶液的作用，保持机体的酸碱平衡。矿物质与蛋白质协同维持组织细胞的渗透压，在体液移动和储存过程中具有重要的作用；各种矿物质离子，特别是 K^+、Na^+、Ca^{2+}、Mg^{2+} 保持一定的比例是维持神经、肌肉兴奋和细胞膜透性的必要条件。许多矿物质元素如镁等是各种酶的激活剂或组成成分，直接或间接影响新陈代谢的进行。

三、矿物质含量与谷物加工的关系

从谷物中矿物元素的分布情况看，灰分主要集中在粮粒的皮层，而它们多是纤维素和半纤维素聚集的部位，也是制米和磨制面粉应去掉的部分，因此，灰分与谷物子粒中的纤维素含量有着正相关性。也就是说谷物子粒中纤维素含量多的部位其灰分含量也高，反之则低。所以在制米、磨制面粉过程中，去皮程度愈大，其加工精度愈高，说明被加工的粮粒中胚乳部分与果皮、种皮及胚等部分分离得越彻底。因为粮粒中的灰分主要分布在皮层及胚部，所以加工精度高的米、面中灰分含量基本上与内胚乳中的灰分含量接近，只要有部分的皮及胚留在米、面中，就会明显增加灰分的含量，因此，世界各国都以灰分含量的多少作为鉴别面粉加工精度或确定等级的依据。然而，灰分在麦粒中分布最多的部位并不是纤维素和半纤维素含量最多的皮层，而是糊粉层。如黑麦子粒果皮的灰分占全粒灰分的 3.54%，种皮灰分占 2.89%，糊粉层灰分占 7.87%，胚乳灰分占 0.42%，胚灰分占 5.30%。因此，以灰分的含量表示面粉加工精度的高低，就受到一定限制，在这种情况下，必须和其他检验项目结合起来才能比较准确地评定面粉品质的优劣。在磨制标准粉时，只要去掉含纤维素较高的皮层，保留大部分含纤维素不高而含灰分较高的糊粉层，就可以大大提高出粉率和矿物质含量。碾磨加工过程中一些矿物质元素损失率见表 8-4。

表 8-4　碾磨加工过程中一些矿物质的损失率

矿物质	含量/%				相对全麦损失率/%
	全麦	小麦粉	麦胚	麦麸	
Fe	43.0	10.5	67.0	47.0~78.0	76.0
Zn	35.0	8.0	101.0	54.0~130.0	77.0
Mn	46.0	6.5	137.0	64.0~119.0	86.0
Cu	5.0	2.0	7.0	7.0~17.0	60.0
Se	0.6	0.5	1.1	0.5~0.8	16.0

四、几种重要的矿物质元素

（一）钙、磷

钙、磷是动物体内含量最多的矿物质。动物体内 99% 的钙存在于骨骼和牙齿之中，以磷酸钙 $[Ca_3(PO_4)_2]$ 的形式存在，其中钙/磷比例为 2∶1 左右。其余分布于血液、淋巴、唾液及其他消化液中。钙能促进体内酶的活性，对血液的凝固、维持神经与肌肉的功能、维持体液的酸碱平衡等起着重要作用。

钙的吸收与年龄、个体机能状态有关。年龄大，钙吸收率低；胃酸缺乏、腹泻等降低钙的吸收；若机体缺钙，则吸收率提高。此外，尚有多种因素可促进钙的吸收。已知维生素 D 可促进钙的吸收，从而使血钙升高，并促进骨骼中钙的沉积。蛋白质促进钙的吸收，可能是蛋白质消化后释放出的氨基酸与钙形成可溶性配合物或螯合物的结果。食物中钙的来源以乳及乳制品为最好，不但含量丰富，吸收率也高。豆类和油料种子含钙较多，谷类含钙量较少，且谷类含植酸较多，钙不易吸收。

磷除了组成骨骼和牙齿外，还以有机磷的形式存在于细胞核和肌肉中，参与氧化磷酸化过程，形成高能磷酸化合物——ATP（三磷酸腺苷）储存能量，供生命活动所需。同时磷是酶的重要成分，调节机体酸碱平衡。磷在成人体内的总量为 600~900g，占体重 1%。

磷普遍存在于各种动植物食品中，食物中以豆类、花生、肉类、核桃、蛋黄中磷的含量比较丰富。但谷类及大豆中的磷主要以植酸盐形式存在，不易被人体消化，但若能预先通过发酵或将谷粒、豆粒浸泡在热水中，植酸能被酶水解成肌醇与磷酸盐时就可以提高磷的吸收率。

（二）镁

人体内 70％的镁存在于骨骼和牙齿中，其余分布于软组织及体液中。镁是许多酶的激活剂，对维持心肌正常生理功能有重要作用。缺镁会引起情绪激动、手足抽搐，长期缺镁会使骨质变脆，牙齿生长不良。镁广泛存在于植物中，肉和脏器中也富含镁，奶中则较少。

（三）钠、钾、氯

钠和钾主要分布于体液和软组织中。钠、钾、氯三种元素的主要作用是维持渗透压、酸碱平衡和水的代谢。氯和钠在体内不仅有营养作用，还有刺激唾液的分泌及激活消化酶的作用。氯又是胃酸的主要成分，保持胃液呈酸性，有杀菌作用。缺乏钠、钾、氯会使动物产生食欲下降、营养不良、生长停滞、肌肉衰弱等不良现象。钾可由食品供给，并由肾脏、汗、粪排出。富含钾的食品有水果、蔬菜、面包、油脂、酒、马铃薯、糖浆。

（四）硫

硫是人体内不可缺少的一种元素，人身体内的每一个细胞都含有硫，其中毛发、皮肤和指甲中浓度最高。硫的作用主要是通过体内的含硫有机物实现的，是蛋氨酸、胱氨酸、半胱氨酸以及生物素和硫胺素的组成部分。硫的优质食物来源是干酪、鱼类、蛋类、谷类及谷物制品、豆类、肉类、坚果类和家禽等。

（五）铁

铁是构成血红蛋白、肌红蛋白、细胞色素和多种氧化酶的重要成分。铁在动物体内的含量约为 0.004％，其中 2/3 存在于红细胞的血红蛋白中。铁和血液中氧的运输、细胞内生物氧化密切相关，参与能量代谢，促进肝脏等组织的生长发育。食物中铁元素摄入量不足就会出现缺铁性贫血症。正常成年人的食物铁吸收率一般在 10％左右，其余部分随粪便排出体外。但人体的机能状态对食物铁的吸收利用影响很大，如缺铁性贫血患者或缺铁的受试者对食物铁的吸收增加。放射性铁的试验表明，正常成年男女对食物铁的吸收为 1％～12％，缺铁受试者对铁的吸收率可高达 45％～64％。妇女的铁吸收比男子多一些，小孩随年龄的增长，铁吸收率逐步下降。食品中铁的含量通常不高，尤其是谷物中的铁，因可能与磷酸盐、草酸盐、植酸盐等结合成难溶性盐，溶解度大幅度下降，很难被机体吸收利用。食物中铁的来源以肝、肾、蛋、大豆、芝麻、绿色蔬菜中居多。

（六）铜

铜存在于各种组织中，以骨骼和肌肉中含量较高，浓度最高的是肝和脑，其次是肾、心脏和头发。铜参加血红蛋白的合成及某些氧化酶的合成和激活，在红细胞和血红素的形成过程中起催化作用；能促进骨骼正常的发育，使钙、磷在软骨基质上沉积；同时铜有助于维持血管的弹性和血管的正常功能，维持中枢神经系统正常活动和正常的繁殖功能。机体缺乏铜会出现贫血、骨质疏松及佝偻病，导致发育停滞。铜的食物来源很广，一般动植物食品都含有铜，但其含量随产地土壤的地质化学因素而有差别。

（七）锌

锌主要存在于骨骼、皮肤、头发和血液中，其中有 25％～85％在红细胞中。锌是构成激素、胰岛素的成分，它参与蛋白质、糖类和脂类的代谢，与毛发的生长、皮肤的健康、嗅觉迟钝、创伤的愈合等有关。缺乏锌的动物因采食量降低而使生长受阻，皮肤、骨骼等出现异常，繁殖机能下降。锌的吸收与铁相似，可受多种因素的影响，尤其是植酸严重妨碍锌的吸收，但面粉经发酵可破坏植酸，则有利于锌的吸收。当食物中有大量钙存在时，可形成不溶性的钙锌-植酸盐复合物，这极大地影响了对锌的吸收。许多谷物都含有锌，如豆类、小麦含锌量可达 15～20mg/kg。

（八）碘

机体内含碘甚微，不超过 0.00004％，且 20％～30％的碘是存在于甲状腺中。碘是甲状腺素的重要组成成分，参与甲状腺素的合成及机体代谢的调节。甲状腺素是一种激素，可促进幼小动物的生长、发育。缺碘会产生甲状腺肥大，基础代谢率下降。幼儿期缺碘可引起先天性心理和生理变化，导致呆小症。

含碘最丰富的食物是海产品和海盐，其他食品的碘含量则主要取决于动植物生长地区的地质化学状况，谷物中含碘甚微。

 本章练习

一、名词解释

自由水　结合水　谷物平衡水分　平衡相对湿度　粮食安全水分　水分活度　矿物质　常量元素　微量元素　灰分

二、单项选择（选择一个正确的答案，将相应的字母填入题内的括号中）

1. 以下关于结合水的性质的说法错误的是（　　　）。

A. 结合水的量与食品中有机大分子的极性基团的数量没有关系

B. 结合水不易结冰

C. 结合水不能作为溶质的溶剂

D. 在一定温度下结合水不能从食品中分离出来

2. 结合水是通过（　　　）与食品中有机成分结合的水。

A. 范德华力　　　　B. 氢键　　　　　　C. 离子键　　　　　D. 疏水作用

3. 结合水在（　　　）温度下能够结冰。

A. 0℃　　　　　　B. −10℃　　　　　C. −20℃　　　　　D. −40℃

4. 当食品中的 A_w 值为 0.40 时，下面哪种情形一般不会发生？（　　　）

A. 脂质氧化速率会增大

B. 多数食品会发生美拉德反应

C. 微生物能有效繁殖

D. 酶促反应速率高于 A_w 值为 0.25 下的反应速率

5. 在新鲜的动植物中，每克蛋白质可结合（　　　）水。

A. 0.3～0.5g　　　B. 0.1～0.2g　　　C. 0.4～0.5g　　　D. 0.7～0.9g

6. 有利于铁吸收的因素是（　　　）。

A. 维生素 C   B. 磷酸盐   C. 草酸   D. 植酸

7. 骨质疏松症是由于缺（   ）所引起的。

A. 钙   B. 磷   C. 铁   D. 锌

8. 下列元素中，属于微量元素的是（   ）。

A. Ca   B. Zn   C. S   D. K

9. 人体一般不会缺乏以下哪种物质（   ）。

A. Ca   B. Fe   C. K   D. Zn

10. 最方便最有效的预防缺碘的方法是（   ）。

A. 食用含碘高的动物性食物   B. 食用碘盐

C. 饮用矿泉水   D. 增加维生素的摄入量

三、多项选择（选择正确的答案，将相应的字母填入题内的括号中）

1. 我国规定在谷粉中添加的矿物质强化剂有（   ）。

A. 亚铁盐   B. 碘   C. 锌   D. 钙

2. 下列元素中，属于常见的有毒元素的有（   ）。

A. P   B. Cu   C. Hg   D. Pb

3. 影响钙吸收的不利因素有（   ）。

A. 草酸   B. 植酸   C. 磷酸盐   D. 醋酸

4. 矿物质的生理功能包括（   ）。

A. 维持酸碱平衡   B. 构成酶的辅基

C. 调节细胞膜的通透性   D. 参与酶的激活

5. 缺锌会引起（   ）。

A. 食欲不振   B. 生长停滞

C. 性功能发育不良   D. 味觉及嗅觉迟钝

6. 钙在人体中主要存在于（   ）。

A. 混溶钙池   B. 骨骼   C. 肌肉   D. 牙齿

7. 结合水的特征是（   ）。

A. 在 $-40℃$ 下不结冰   B. 具有流动性

C. 不能作为外来溶质的溶剂   D. 不能被微生物利用

8. 食品中结合水的含量与水分活度的关系下面表述正确的是（   ）。

A. 食品中结合水的含量越高，水分活度就越高

B. 食品中结合水的含量越高，水分活度就越低

C. 食品中结合水的含量对其水分活度没有影响

D. 食品中结合水的含量越低，水分活度就越高

9. 对水生理作用的描述正确的是（   ）。

A. 水是体内化学作用的介质

B. 水是体内物质运输的载体

C. 水是维持体温的载体

D. 水是体内摩擦的润滑剂

10. 水分活度正确的表达式为（   ）。

A. $A_w = p/p_0$ B. $A_w = p_0/p$ C. $A_w = ERH/100$ D. $A_w = 100/ERH$

四、填空

1. 按照谷物中的水与非水组分之间的关系，可将谷物中的水分成（　　　　）和（　　　　）。

2. 食品中水与非水组分之间的相互作用力主要有（　　　　）、（　　　　）、（　　　　）。

3. 食品的水分活度用水分蒸汽压表示为（　　　　），用相对平衡湿度表示为（　　　　）。

4. 水分活度与微生物的生长繁殖的关系中，（　　　　）对低水分活度最敏感，（　　　　）次之，（　　　　）敏感性最差。

5. 根据矿物质在人体内的含量可以将其分为（　　　　）和（　　　　）。其分界线含量达到（　　　　）。

6. 参与甲状腺素合成的必需微量元素是（　　　　），缺乏易导致（　　　　）。

7. 从食物与营养的角度，一般把矿物质元素分为（　　　　）、（　　　　）及（　　　　）三类。

8. 维持人体渗透压最重要的离子是（　　　　）、（　　　　）和（　　　　）。

9. 矿物质中，与佝偻病相关的常量元素是（　　　　）。铁在食物中有两种存在形式，即（　　　　）和（　　　　），缺铁易导致（　　　　）。

10. 谷物中的自由水是以（　　　　）与谷物结合，而结合水是以（　　　　）与谷物结合。

五、判断题（将判断结果填入括号中，正确的填"√"，错误的填"×"）

1. 结合水与自由水都能为微生物所利用。（　　　）

2. 水分活度可用平衡相对湿度表示。（　　　）

3. 水分含量相同的食品，其水分活度亦相同。（　　　）

4. 谷物中的结合水是以毛细管力与谷物相结合的。（　　　）

5. 食品中结合水含量越高，水分活度就越高。（　　　）

6. 碘是人体必需的常量元素。（　　　）

7. 锌缺乏会造成生长发育缓慢、伤口不愈、味觉障碍等现象。（　　　）

8. 维生素D、乳糖、蛋白质都可以促进钙的吸收。（　　　）

9. 微量元素是指占人体重量0.1%的元素。（　　　）

10. 食品中的化学反应都是 A_w 越小，速度越小。（　　　）

六、简答

1. 矿物质的概念与分类。

2. 简述矿物质在体内的作用。

3. 什么是常量元素和微量元素，并举例。

4. 自由水和结合水有何区别？

5. 简述钙的缺乏症状及强化方法。

6. 简述磷的主要生理功能及含磷丰富的食物有哪些。

7. 什么是水分活度？为什么要研究水分活度？

8. 粮食安全水分的概念与影响因素。

9. 简述水分活度与微生物生长繁殖的关系。

10. 简述稻谷含水量对稻谷制米加工过程中的影响。

第九章 谷物在储藏和加工过程中的变化

研究要点

1. 谷物主要化学成分在储藏期间的变化
2. 谷物主要化学成分在加工过程中的变化

谷物在储藏及加工过程中，会发生一系列化学及生物化学等特性的变化，这些变化会影响谷物相应的品质，如化学品质、营养品质、食品加工品质、储藏保鲜品质等，因此在谷物储藏和加工过程中，应相应地采取一些必要的措施，并引导这些变化向有利的方向发展，延缓谷物的劣变速度。

第一节 谷物在储藏过程中的变化

自从人类开始生产谷物以来，就有谷物的储藏。据考证，我国谷物的储藏大约出现在1万年以前，即从旧石器时代的晚期到新石器时代的原始农业开始的。在距今 6700 年左右的西安半坡村遗址和距今 5000 年的洛阳仰韶文化时期便出现了地窖储粮。在公元 6 世纪贾思勰所著的《齐民要术》中记载了"窖麦法必须日曝令干热埋之"，这是以热入仓防止害虫的安全储粮方法之一，至今仍被人们所采用。

谷物是活的有机体，其化学成分相当复杂。谷物从收获的那一天起，就面临着储藏问题，谷物在储藏过程中的变化，随储藏条件的不同所发生的变化也不同，而且这种变化十分复杂。了解这些变化及其产生的原因，对谷物储藏十分重要。

一、影响谷物劣变的因素

影响谷物及其加工品品质变化的因素很多，其中最重要的是水分、温度、氧气供给以及粮粒生理状态等条件。

（一）水分

在所有影响谷物品质变化的因素中，水分是最重要的因素之一。谷物水分对整个储粮生物群落的演替有着非常重要的作用。粮堆中的水分处在不断变化之中。引起粮堆水分变化的主要

原因：一是谷物通过吸湿或散湿与仓湿、气湿进行水分交换；二是谷物、微生物等生物成分的代谢活动产生水汽使谷物水分发生变化，导致粮堆水分的分布不均匀。当谷物水分较低时，谷物、微生物和害虫等生命活动受到抑制，子粒或粉粒的活细胞处于长期休眠状态，而储粮真菌在谷物水分不能保证其发育所需的最低水分活度时，也只能处于休眠状态；谷物水分一旦增加到适宜水平，微生物、害虫等就会很快生长繁殖，造成严重的谷物霉变。一般低水分粮所决定的干燥环境虽不可能完全避免微生物、虫、螨的活动，但会有一部分种类因不适于干燥条件，生理平衡遭到破坏而无法生存。即使能够生存的种群，也会由于"缺水"，在繁殖方面有所降低，种群很难发展，整个系统处于极度稳定状态。任何形式的增水或加湿，都可能会在短时间内引起有害生物种群的爆发。严格控制谷物水分变化是安全储粮的重要措施之一。

谷物的含水量如果能一直保持很低水平，即使储藏条件并不很好，谷物也可以储藏较长的时间而不致变质。如粮温在 15℃ 的粳稻，其水分在 14.5% 以下，即可抑制害虫繁殖和微生物的生长，谷物本身的呼吸作用也较低，因而可以确保粮食的安全储藏。

（二）温度

温度是储粮的又一重要因子，没有一种生物能完全不受外界温度的影响，粮食及油料更是如此。谷物与其他食品一样，在低温中比在高温中易于储藏。这是因为低温可以有效抑制粮堆中生物体的生命活动，减少储粮的损失，延缓粮食陈化，特别是能使面粉、大米、油脂、食品等安全度夏，保鲜效果显著，同时具有不用或少用化学药剂，避免或减少了污染，保持储粮卫生等优点。

谷物在储藏过程中，大多数的生物化学变化是随着温度的升高而加速，具体表现在旺盛的呼吸作用。旺盛的呼吸作用消耗了粮食和油料子粒内部的储藏物质，产生的水分，增加了粮食和油料的含水量，如不及时通风，将会增加粮堆中的空气湿度，甚至造成"出汗"现象，从而使粮食和油料的储藏稳定性下降；产生的能量，一部分以热量的形式散发到粮堆中，由于粮堆的导热能力差，所以热量聚集，很容易使粮温上升，严重时会导致粮堆发热。

（三）氧气的供给

谷物与寄附在谷物上的微生物所进行的有氧呼吸，一方面消耗 O_2，另一方面放出 CO_2，这一过程均受到供氧量的限制。因此，在一个密闭粮仓中，随着储藏时间的延长，CO_2 含量会逐渐增加，而 O_2 含量则逐渐降低，呼吸强度也就随之减弱。当呼吸强度太大，则热量的产生超过热的散失，其结果就会出现自热现象。在缺氧情况下，粮堆生物体的呼吸作用都受到很大的抑制，害虫与鼠类也不能生存，自热现象也不可能发生，从而达到谷物安全储藏的目的。但此时谷物的含水量不能太高，否则会导致谷物的变质，其主要原因就是厌氧微生物活动所产生的发酵现象。

（四）生理状态

粮堆的呼吸强度也与其品质有关。试验证明，在一定条件下，不健全的小麦种子呼吸强度显著大于健全的小麦种子。一般认为不健全的粮粒比完好的粮粒带有更多的微生物，而粮堆的呼吸活动大部分属于微生物而不是粮粒本身，因此，不健全的粮粒的呼吸强度必然要比健全的粮粒大得多。

二、谷物的呼吸作用

谷物的呼吸作用是种子维持生命活动的一种生理表现，呼吸停止就意味着死亡。通过呼吸作用，消耗 O_2，放出 CO_2，并释放能量。对有萌发能力的种子来说，呼吸作用主要发生在胚部，它以有机物质的消耗为基础，呼吸作用强则有机物质消耗大，造成粮食品质下降。加工后的成品粮虽已丧失发芽能力，但它们也表现为消耗 O_2 与放出 CO_2，这主要由于感染了微生物和害虫的缘故，这些生物也进行呼吸，且强度比成品粮大，所以谷物的呼吸作用实际上是粮堆生态系统的总体表现。

谷物的呼吸作用有两种类型，即有氧呼吸与无氧呼吸。

（一）有氧呼吸

有氧呼吸是指活的粮油子粒在游离氧存在的条件下，通过一系列酶的催化作用，有机物质（葡萄糖）彻底氧化分解成 CO_2 和 H_2O，并释放能量的过程。其代谢途径主要包括糖酵解、三羧酸循环氧化分解（图9-1、9-2）。葡萄糖经糖酵解途径和三羧酸循环被彻底氧化分解的总反应式如下。

$$C_6H_{12}O_6 + 6O_2 + 38ADP + 38Pi \xrightarrow{\text{EMP-TAC}} 6CO_2 + 6H_2O + 38ATP$$

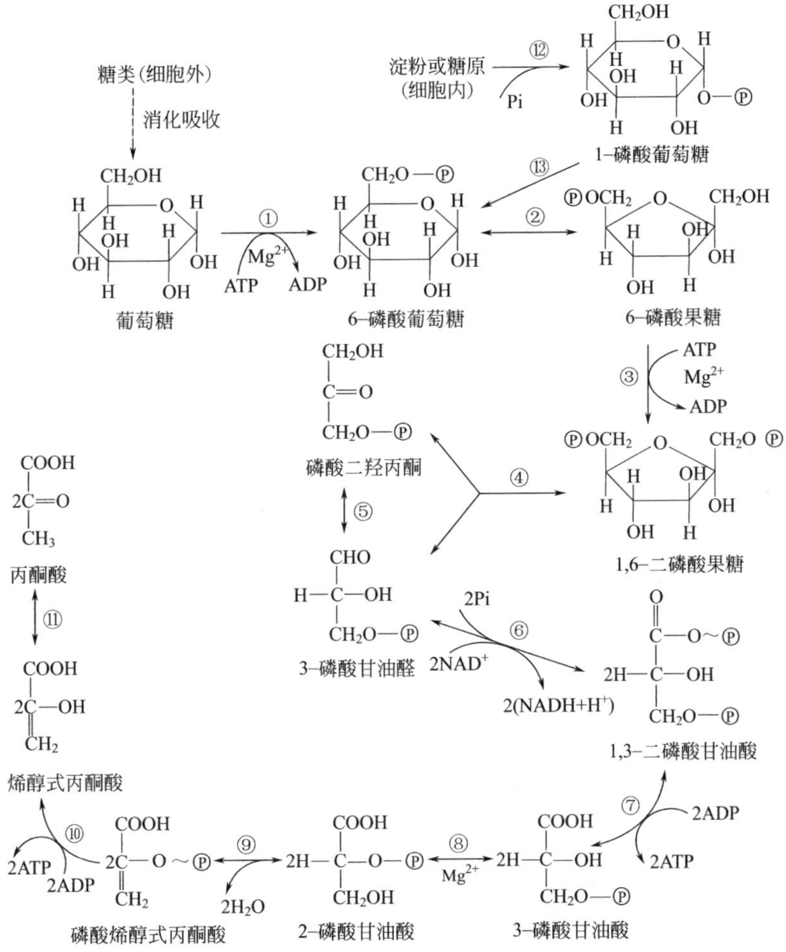

图 9-1　糖酵解途径

催化各反应步骤的酶：①—己糖激酶；②—磷酸己糖异构酶；③—磷酸果糖激酶；④—醛缩酶；⑤—磷酸丙糖异构酶；
⑥—3-磷酸甘油醛脱氢酶；⑦—磷酸甘油酸激酶；⑧—磷酸甘油酸变位酶；⑨—烯醇化酶；
⑩—丙酮酸激酶；⑪—非酶促反应；⑫—磷酸化酶；⑬—磷酸葡萄糖变位酶

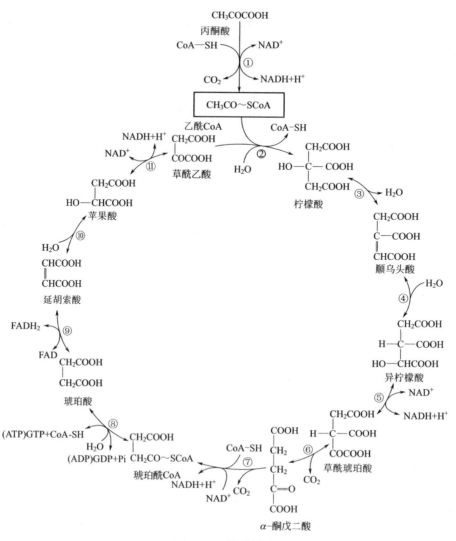

图 9-2 三羧酸循环

①—丙酮酸脱氢酶系；②—柠檬酸合成酶；③、④—顺乌头酸酶；⑤、⑥—异柠檬酸脱氢酶；⑦—α-酮戊二酸脱氢酶系；⑧—琥珀酰 CoA 合成；⑨—琥珀酸脱氢酶；⑩—延胡索酸酶；⑪—苹果酸脱氢酶

由此可知，1 分子葡萄糖有氧氧化分解可生成 6 分子 CO_2 和 6 分子 H_2O，同时产生 38 分子 ATP，相当于 1.16 兆焦（277 千卡）的热能。

可见，糖类物质在生物体内进行有氧氧化分解时，放出大量的能量。这些能量只有一小部分被生物有效利用，储存在 ATP 等高能化合物分子中，用于维持生物生命活动；而另一部分以热量形式散发到外界环境中，所以生物体内糖类等能量物质发生氧化分解时会产生热量。谷物在储藏期间，由于粮粒本身及感染的害虫、微生物呼吸会产生热量，如果保管不善，粮堆生物体呼吸强度增大，微生物代谢活动增强，将导致粮堆发热，储粮安全性下降，粮食品质劣变。

（二）无氧呼吸

无氧呼吸是指粮油子粒在无氧或缺氧条件下进行的。子粒的生命活动取得能量不是靠空气中的氧直接氧化营养物质，而是靠内部的氧化还原反应来取得能量。由于无氧呼吸基质的氧化不完全，因此产生 C_2H_5OH（乙醇）、CO_2 和 H_2O，同时放出少量的热。此过程又称乙醇发酵（图9-3）。

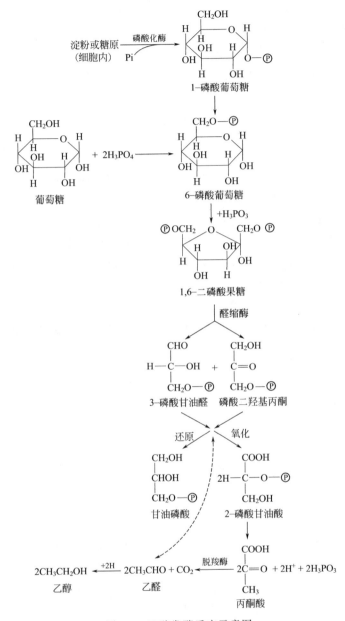

图 9-3　乙醇发酵反应示意图

上述过程是在无氧条件下进行的，1分子葡萄糖可以分解成2分子乙醇、2分子 CO_2 和2分子 ATP。其反应式如下。

$$C_6H_{12}O_6 + 2ADP + 2Pi \xrightarrow{\text{乙醇发酵}} 2CH_3CH_2OH + 2CO_2 + 2H_2O + 2ATP$$

葡萄糖　　　　　　　　　　　　　　乙醇

粮堆在缺氧或发热变质的情况下都有乙醇生成，其原理在于谷物（包括微生物等）进行了无氧降解，许多微生物如厌氧微生物主要依靠糖的这种无氧降解所生成的能量来维持生命活动。

无氧呼吸产生的乙醇会影响谷物子粒的品质，水分越高影响越大。

有氧呼吸与无氧呼吸之间既有区别又有密切的联系，粮堆的有氧呼吸是无氧分解过程的继续。从葡萄糖到丙酮酸的阶段与无氧分解完全一样，丙酮酸在有氧的条件下进入三羧酸循环，经过脱羧产生 CO_2；脱氢产生电子与质子。电子在细胞线粒体内沿着一定的电子传递体系（呼吸链）进行传递，产生水，并释放能量。在生物体内这种能量都以高能磷酸键形式（三磷酸腺苷，即 ATP）储存起来，需要时再予以释放。

三、谷物主要化学成分在储藏期间的变化

每种粮食和油料都是由不同的化学物质按一定的比例构成的，这些化学物质具有不同程度的营养价值。粮油储藏的目的在于使这些营养成分在储藏期间尽量保持不变，甚至可使油料、小麦等品质有所改善。粮食及油料在储藏过程中，随着储藏时间的延长，虽未发热、霉变，但其品质已逐渐劣变。粮油在储藏过程中品质发生劣变是不可避免的，是自然规律。所谓储藏保鲜，并不是可以终止劣变的进行，更无法使之逆转，只不过是在动力学上减慢其变化的速度而已，从而延长粮油的储藏期限。尽管每种粮食及油料由于自身特性不同，耐藏性有差异，但都有一定的储藏期限，这正是粮库中粮食"推陈储新"的依据。采取有效的储藏措施保持储粮品质具有重要的实际意义。

在储藏过程中，粮油品质发生不可逆转的变化，但有不同的变化规律。

（一）外观品质的变化

（1）气味的变化　气味成分即为低沸点的挥发性物质。粮食随储藏时间的延长，其挥发性成分会发生很大的改变。气味可用感官鉴别，可以作为评判粮食新鲜度的指标，国外已将其作为粮食劣变指标。

（2）色泽的变化　色泽包括颜色与光泽。各种不同的粮油均有其固有的色泽。新鲜的粮食，光泽鲜明，随储藏时间的延长而渐变灰暗。缺氧储藏的粮食在出仓进入常规储藏后色泽迅速变化。

（二）种用品质变化

粮油子粒是有生命的有机体，保持粮油子粒活力是优质粮食及油料的综合指标。新收获的粮油子粒，一般表现为新鲜饱满，具有较高的活性，除了有休眠特性的子粒，发芽率一般都能达 90％以上。但在储藏过程中，往往因湿、热影响而发生霉变，极易丧失其活力，特别是胚部容易受损伤发霉变质，从而使发芽率降低。发芽率是种子种用品质的重要指标，即使是在良好条件下储藏，粮油子粒的发芽率也逐步降低，最终丧失其种用品质。所以发芽率是粮油子粒活力早期劣变的较好指标，同时也可用来检验粮食的新鲜度。储藏温度较高时，稻谷、玉米活力下降得很快；而储存温度低时活力无变化。原因是种子内部胶体发生变化，蛋白质变性。研究表明，储藏温度每下降 10℃，种子生活力就增加 3.3 倍。

但必须指出，由于储存而失去发芽率的粮食，其食用品质的变化是缓慢而不显著的。发芽率下降与食用品质劣变间有一个时间差，因而可以食用。品质好的粮食，发芽率不一定都高。

（三）储藏过程中主要营养成分的变化

粮油子粒的化学成分相当复杂，它们与粮油的储藏和加工关系密切。其中有的比较稳定，有的容易变质，有的具有丰富的营养价值，有的可供其他方面的应用。一般而言，粮油储藏的目的是如何使营养成分在储藏期间尽量保持不变，有时还可以因势利导使粮食某些品质得到改善。粮食加工的目的是去粗存精，去粗是除去人体所不能利用的化学成分，而存精则是保存人体所需的各种营养成分。

1. 糖类的变化

糖类是粮食中的主体成分，约占 80%，其中以淀粉为主。

（1）淀粉　淀粉在粮油储藏期间会在酶的作用下发生水解而逐渐降解生成麦芽糖，进而水解生成葡萄糖。葡萄糖可作为储粮呼吸的基质而消耗，从而造成储粮干物质的损耗。但由于淀粉占子粒的基数大，淀粉因水解而减小的量变化不明显，通常认为量变不是淀粉变化的主要方面。

淀粉在储藏期间的变化主要表现为质变，其质变规律（以稻米为例）表现为：淀粉组成中直链淀粉含量增加（如大米、绿豆等），黏性下降，糊化温度升高，吸水率（亲水性）增加，米汤固形物减少，碘蓝值下降。这些变化都是稻米劣变（自然的质变）的结果，不适宜的储藏条件会使之加快，显著地影响淀粉的加工与食用品质。质变的机制，研究认为是由于淀粉分子与脂肪酸之间相互作用而改变了淀粉的性质，特别是黏度。另一种可能性是淀粉（特别是直链淀粉）间的分子聚合，从而降低了糊化与分散的性能。由于劣变而产生的淀粉质变，可通过在煮米饭时加少许油脂得到改善；也可用高温高压处理或减压膨化改变由于劣变给淀粉粒造成的不良后果。

（2）还原糖与非还原糖　还原糖和非还原糖在粮油储藏过程中的变化是另外一个重要指标。粮油在储藏期间，非还原糖含量总是逐渐下降，而还原糖含量会逐渐上升。但还原糖含量上升到一定程度后又会下降。还原糖上升是由于淀粉水解之故，之后下降的原因是粮食自身和储粮微生物的呼吸消耗。还原糖上升、再下降意味着储粮不稳定。

非还原糖、还原糖的变化受储粮温度和粮食水分的影响。水分越大，粮温越高，影响越大。气调储藏对非还原糖、还原糖的影响不大。

2. 蛋白质的变化

谷物在正常储藏条件下，其蛋白质变化缓慢。储藏初期，盐溶性氮没有显著变化，储藏 2~3 年以后有下降的趋势。蛋白质在储藏过程中的变化主要是水解或变性。发热霉变的粮食，其蛋白质在蛋白酶的作用下逐渐水解成多肽、氨基酸，使得蛋白质溶解度增加，蛋白态氮减少。随着温度的进一步上升，蛋白质就会部分甚至完全变性，使得粮食的营养价值大大下降。据研究发现，在 40℃和 4℃条件下储藏 1 年的稻米，总蛋白质含量没有明显的差异，但水溶性蛋白质和盐溶性蛋白质明显下降，醇溶性蛋白质也有下降趋势，胃蛋白酶、胰蛋白酶的消化率减少，原因是蛋白质空间结构受到一定程度的影响。

3. 脂肪的变化

谷物中脂类变化主要有两方面。一是氧化酸败，这是脂肪酸败的主要形式。油脂不饱和脂肪酸氧化生成过氧化物，之后过氧化物分解，生成低分子羰基化合物，如醛、酮、酸类物质，形成臭味。一般来说，成品粮以氧化酸败为主，陈米臭、哈喇味等均与此相关。低温、缺氧、避光、降水等有利于预防氧化酸败。二是水解酸败。脂肪在脱酰水解酶的作用下水解生成甘油和游离脂肪酸，造成粮食脂肪酸值增加。新粮中脂肪酸值在 15mg KOH/100g，很少超过 20mg KOH/100g。脱酰水解酶本身存在于谷物中，霉菌代谢也可产生降脂酶，因此，国际仓储会议确定了霉菌引起粮食损害的重要标志之一是使粮食游离脂肪酸值增高。游离脂肪酸值的增加，对粮食的种用品质和食用品质产生重要影响。碳数在 4～10 的脂肪酸，有特殊的汗臭味和苦涩味，稻米游离脂肪酸值的增多，伴随着米饭变硬，甚至产生异味，米饭流变学特性受到损害。

4. 酶类的变化

（1）淀粉酶　粮油子粒中的淀粉酶有三种：α-淀粉酶、β-淀粉酶及异淀粉酶。

α-淀粉酶又称糊精化酶，对谷物食用品质影响较大。大米劣变时流变学特性的变化与 α-淀粉酶的活性有关，随着大米陈化时间的延长，α-淀粉酶活性降低。高水分粮在储藏过程中 α-淀粉酶活性较高，它是高水分粮品质劣变的重要因素之一。小麦在发芽后，α-淀粉酶活性显著增加，导致面包烘焙品质下降。α-淀粉酶活性的测定通常采用降落值仪测定降落值。

β-淀粉酶也称糖化酶，它能使淀粉分解为麦芽糖，对谷物的食用品质影响主要表现在馒头和面包制作效果及新鲜甘薯蒸煮后的特有香味上。

（2）蛋白酶　蛋白酶在未发芽的粮粒中活性很低。研究得比较详细的是小麦和大麦中的蛋白酶。小麦蛋白酶与面筋品质有关，大麦蛋白酶对啤酒的品质产生很大影响。

小麦子粒各部分的蛋白酶相对活力以胚为最强，糊粉层次之。小麦发芽时蛋白酶的活力迅速增加，在发芽的第 7 天增加 9 倍以上。至于麸皮和胚乳淀粉细胞中，不论是在休眠或发芽状态蛋白酶的活力都是很低的。

蛋白酶对小麦面筋有弱化作用。发芽、虫蚀或霉变的小麦制成的面粉，因含有较高活性的蛋白酶，使面筋蛋白质溶化，所以只能形成少量的面筋或不能形成面筋，因而极大地损坏了面粉的工艺和食用品质。

（3）脂肪酶　该酶与粮食及油料中脂肪含量并无直接关系，但对粮油储藏稳定性影响较大，粮油子粒中脂肪酸含量的增加主要是由脂肪酶作用所引起的。在良好的储藏条件下，脂肪酶的活性很低。

（4）脂肪氧化酶　脂肪氧化酶能把脂肪中具有孤立不饱和双键的不饱和脂肪酸氧化为具有共轭双键的过氧化物，造成必然的酸败条件，这种酶能使面粉及大米产生苦味。

（5）过氧化物酶和过氧化氢酶　过氧化物酶对热不敏感，即使在水中加热到 100℃，冷却后仍可恢复活性。过氧化氢酶主要存在于麦麸中，而过氧化物酶存在于所有谷物子粒中，谷物储藏过程中变苦与这两种酶的作用及活性有密切相关。

总之，谷物储藏中的淀粉酶、脂肪酶、过氧化氢酶与过氧化物酶等的活性都随着储藏时间的延长而减弱。一般来说，它们的失活程度与储粮的含水量、温度都有直接的关系。水分大、温度高则失活也快。在正常的储藏条件下蛋白酶的变化是不大的。

5. 维生素的变化

由于谷物储藏条件和谷物水分含量不同，各类维生素的变化也不尽一致。在正常储藏条件下，安全水分以内的谷物的维生素 B_1 的损失比高水分谷物要小得多。有人试验，含水量 17% 的小麦在储藏 5 个月之后，维生素 B_1 的含量减少约 30%，这些小麦在储藏中由于水分含量太高而发生了显著的品质劣变。但在同一期间内含水量为 12% 的小麦，其维生素 B_1 的损失仅为 12% 左右。也有人研究稻米中的维生素 B_1，结果证明，维生素 B_1 在储藏期间相当稳定。一般来说，高温、高湿可加速维生素 B_1 的损失。

6. 矿物质的变化

谷物中的矿物质，如果没有特殊情况，储藏期间很少变化，但为人类与其他动物营养所必需的磷元素的可利用率却在储藏过程中有所增加。谷粒中大部分的磷都是以植酸形式存在的，这类化合物的磷酸盐不易为动物体所充分利用，在人体中约 60% 不经消化便排出体外。在面粉的储藏过程中，植酸盐为植酸酶所作用而放出水溶性的、可利用的磷酸化合物。在完整的谷粒中，这种变化进行得较缓慢。

第二节　谷物在加工过程中的变化

谷物研磨，根据成品的形状可分为制米和制粉两种。

一、制米过程中化学成分的变化

稻壳为稻谷子粒的最外层，是糙米的保护组织，含有大量的粗纤维和灰分。灰分中 90% 以上是二氧化硅，使稻壳质地粗糙而坚硬。稻壳中不含淀粉，因而不能食用，加工时要全部除去。皮层是胚乳和胚的保护组织，含纤维素较多，脂肪、蛋白质和矿物质含量也较多。因为有皮层的糙米具有吸水性差、出饭率低、蒸饭时间长、饭的食味不佳等缺点，所以加工时要把全部或大部分皮层碾去。胚乳作为储藏养分的组织，含淀粉最多，其次是蛋白质，而脂肪、灰分和纤维素的含量都极少。因此，胚乳是米粒中主要营养成分所在，是稻谷子粒供人们食用的最有价值的部分。胚作为谷粒的初生组织和分生组织，是谷粒生理活性最强的部分。胚中富含蛋白质、脂肪、可溶性糖和维生素等，其营养价值很高。因此，如大米不长期储藏，应尽量将胚保留下来。但因胚中的脂肪易酸败变质，所以使大米不耐储藏。

在制米过程中，随着稻壳的除去，皮层的不断剥离，碾米精度越高，成品大米的化学成分越接近于纯胚乳，即大米中淀粉的含量随加工精度的提高而增加。而稻谷的矿物质（如铝、钙、氯、铁、镁、锰、磷、钾、硅、钠、锌等）及维生素（如维生素 B_1、维生素 B_2、维生素 B_3、维生素 B_5、维生素 B_6 及维生素 E）主要存在于稻壳、胚及皮层中，胚乳中含量极少，因此，大米的精度愈高，灰分及维生素的含量愈低，其他的各种成分也相对地减少。糙米经碾米机碾白，除去 8%～10% 的米糠而余留 90%～92%（质量）的白米者则为精白米，如 92 米（100 斤糙米出 92 斤白米）。如果不完全碾白，仅除去 4%～6% 的米糠，如 96 米（100 斤糙米出 96 斤白米），尚残留一部分的种皮、胚及糊粉层，则 B 族维生素含量较多。如果采用特殊方法碾白，除去糠层而保留米胚则为胚芽米，胚芽米营养价值较高。糙米及各种不同精度大米的化学成分见表 9-1。

表 9-1　糙米及不同精度大米的化学成分（每 100g 中含量）

项目	糙米	96 米	94 米	92 米
发热量/kcal	337	345	350	351
水分/g	15.5	15.5	15.5	15.5
粗蛋白质/g	7.4	6.9	6.6	6.2

项目	糙米	96 米	94 米	92 米
粗脂肪/g	2.3	1.5	1.1	0.8
无氮抽出物/g	72.5	74.5	75.6	76.6
粗纤维/g	1.0	0.6	0.4	0.3
灰分/g	1.3	1.0	0.8	0.6
钙/mg	10	7	6	6
磷/mg	300	200	170	150
铁/mg	1.1	0.7	0.5	0.4
维生素 B_1/mg	0.36	0.25	0.21	0.09
维生素 B_2/mg	0.10	0.07	0.05	0.03
维生素 B_5/mg	4.5	3.5	2.4	1.4

注：1cal=4.1840J。

从食用和营养的观点来看，大米精度越高，淀粉的相对含量越高，粗纤维含量越少，因此，消化率也越高，也越是好吃。但是，某些营养成分，如蛋白质、脂肪、矿物质及维生素等的损失也越多，这对人体健康是不利的。因此，为了保留大米的这些营养成分，加工精度不宜过高。目前，我国加工的标准米，尚保存一部分的皮层和米胚，这样既可保留必要的营养成分，又可增加出米率，因而是比较合理的。

与谷壳不同，米糠是有营养价值的副产品，其成分不恒定，但富含蛋白质、脂肪、矿物质和维生素。表 9-2 列出了有代表性的分析数值。

表 9-2 米糠的成分

成分	水分	蛋白质	脂肪	粗纤维	灰分	无氮抽出物
含量/%	11	12	16	12	10	39

米糠的化学成分显著依赖于碾磨的程度（一些胚乳是否同麸糠一起被除去），碾磨前的去壳和分离效果（夹带谷壳碎片）因品种和种植条件的不同而有差异。

二、小麦制粉过程中化学成分的变化

面粉化学成分与加工精度密切相关，随面粉的等级变化而有规律变化。

小麦胚乳、胚芽及麸皮（包括糊粉层、果皮和种皮）的重量比为 82：2：16，实际上磨制面粉的出率在 80% 以下。我国的标准粉出率在 85% 左右，即有一部分皮被磨入面粉之中，当然也可能有胚乳混入麸皮。

小麦各部分的化学成分见表 9-3，小麦与面粉的化学成分见表 9-4 及表 9-5。

表 9-3 小麦各部分的化学成分 单位：%

成分 部位	水分	纯蛋白质	醚胺类	油脂	淀粉	糊精	蔗糖	戊聚糖	纤维	灰分	主要维生素
胚乳	12.5	11.23	0.15	1.38	65.75	5.53	0.35	2.60	0.10	0.40	均少
胚芽	7.80	25.87	2.65	11.40	13.72	7.00	14.60	4.90	1.35	4.70	各种维生素 B 及维生素 E
麸皮	11.80	14.65	0.95	3.80	16.30	1.85	4.60	23.73	11.30	5.00	各种维生素 B

表 9-4　小麦及各种面粉的化学成分比较（每 100g 中含量）

项目	软麦	硬麦	强力粉		中力粉		弱力粉	
			一等粉	二等粉	一等粉	二等粉	一等粉	二等粉
发热量/kcal	334	330	354	354	354	354	356	356
水分/g	12.0	13.0	14.5	14.5	14.5	14.5	14.0	14.0
粗蛋白质/g	10.4	13.0	11.0	12.0	8.5	8.5	8.3	8.5
粗脂肪/g	1.9	2.2	1.1	1.3	1.0	1.1	0.9	1.0
无氮抽出物/g	72.2	67.8	72.6	71.3	75.3	75.0	76.2	75.9
粗纤维/g	2.0	2.4	0.3	0.3	0.3	0.3	0.2	0.2
灰分/g	1.5	1.6	0.5	0.6	0.4	0.5	0.4	0.4
钙/mg	40	30	15	18	10	20	18	21
磷/mg	310	300	98	120	95	110	80	95
铁/mg	3.0	3.9	1.0	1.2	1.0	1.1	0.8	0.9
维生素 B_1/mg	0.28	0.36	0.15	0.22	0.15	0.20	0.15	0.20
维生素 B_2/mg	0.06	0.11	0.05	0.06	0.05	0.05	0.04	0.04
维生素 B_6/mg	4.2	5.0	1.1	1.5	1.0	1.4	1.0	1.2

注：1cal＝4.1840J。

9-5　不同出粉率面粉的化学成分　　　　单位：%

成分	出粉率					
	100	93	88	80	70	60
粗蛋白质	9.7	9.5	9.2	8.8	8.8	8.2
粗脂肪	1.9	1.8	1.7	1.4	1.2	1.0
无氮抽出物	84.8	86.0	87.2	88.6	89.8	90.1
粗纤维	2.0	1.4	0.8	0.5	0.3	0.2
灰分	1.6	1.3	1.1	0.7	0.5	0.4
消化率	88	91	94	97	98	98

　　由以上各表可见，在制面粉时，出粉率愈高，则面粉的化学成分愈接近全麦粒；出粉率愈低，则面粉的化学成分愈接近纯胚乳。

　　在加工等级粉时，面粉等级愈高，则灰分、纤维、戊聚糖和脂肪的含量愈少，而淀粉的含量则愈多。就同一批原料小麦来说，它产生的面粉的等级愈高，则蛋白质和面筋含量愈低。这是因为高级面粉来自胚乳中心，低级面粉来自胚乳周边的缘故，而胚乳周边层的面筋蛋白质较胚乳内部高。

本章练习

一、名词解释

　　有氧呼吸　糖酵解途径　氧化酸败　水解酸败　粮堆发热　谷物呼吸作用　胚芽米　大米食用品质　后熟作用　种子休眠

二、单项选择（选择一个正确的答案，将相应的字母填入题内的括号中）

1. 谷物无氧呼吸过程最终产物是（　　　）。
   A. 丙酮酸　　　　　B. 乳糖　　　　　C. 乙醇　　　　　D. 乳酸

2. 1mol 葡萄糖经糖的有氧氧化过程可生成（　　　）的丙酮酸。
   A. 1mol　　　　　B. 2mol　　　　　C. 3mol　　　　　D. 4mol

3. 三羧酸循环的第一步反应产物是（　　　）。
   A. 柠檬酸　　　　B. 草酰乙酸　　　　C. 乙酰 CoA　　　　D. CO_2

4. 卵、幼虫、蛹、成虫四个阶段都可能发生休眠，其影响的环境条件通常是（　　　）。
   A. 温度　　　　　B. 湿度　　　　　C. 食物　　　　　D. 空气

5. 要保持大米品质，（　　　）最好。
   A. 充二氧化碳储藏　　B. 自然缺氧储藏　　C. 常规储藏　　　D. 低温储藏

6. 粮油在储藏期间，还原糖含量变化是（　　　）。
   A. 上升　　　　　B. 下降　　　　　C. 先上升后下降　　　D. 先下降后上升

7. 1mol 葡萄糖经糖的有氧氧化可产生 ATP 摩尔数（　　　）。
   A. 12　　　　　B. 24　　　　　C. 36　　　　　D. 38

8. 小麦在发芽后，（　　　）活性显著增加，导致面包烘焙品质下降。
   A. α-淀粉酶　　B. β-淀粉酶　　C. 异淀粉酶　　　D. 葡萄糖淀粉酶

9. 虽然温度和氧气是粮食发芽的重要因素，但是（　　　）是决定储粮能否发芽的首要因素。
   A. 空气　　　　　B. 水分　　　　　C. 温差　　　　　D. 休眠

10. 储粮微生物可将粮食中的蛋白质首先分解为（　　　）。
    A. 脂肪酸　　　　B. 葡萄糖　　　　C. 氨基酸　　　　D. 维生素

三、填空

1. 谷物研磨，根据成品的形状可分为（　　　）和（　　　）两种。

2. 从食用和营养的观点来看，大米精度越高，淀粉的相对含量（　　　），粗纤维含量（　　　），因此，消化率也（　　　），也越是好吃。

3. 粮油在储藏期间，（　　　）糖含量总是逐渐下降，而（　　　）含量先上升后下降。

4. 谷物在储藏期间，脂肪的主要变化有（　　　）和（　　　）两方面。

5. 粮油子粒中的淀粉酶主要有（　　　）、（　　　）及（　　　）。

6. 谷物的呼吸作用有（　　　）和（　　　）两种类型。

7. 脂肪在脱酰水解酶的作用下水解生成（　　　）和（　　　），造成粮食脂肪酸值增加。

8. 1分子葡萄糖有氧氧化分解可生成（　　　）分子 CO_2 和（　　　）分子 H_2O，同时产生（　　　）分子 ATP。

9. 影响谷物及其加工品品质变化的各种因素很多，其中最重要的是（　　　）、（　　　）、（　　　）以及（　　　）等条件。

10. 以稻米为例，淀粉在储藏期间的质变规律表现为黏性（　　　），糊化温度（　　　），吸水率（　　　），米汤固形物（　　　），碘蓝值（　　　）。

四、简答

    1. 试述影响谷物储藏稳定性的主要因素。

    2. 什么是粮堆发热？引起粮堆发热的主要原因是什么？

    3. 试述谷物储藏过程中主要组分的变化。

    4. 引起粮堆水分变化的主要原因是什么？

    5. 为什么谷物在低温条件下更易储藏？

    6. 呼吸作用对谷物有什么影响？

    7. 什么是谷物的呼吸作用？呼吸作用的类型有几种？

    8. 试述谷物在储藏过程中脂肪的变化。

    9. 影响种子呼吸强度的因素有哪些？

    10. 试述谷物在储藏过程中糖类的主要变化。

第十章　实验操作技术

实验一　蔗糖和淀粉的水解

【实验目的和要求】

了解双糖和多糖酸水解过程及其水解产物。

【实验原理】

蔗糖是典型的非还原糖，在酸或蔗糖酶的作用下，水解成等量的葡萄糖和果糖；淀粉是由葡萄糖分子聚合而成的大分子化合物，在酸或酶的作用下，最终可水解成葡萄糖。葡萄糖和果糖是还原糖，可以与蓝色的斐林试剂共热发生氧化还原反应，产生砖红色的 Cu_2O。

【仪器与用具】

试管及试管架、试管夹、水浴锅、小烧杯、滴管、电炉、石棉网。

【试剂与材料】

① 2%蔗糖溶液。

② 10%硫酸溶液。取相对密度 1.84 的浓硫酸 56mL 缓慢注入 944mL 蒸馏水。

③ 3mol/L 氢氧化钠溶液。

④ 斐林试剂。

试剂 A：将 34.5g 结晶硫酸铜（$CuSO_4 \cdot 5H_2O$）溶于 500mL 蒸馏水中，加 0.5mL 浓硫酸，混合均匀。

试剂 B：将 125g 氢氧化钠和 137g 酒石酸钾钠溶于 500mL 蒸馏水中，储于带橡皮塞的瓶子内。

临用时将试剂 A 与试剂 B 等量混合。

⑤ 1%淀粉。

⑥ 浓盐酸。

⑦ 碘试剂（碘化钾-碘溶液）。将碘化钾 20g 及碘 10g 溶于 100mL 蒸馏水中，使用前需稀释 10 倍。

【操作步骤】

1. 蔗糖的水解

取两支试管，编号后各加入 0.5mL（约 10 滴）2％蔗糖溶液。向甲管内再加入 0.25mL（约 5 滴）10％硫酸，混匀，放在沸水浴中加热 10～15min。取出冷却后，用 8～10 滴 3mol/L 氢氧化钠中和剩余的酸。然后，用斐林试剂检查甲管的蔗糖水解液和乙管的蔗糖溶液的还原性，即各加入斐林试剂 A 和 B 各 1mL 后，在沸水浴煮 2～3min，观察各管内颜色的变化。

2. 淀粉的水解

取 1％淀粉约 10mL，放在小烧杯内，加入浓盐酸 8 滴，放在沸水浴中加热，每隔 2min 取出一滴，放在白瓷板上，加 1 滴碘试剂，注意观察其颜色的变化，直到无蓝色出现为止。然后向烧杯内加入 8～10 滴 3mol/L 氢氧化钠溶液，以适当中和前面加入的盐酸。再从烧杯中取出 1mL 此淀粉水解液，另取 1mL1％淀粉溶液，分别放入两支试管中，用斐林试剂检查它的还原性，观察其颜色的变化。

【实验现象记录】

将实验现象分别记录在表 10-1、表 10-2 中。

表 10-1　蔗糖的水解实验现象记录

样品编号	观察实验现象即颜色的变化	结果分析
1		
2		

表 10-2　淀粉的水解实验现象记录

样品编号	观察实验现象即颜色的变化	结果分析
1		
2		

【思考题】

蔗糖和淀粉在与强酸溶液共同加热时，发生了什么变化？除用斐林试剂外，还可用什么试剂来检查这种变化？为什么？

实验二　动植物油脂中不饱和脂肪酸的比较实验

【实验目的和要求】

① 了解动物脂肪和植物油脂中不饱和脂肪酸含量的差异。
② 学习检验脂肪中脂肪酸不饱和程度的简便方法。

【实验原理】

脂肪酸包括饱和脂肪酸和不饱和脂肪酸两类。不饱和脂肪酸可以与卤族元素起加成反应。

$$\begin{array}{c} -CH=CH- \ +I_2 \longrightarrow \ -\underset{\underset{I}{|}}{C}H-\underset{\underset{I}{|}}{C}H- \end{array}$$

不饱和脂肪酸的含量愈高，消耗卤素就愈多。通常以"碘值"（或"碘价"）来表示。

"碘值"是指 100g 脂肪酸所能吸收的碘的克数，碘值愈高，不饱和脂肪酸的含量愈高。

【仪器与用具】

试管和试管架、量筒、滴管、恒温水浴锅。

【试剂与材料】

① 豆油。

② 猪油。

③ 氯仿。

④ 碘液。将碘 2.6g 溶解在 50mL 95％乙醇中，另将氧化汞 3g 溶于 50mL 95％乙醇。将两液混合，若有沉淀可过滤除去。使用时用 95％乙醇稀释 10 倍（注意：该试剂剧毒）。

⑤ 95％乙醇。

【操作步骤】

① 取两支试管，编号，各加入 2mL 氯仿，再向甲管中加入 1 滴豆油，向乙管中加 1 滴熔化的猪油（注意：应与豆油的用量基本相同），摇匀，使其完全溶解。

② 分别向两支试管中各加入 30 滴碘液，边加边摇匀，放入约 50℃的恒温水浴中保温，不断摇动，观察两支试管内溶液的变化。

③ 待两试管内溶液的颜色呈明显的差别后，再向甲管中继续加入碘液，边滴边加边摇动边保温，直至两支试管内溶液的颜色相同为止，记下向甲管中补加碘液的滴数。为了便于比较两试管内溶液的颜色变化的深浅，应该同时向乙试管中加入同样滴数的 95％乙醇，使它们的体积相等。

④ 比较甲、乙两试管达到相同颜色时加入碘液的数量，并解释实验差异。

【实验现象记录】

将实验现象记录在表 10-3 中。

表 10-3   动植物油脂中不饱和脂肪酸的比较实验现象记录

试管编号	滴加 30 滴碘液,并在 50℃的恒温水浴中保温,观察现象	补加碘液的滴数	比较甲、乙两试管达到相同颜色时加入碘液的数量
甲管			
乙管			

【思考题】

根据实验结果，解释在低温条件下猪油比豆油容易凝固的原因。

实验三　油脂酸值的测定

【实验目的和要求】

① 了解测定油脂酸值的意义。

② 初步掌握测定油脂酸值的原理和方法。

【实验原理】

酸值是指中和1g油脂中游离脂肪酸所需的氢氧化钾的毫克数。油脂的酸值高,说明油脂水解产生的游离脂肪酸就多。

油脂中游离脂肪酸与氢氧化钾发生中和反应,反应式如下。

$$RCOOH + KOH \longrightarrow RCOOK + H_2O$$

根据氢氧化钾标准溶液的消耗量可以计算出游离脂肪酸的含量。

【仪器与用具】

锥形瓶(150mL)、量筒(50mL)、碱式滴定管(25mL)。

【试剂与材料】

① 油脂(豆油、猪油均可)。

② 中性乙醇-乙醚混合液。取95%乙醇与乙醚(C.P)按2∶1体积混合,加入酚酞指示剂数滴,用0.3%氢氧化钾溶液中和至微红色。

③ 0.05mol/L氢氧化钾标准溶液。

④ 1%酚酞指示剂。称取1g酚酞溶于100mL95%乙醇中。

【操作步骤】

称取3.00~5.00g油脂于150mL锥形瓶中,加入中性乙醇-乙醚混合液50mL,充分振摇,使油样完全溶解(如有未溶者可置热水中,温热促其溶解,冷却至室温)。加入1%酚酞指示剂2滴,用0.05mol/L KOH标准溶液滴定至微红,30s内不褪色为终点,记录消耗所用KOH的体积。

【结果计算】

$$酸值 = \frac{cV \times 56.1}{m}$$

式中　c——KOH标准溶液的浓度,mol/L;

　　　V——KOH标准溶液的消耗量,mL;

　　　m——油脂样品质量,g;

　56.1——与1.0mL1.000mol/LKOH标准溶液相当的KOH毫克数。

【实验数据记录与整理】

将实验数据及计算结果记录在表10-4中。

表10-4　油脂酸值的测定实验数据记录与整理

试样编号	试样质量/g	KOH的浓度/(mol/L)	消耗KOH的体积/mL	酸值
1				
2				
平均值				

【思考题】

① 测定油脂酸值时,装油脂的锥形瓶和油样中均不得混有无机酸,为什么?

② 为什么酸值的高低可作为衡量油脂好坏的一个重要指标?

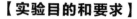

实验四 蛋白质的沉淀反应

【实验目的和要求】

① 了解影响蛋白质胶体分子稳定的因素。

② 区别蛋白质可逆沉淀与不可逆沉淀的作用。

【实验原理】

蛋白质溶液由于表面水化层和电荷的存在，而成为稳定的胶体溶液。这种稳定性是相对的、暂时的、有条件的。在某些物理化学因素的作用下，蛋白质颗粒失去电荷、脱水，甚至变性而丧失稳定性，即以固态形式从溶液中析出，这种现象称为蛋白质的沉淀反应。该反应可分为可逆沉淀和不可逆沉淀两种类型。

1. 可逆沉淀反应

在发生沉淀反应时，蛋白质虽已沉淀析出，但蛋白质分子内部结构并未发生显著变化，基本上保持原有的性质。如除去造成沉淀的因素后蛋白质沉淀可再溶于原来的溶剂中。属于此类反应的有盐析作用，即用大量中性盐使蛋白质从溶液中析出的过程称为蛋白质的盐析作用。蛋白质是亲水胶体，在高浓度中性盐的影响下，蛋白质分子被盐脱去水化层，同时蛋白质分子所带的电荷被中和，结果蛋白质的胶体稳定性遭到破坏而沉淀析出。沉淀出的蛋白质仍保持其天然蛋白质的性质，因此，若降低盐的浓度时，沉淀还能溶解。

盐的浓度不同，析出的蛋白质也不同。如球蛋白可在半饱和硫酸铵溶液中析出，清蛋白则在饱和硫酸铵溶液中才能析出。

2. 不可逆沉淀反应

在发生沉淀反应时，蛋白质分子内部结构，特别是空间结构遭到破坏，失去天然蛋白质的原有性质。这种蛋白质不能再溶解于原来的溶剂中。如重金属盐、生物碱试剂、过酸、过碱、加热、振荡、超声波、有机溶剂等都能使蛋白质发生不可逆沉淀析出。

【仪器与用具】

试管、试管架、漏斗、滤纸。

【试剂与材料】

① 蛋白质氯化钠溶液。取 20mL 蛋清，加蒸馏水 200mL 和饱和氯化钠溶液 100mL，充分搅匀后，用纱布过滤。

② 3％硝酸银溶液。

③ 5％三氯乙酸溶液。

④ 95％乙醇。

⑤ 饱和硫酸铵溶液。

⑥ 硫酸铵粉末。

⑦ 饱和氯化钠溶液。

【操作步骤】

1. 蛋白质的盐析作用（可逆反应）

① 加 5mL 蛋白质溶液于试管中，再加等量的饱和硫酸铵溶液，混匀后静置数分钟，则析出球蛋白的沉淀。

② 倒出少量混浊沉淀，加入少量水，观察沉淀是否溶解。

③ 将试管内容物过滤，向滤液中添加硫酸铵粉末至不再溶解为止，此时析出的沉淀为清蛋白。

④ 取出部分清蛋白，加少量蒸馏水，观察沉淀的再溶解。

2. 重金属离子沉淀蛋白质（不可逆反应）

① 取 1 支试管，加蛋白质溶液 2mL，再加 3％硝酸银溶液 1～2 滴，振荡试管有沉淀产生。

② 放置片刻，倾出上清液，向沉淀中加入少量蒸馏水，观察沉淀是否溶解。

3. 某些有机酸沉淀蛋白质

① 取 1 支试管，加蛋白质溶液 2mL，再加入 1mL5％三氯乙酸溶液，振荡试管，观察沉淀的生成。

② 放置片刻，倾出上清液，向沉淀中加入少量蒸馏水，观察沉淀是否溶解。

4. 有机溶剂沉淀蛋白质（不可逆反应）

取 1 支试管，加蛋白质溶液 2mL，再加入 2mL 95％乙醇，混匀，观察沉淀的生成。

【实验现象记录】

将实验现象记录在表 10-5 中。

表 10-5　蛋白质的沉淀反应实验现象记录表

蛋白质沉淀反应种类	实验现象记录		判断是否可逆反应
蛋白质的盐析作用	向部分球蛋白沉淀液中加少量水,观察其现象	向部分清蛋白沉淀液中加少量水,观察其现象	
重金属离子	向沉淀中加少量水,观察其现象		
某些有机酸	向沉淀中加少量水,观察其现象		
有机溶剂	取 1 支试管,加蛋白质溶液 2mL,再加入 2mL 95％乙醇混匀,观察其现象		

【思考题】

① 通过本实验，请总结一下，哪些沉淀反应是可逆沉淀？哪些不是可逆沉淀？

② 试述蛋白质沉淀与变性之间的联系和区别。

实验五 氨基酸的纸色谱

【实验目的和要求】

① 了解纸色谱法的基本原理。

② 初步学会纸色谱法对氨基酸混合溶液进行分离和鉴定的技术。

【实验原理】

纸色谱法是以滤纸作为惰性支持物的一种分配色谱法。滤纸纤维上分布大量的亲水性羟基，因此与水亲和力强，与有机溶剂亲和力弱。所以在展层时，水是固定相，有机溶剂是流动相。由于溶质在两相中的分配系数不同，不同的氨基酸随流动相移动的速率就不同，于是将这些氨基酸分离开来，形成距原点距离不同的色谱点。

样品被分离后在纸色谱图谱上的位置，常用比移值 R_f 来表示。

$$R_f = \frac{\text{原点到色谱中心点的距离}}{\text{原点到溶剂前沿的距离}} = \frac{b}{a}$$

【仪器与用具】

色谱槽、色谱滤纸（新华一号滤纸）、裁纸刀、针线、微量注射器或毛细管、喷雾器、电吹风、三角板、铅笔、培养皿（9～10cm）。

【试剂与材料】

① 氨基酸溶液。0.5%的甘氨酸、赖氨酸、缬氨酸、脯氨酸以及它们的混合液（各组分浓度均为0.5%）。

② 扩展剂。4份正丁醇和1份冰醋酸的水饱和混合液。取20mL正丁醇和5mL冰醋酸置分液漏斗中，与15mL水混合，充分振荡、静置，分层后，放出下层水层。取漏斗中的扩展剂约5mL置小烧杯中做平衡溶剂，其余的倒入培养皿中备用。

③ 显色剂。0.1%水合茚三酮正丁醇溶液。

【操作步骤】

1. 扩展剂挥发

将盛有5mL平衡溶剂的小烧杯置于密闭的色谱槽中，让扩展剂挥发后使色谱槽充满饱和蒸汽。

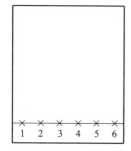

图10-1 纸色谱点样标准示意

2. 制作展布

用镊子夹取色谱滤纸一张（22cm×14cm），在纸的一端距边缘2～3cm处，用铅笔划一直线，在此直线上每隔2cm做一记号，共做6个记号（图10-1）。

3. 点样

用微量注射器或毛细管将各氨基酸样品分别点在标记号的6个位置上，并记录各样点所点氨基酸名称。氨基酸的点样量以每个点5～20μg为宜。点样时一定要注意：第一，点样直径控制在 5mm 以内；第二，需重复点 3 次，待前 1 次样品点干燥后方可再点 1 次，且每次的样品应完全重合。为了快速干燥，可用电吹风在低挡温度下吹干。将点好样的滤纸卷成筒状，用白线缝好（图 10-2）。注意：在卷纸筒时，纸的两端不能搭接，避免由于毛细现象溶剂沿边缘快速移动而造成溶剂前沿不齐，影响 R_f 值。

4. 扩展

将盛有 20mL 扩展剂的培养皿迅速置于密闭的色谱槽中，并将事先缝成筒状的滤纸直立于培养皿中（点样端在下，扩展剂的液面需低于点样线 1cm，要特别注意不要将样点浸入扩展剂），盖好色谱槽。当看到扩展剂上升到 15～20cm 时，取出滤纸，用铅笔描出溶剂前沿界限。剪断缝线，用电吹风在低挡温度下吹干。

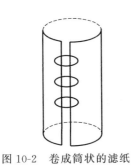

图 10-2　卷成筒状的滤纸

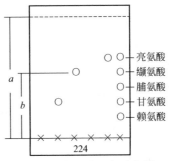

图 10-3　氨基酸显色后的图

5. 显色

将吹干的滤纸用喷雾器均匀喷上茚三酮溶液（不要喷得太多，否则显色剂流动影响显色），然后置于 65℃ 烘箱显色数分钟（或用电吹风吹干），即可显出色谱斑点。图 10-3 所示为各点显色后的纸色谱图谱。

6. 测量

用铅笔将各色谱的轮廓和中心点描绘出来，然后量出由原点到色谱中心点和溶剂前沿的距离，计算出各色谱的 R_f 值，并进行比较和鉴定。

【实验数据记录】

将实验现象与数据处理记录在表 10-6 中。

表 10-6　氨基酸纸色谱实验记录与数据整理

氨基酸	原点到色谱点中心的距离 b/cm	原点到溶剂前沿的距离 a/cm	$R_f = \dfrac{b}{a}$
甘氨酸			
赖氨酸			
色氨酸			
缬氨酸			
脯氨酸			

【思考题】

① 整个实验过程为什么不能用手直接接触滤纸？

② 在缝滤纸筒时为什么要避免纸的两端完全接触？

实验六　酶的底物专一性实验

【实验目的和要求】

① 了解酶的专一性。

② 学习测定酶的专一性的操作方法。

【实验原理】

酶的专一性是指一种酶只能对一种底物或一类底物（此类底物在结构上通常具有相同的化学键）起催化作用，对其他底物无催化作用。本实验以唾液淀粉酶（内含淀粉酶及少量麦芽糖酶）和蔗糖酶对淀粉及蔗糖的催化作用，观察酶的专一性。

淀粉和蔗糖均无还原性，它们与班氏试剂无呈色反应。唾液淀粉酶水解淀粉生成有还原性的葡萄糖，但不能催化蔗糖水解。蔗糖酶能催化蔗糖水解产生具有还原性的葡萄糖和果糖，但不能催化淀粉水解。淀粉的水解产物及蔗糖的水解产物均与班氏试剂发生反应，生成砖红色的 Cu_2O 沉淀。本实验以班氏试剂检验糖的还原性。

【仪器与用具】

试管架、试管 10 支、烧杯（100mL、1000mL）、水浴锅、恒温水浴锅、量筒（100mL、10mL）、乳钵、玻璃漏斗、试管夹。

【试剂与材料】

① 稀释新鲜唾液。取唾液 1mL（不包括泡沫），用蒸馏水稀释至 100mL，用棉花过滤备用。唾液稀释倍数，因人而异，可稀释 100～400 倍甚至更高。

② 蔗糖酶溶液。称取活性干酵母 100g 置乳钵中，加入少许蒸馏水及石英砂，研磨提取 1h，加蒸馏水使总容积为 500mL。

③ 班氏试剂。溶解 85g 柠檬酸钠（$Na_3C_6H_3O_7 \cdot 11H_2O$）及 50g 无水碳酸钠于 400mL 水中，另溶 8.5g 硫酸铜于 50mL 热水中。将冷却后的硫酸铜溶液缓缓倾入柠檬酸钠-碳酸钠溶液中。该试剂可以长期使用，如果放置过久出现沉淀，可以取用其上层清液。

④ 2％蔗糖。

⑤ 溶于 0.3％氯化钠的 0.5％淀粉溶液（新配制）。

【操作步骤】

1. 检查试剂

取三支试管，分别编号，并按表 10-7 操作，解释实验现象。

表 10-7　三支试管所加试剂

试剂处理	试管编号		
	1	2	3
0.5％淀粉(0.3％NaCl)溶液/mL	—	3	—
2％蔗糖溶液/mL	—	—	3

试剂处理	试管编号		
	1	2	3
蒸馏水/mL	3	—	—
班氏试剂/mL	2	2	2
沸水浴 2～3min			
观察现象			

2. 淀粉酶的专一性

取三支试管，分别编号，并按表10-8操作，解释实验现象。

表 10-8　三支试管所加试剂

试剂处理	试管编号		
	1	2	3
稀释 100 倍唾液/mL	1	1	1
0.5%淀粉(0.3%NaCl)溶液/mL	3	—	—
2%蔗糖溶液/mL	—	3	—
蒸馏水/mL	—	—	3
摇匀，置 37℃水浴保温 15min			
班氏试剂/mL	2	2	2
沸水浴 2～3min			
观察现象			

3. 蔗糖酶的专一性

取三支试管，分别编号，并按表10-9操作，解释实验现象。

表 10-9　三支试管所加试剂

试剂处理	试管编号		
	1	2	3
蔗糖酶溶液/mL	1	1	1
0.5%淀粉(0.3%NaCl)溶液/mL	2	—	3
2%蔗糖溶液/mL	—	3	—
蒸馏水/mL	—	—	3
摇匀，置 37℃水浴保温 15min			
班氏试剂/mL	2	2	2
沸水浴 2～3min			
观察现象			

【思考题】

① 观察酶专一性实验为什么要设计三组实验？每组各有何意义？

② 若将酶液煮沸 10min 后，重做步骤 2 和 3 的操作，会有何结果？

③ 在此实验中，为什么要用 0.5％淀粉（0.3％NaCl）溶液？0.3％NaCl 的作用是什么？

实验七 温度和 pH 对酶活性的影响

一、温度对酶活性的影响

【实验目的和要求】

通过检验不同温度下唾液淀粉酶的活性，了解温度对酶活性的影响。

【实验原理】

温度对酶催化的化学反应过程有双重效应，一方面，提高温度可以加快酶促反应的速率；另一方面，温度过高会引起酶蛋白的变性，从而使酶失去催化活性。因此，温度很低时，酶反应速率慢，随着温度的升高，酶促反应速率明显加快。当温度上升到某一定值时，其酶促反应速率达到最大，此时的温度称该酶的最适温度。如果温度继续上升，由于酶蛋白发生变性从而导致反应速率迅速下降。大多数动物酶的最适温度为 37～40℃，植物酶的最适温度为 50～60℃。

在不同的温度下唾液淀粉酶的活性大小不同，则淀粉被水解的程度也不相同，所以通过酶促反应混合物遇碘呈颜色的变化来判断酶的活性的大小。

【仪器与用具】

恒温水浴、冰浴、沸水浴、试管及试管架、吸量管。

【试剂与材料】

① 0.2％淀粉-0.3％NaCl 溶液。先用蒸馏水配制好 0.3％NaCl 溶液，然后称取 0.2g 淀粉与少量的 0.3％NaCl 溶液混合，倾入煮沸的 0.3％NaCl 溶液中，边加边搅拌，直至稀释至 100mL（用时现配制）。

② 稀释 200 倍的新鲜唾液。量取 0.5mL 新鲜唾液，注入 100mL 蒸馏水中。

③ 碘-碘化钾溶液。将碘化钾 20g 及碘 10g 溶于 100mL 水中，使用前需稀释 10 倍。

【操作步骤】

取三支试管，分别编号后按表 10-10 加入试剂。

表 10-10　三支试管所加试剂

所加试剂	试管编号		
	1	2	3
淀粉/mL	1.5	1.5	1.5
稀释唾液/mL	1	1	—
煮沸过的稀释唾液/mL	—	—	1

摇匀后，将 1 号、3 号两试管放入 37℃恒温水浴中，2 号试管放入冰水中。15min 后取

出并将 2 号试管内液体分成两部分，其中一部分液体用碘化钾-碘溶液来检验 1、2、3 号试管内淀粉被唾液淀粉酶水解的程度，记录并解释结果；将 2 号试管剩下的一部分液体放入 37℃水浴中继续保温 15min 后，再用碘液实验，判断结果。

注意：保温时间可根据各人的唾液淀粉酶的活力调整。煮沸过的唾液要求煮沸 2min。

【实验结果记录】

将实验现象记录在表 10-11 中。

表 10-11　温度对酶活力的影响实验记录表

用碘化钾-碘检验 1、2、3 号试管中淀粉水解的程度			2 号试管剩下溶液（在 37℃中保温 15min）
1 号（在 37℃中）	2 号（在冰水中）	3 号（在 37℃中）	2 号

二、pH 对酶活性的影响

【实验目的和要求】

① 了解 pH 对酶活性的影响。

② 学习测定酶的最适 pH 的方法。

【实验原理】

环境的 pH 对酶的活性有显著影响，pH 值既影响酶蛋白也影响底物的离解程度，从而影响酶与底物的结合及催化作用。通常只有在一定的 pH 范围内酶才表现它的活性。一种酶表现出最高活性时，该溶液的 pH 值称为此种酶的最适 pH 值。高于或低于最适 pH 值时酶的活性显著降低。不同的酶最适 pH 值是不同的，如胃蛋白酶的最适 pH 为 1.5～2.5，唾液淀粉酶的最适 pH 约为 6.8。

【仪器与用具】

试管及试管架、白瓷板、恒温水浴锅、吸量管、50mL 锥形瓶（或小烧杯）、滴管。

【试剂与材料】

① 0.2mol/L 磷酸二氢钠溶液。

② 0.1mol/L 柠檬酸溶液。

③ 0.5％淀粉-0.3％NaCl 溶液。先用蒸馏水配制好 0.3％NaCl 溶液，然后称取 0.5g 淀粉与少量的 0.3％NaCl 溶液混合，倾入煮沸的 0.3％NaCl 溶液中，边加边搅拌，直至稀释至 100mL（用时现配制）。

④ 稀释 200 倍的新鲜唾液。

⑤ 碘-碘化钾溶液。

【操作步骤】

① 取五个 50mL 锥形瓶，编号，按表 10-12 所列的项目，准确加入试剂，同时配制 pH5.6～8.0 的五种缓冲溶液。

表 10-12　缓冲溶液的配制

锥形瓶编号	0.2mol/L 磷酸氢二钠/mL	0.1mol/L 柠檬酸/mL	缓冲溶液 pH
1	5.80	4.20	5.6
2	6.61	3.39	6.2
3	7.72	2.28	6.8
4	9.08	0.92	7.4
5	9.72	0.28	8.0

② 取六支干燥试管，编号。将五个锥形瓶中不同的 pH 的缓冲溶液各取 3mL，分别加入相应号的试管中。6 号试管加入的缓冲溶液与 3 号试管的相同。然后再向每个试管添加 0.5%淀粉-0.3%NaCl 溶液各 1mL。

③ 向 6 号试管加入稀释 200 倍的唾液 1mL，摇匀，置 37℃恒温水浴中保温。每隔 1min 从其中取出 1 滴溶液，置于白瓷板上，加 1 滴碘-碘化钾溶液，检验淀粉的水解程度。待结果呈橙黄色时，记录保温时间，并取出试管。

注意：掌握 6 号试管的水解程度是本实验成败的关键。

④ 以 1min 的间隔依次向 1~5 号试管加入 1mL 稀释 200 倍的唾液，摇匀。并以 1min 的间隔依次将 5 支试管放入 37℃恒温水浴中保温。然后，按照 6 号试管的保温时间，依次将各试管迅速取出，并立即加入碘-碘化钾溶液 2 滴，摇匀，观察各试管呈现的颜色，判断在不同的 pH 值下淀粉水解的程度，可以看出 pH 对唾液淀粉酶活性的影响，并确定最适 pH。

注：缓冲溶液配好后应充分混匀，建议用精密试纸检查其 pH 值是否准确，以防止出现因缓冲溶液的问题而引起的实验误差；淀粉溶液中加入唾液后必须充分摇匀，而且应立即放入 37℃水浴中保温，计时。

【实验结果记录】

将实验现象记录在表 10-13 中。

表 10-13　pH 对酶活力的影响记录表

试管编号	加入试剂	37℃恒温水浴保温	加入碘-碘化钾溶液	观察颜色的变化
1				
2				
3				
4				
5				
6				

【思考题】

为什么可以用碘-碘化钾溶液作指示剂检查温度、pH 值对唾液淀粉酶活性的影响？

实验八　维生素 B₁ 的定性试验

【实验目的和要求】

学会鉴定维生素 B_1 的原理和方法。

【实验原理】

在碱性溶液中，维生素 B_1 与重氮化氨基苯磺酸作用产生红色，加入少量甲醛可使红色稳定。利用有无红色生成可判断样品中是否含有维生素 B_1。

【实验仪器】

试管和试管架、托盘天平、锥形瓶、漏斗和滤纸。

【试剂与材料】

① 对氨基苯磺酸溶液。将 1g 对氨基苯磺酸溶于 15mL 浓 HCl 中，加水至 100mL。

② 亚硝酸钠溶液。将 0.5g 亚硝酸钠溶于 100mL 水中，临用时现配。

③ 重氮化氨基苯磺酸溶液。将 3mL 亚硝酸钠溶液和 100mL 对氨基苯磺酸混合。

④ 碳酸氢钠碱性溶液。20g NaOH 和 28.8g $NaHCO_3$ 溶于水并稀释至 1000mL。

⑤ 0.05mol/L 硫酸。取相对密度 1.84 的浓硫酸 2.8mL 缓慢注入 1000mL 水中。

⑥ 维生素 B_1 溶液。将 100mL 硫胺素盐酸盐溶于 100mL 水中。

⑦ 米糠和麦麸。

【操作方法】

① 取两支 200mL 的锥形瓶，分别称取 10g 米糠和麦麸倒入其中，各加入 50mL 0.05mol/L H_2SO_4，用力振荡 10min，提取硫胺素。静置 15min 后过滤。取滤液 2mL，加入 3mL 碱性 $NaHCO_3$ 和 1mL 重氮化氨基苯磺酸溶液，摇匀后，10min 内观察红色的出现。

② 取 2mL 维生素 B_1 溶液取代米糠和麦麸重复上述实验，并与①作比较。

【实验现象记录】

将实验现象记录在表 10-14 中。

表 10-14　维生素 B_1 的定性实验现象比较

锥形瓶编号	加入试样	加入试剂	操作过程	观察红色的出现	比较
1 号	10g 米糠	50mL 0.05mol/L 硫酸	振荡 10min，提取硫胺素。静置 15min 后过滤。取滤液 2mL，加入 3mL $NaHCO_3$ 和 1mL 重氮化氨基苯磺酸溶液，摇匀后，10min 内观察红色的出现		
2 号	10g 麦麸				
3 号	2mL 维生素 B_1 溶液				

【思考题】

① 本实验的原理是什么？

② 维生素 B_1 与辅酶有何关系？它与哪类代谢有关？

附录一　综合测试

综合测试（一）

一、单项选择（选择一个正确的答案，将相应的字母填入题内的括号中。每题1分，共20分）

1. 下列不属于寡糖的是（　　）。

A. 纤维二糖　　　　　B. 蔗糖　　　　　C. 麦芽糖　　　　　D. 果糖

2. 结合水是通过（　　）与谷物中有机成分结合的水。

A. 范德华力　　　　　B. 氢键　　　　　C. 离子键　　　　　D. 疏水作用

3. 蛋白质所形成的胶体颗粒，在下列哪种条件下不稳定（　　）。

A. 溶液 pH 值大于 pI

B. 溶液 pH 值小于 pI

C. 溶液 pH 值等于 pI

D. 在水溶液中

4. 糖的有氧氧化的最终产物是（　　）。

A. $CO_2 + H_2O + ATP$　　　　　　　　B. 乳酸

C. 丙酮酸　　　　　　　　　　　　　　D. 乙酰 CoA

5. 关于酶的叙述哪项是正确的（　　）。

A. 所有的酶都含有辅基或辅酶

B. 只能在体内起催化作用

C. 酶的化学本质是蛋白质

D. 能改变化学反应的平衡点加速反应的进行

6. 在蛋白质三级结构中起着重要作用的作用力是（　　）。

A. 氢键　　　　　B. 疏水键　　　　　C. 离子键　　　　　D. 范德华力

7. 下列参与氧化还原反应的维生素是（　　）。

A. 烟酸和烟酰胺　　B. 叶酸　　　　　C. 维生素 B_{12}　　　D. 维生素 D

8. 下列哪种氨基酸属于亚氨基酸（　　）。

A. 丝氨酸　　　　　B. 脯氨酸　　　　　C. 亮氨酸　　　　　D. 组氨酸

9. 下列哪种矿物质是微量元素（　　　）。

A. 钠　　　　　　　　B. 钙　　　　　　　　C. 铁　　　　　　　　D. 硫

10. 下列哪个指标是判断油脂的不饱和度的是（　　　）。

A. 酸价　　　　　　　B. 碘值　　　　　　　C. 酯值　　　　　　　D. 皂化值

11. 下列哪项与蛋白质的变性无关（　　　）。

A. 肽键断裂　　　　　B. 氢键被破坏　　　　C. 离子键被破坏　　　D. 疏水键被破坏

12. 丙二酸对于琥珀酸脱氢酶的影响属于（　　　）。

A. 反馈抑制　　　　　B. 底物抑制　　　　　C. 竞争性抑制　　　　D. 非竞争性抑制

13. 酶原所以没有活性是因为（　　　）。

A. 酶蛋白肽链合成不完全　　　　　　　　B. 活性中心未形成或未暴露

C. 酶原是普通的蛋白质　　　　　　　　　D. 缺乏辅酶或辅基

14. 多食糖类需补充（　　　）。

A. 维生素 B_1　　　　B. 维生素 B_2　　　　C. 维生素 B_5　　　　D. 维生素 B_6

15. 1mol 葡萄糖经糖的有氧氧化过程可生成（　　　）的丙酮酸。

A. 1mol　　　　　　　B. 2mol　　　　　　　C. 3mol　　　　　　　D. 4mol

16. 粮油在储藏期间，还原糖含量变化是（　　　）。

A. 上升　　　　　　　B. 下降　　　　　　　C. 先上升后下降　　　D. 先下降后上升

17. 油脂的化学特征值中，（　　　）的大小可直接说明油脂的新鲜度和质量好坏。

A. 酸值　　　　　　　B. 皂化值　　　　　　C. 碘值　　　　　　　D. 二烯值

18. 组成蛋白质的基本单位是（　　　）。

A. L-α-氨基酸　　　B. D-α-氨基酸　　　C. L-β-氨基酸　　　D. D-α-氨基酸

19. 水分活度在（　　　）时，微生物变质以细菌为主。

A. 0.62 以上　　　　　B. 0.71 以上　　　　　C. 0.88 以上　　　　　D. 0.91 以上

20. 平时食用的大米的成分是（　　　）。

A. 胚乳　　　　　　　B. 皮层　　　　　　　C. 胚　　　　　　　　D. 子叶

二、多项选择（选择正确的答案，将相应的字母填入题内的括号中。每小题 1 分，共 10 分）

1. 根据原粮的某些植物学特征和化学成分以及用途的不同，可分为（　　　）。

A. 谷类　　　　　　　B. 豆类　　　　　　　C. 薯类　　　　　　　D. 粟类

2. 在直链淀粉中不存在的化学键有（　　　）。

A. α-1,6-糖苷键　　B. α-1,4-糖苷键　　C. β-1,4-糖苷键　　D. β-1,6-糖苷键

3. 下面是必需氨基酸的有（　　　）。

A. 赖氨酸　　　　　　B. 缬氨酸　　　　　　C. 苯丙氨酸　　　　　D. 蛋氨酸

4. 关于酸价的说法，正确的是（　　　）。

A. 酸价反映了游离脂肪酸的含量

B. 新鲜油脂的酸值较小

C. 我国规定食用植物油的酸值不能超过 6

D. 酸值越大，油脂质量越好

5. 对水生理作用的描述正确的是（　　　）。

A. 水是体内化学作用的介质

B. 水是体内物质运输的载体

C. 水是维持体温的载体

D. 水是体内摩擦的润滑剂

6. 淀粉、纤维素相同的是（   ）。

A. 基本结构单位   B. 化学键   C. 都是高分子化合物   D. 都属于多糖

7. 全酶包括（   ）。

A. 酶蛋白   B. 辅酶因子   C. 简单酶   D. 维生素

8. 酶的活性中心的必需基团分两种，分别是（   ）。

A. 催化基团   B. 结合基团   C. 辅酶因子   D. 酶蛋白

9. 以下属于脂溶性维生素的是（   ）。

A. 维生素 A   B. 维生素 D   C. 维生素 E   D. 维生素 K

10. 矿物质的生理功能包括（   ）。

A. 维持酸碱平衡   B. 构成酶的辅基

C. 调节细胞膜的通透性   D. 参与酶的激活

三、名词解释（每小题 2 分，共 10 分）

1. 酶

2. 氨基酸的等电点

3. 原粮

4. 水分活度

5. 盐析

四、填空（每空 1 分，共 20 分）

1. 氨基酸处于等电状态时，主要是以（   ）形式存在，此时它的溶解度（   ）。

2. 脂类易溶于（   ），不易溶于（   ）。

3. 具有酶催化活性的蛋白质按其组成可分为（   ）和（   ）两类；全酶＝（   ）＋（   ）。

4. 酶抑制作用可分为（   ）和（   ）两大类。

5. 粮油子粒中的淀粉酶主要有（   ）、（   ）及（   ）。

6. 水分活度与微生物的生长繁殖的关系中，（   ）对低水分活度最敏感，（   ）次之，（   ）敏感性最差。

7. 淀粉分为（   ）淀粉和（   ）淀粉。

8. 维生素根据其溶解性分为（   ）和（   ）两种。

五、判断题（将判断结果填入括号中，正确的填"√"，错误的填"×"。每题 1 分，共 20 分）

1. 氨基酸与茚三酮反应都产生蓝紫色化合物。   （   ）

2. 麦芽糖是由葡萄糖与果糖构成的双糖。   （   ）

3. 酶活力应该用酶促反应的初速度来表示。   （   ）

4. 竞争性抑制剂和酶的结合位点，同底物与酶的结合位点相同。   （   ）

5. 蛋白质的变性是蛋白质立体结构的破坏，因此涉及肽键的断裂。   （   ）

6. 人体的维生素 D 必须通过膳食摄入。   （   ）

7. 维生素 C 是一种脂溶性维生素。   （   ）

8. 酶的最适温度是酶的一个特征性恒定常数。 （　　）

9. 油脂经过长时间加热，其酸值会降低。 （　　）

10. 构成蛋白质的 20 种氨基酸都是必需氨基酸。 （　　）

11. 锌缺乏会造成生长发育缓慢、伤口不愈、味觉障碍等现象。 （　　）

12. 维生素 A 又称视黄醇。 （　　）

13. 糖酵解的过程是将葡萄糖氧化分解为二氧化碳和水的途径。 （　　）

14. 结合水与自由水都能为微生物所利用。 （　　）

15. 一般来说酶是具有催化作用的蛋白质，相应的蛋白质都是酶。 （　　）

16. 天然葡萄糖都是 D 型，能使平面偏振光向右旋转。 （　　）

17. 在蛋白质和多肽中，只有一种连接氨基酸残基的共价键，即肽键。 （　　）

18. 中和 1g 油脂中的游离脂肪酸所需要的氢氧化钾的毫克数称为酯值。 （　　）

19. 酶催化作用的本质是降低反应活化能。 （　　）

20. 食物中的铁可分为血红素铁和非血红素铁。 （　　）

六、简答（每小题 5 分，共 20 分）

1. 什么是蛋白质变性？引起蛋白质变性的因素有哪些？

2. 酶催化作用的特点是什么？

3. 什么是谷物的呼吸作用？呼吸作用的类型有几种？

4. 什么是必需脂肪酸？人体所需的必需脂肪酸有哪些？

综合测试（二）

一、单项选择（选择一个正确的答案，将相应的字母填入题内的括号中。每题 1 分，共 20 分）

1. 饱和脂肪酸与不饱和脂肪酸的区别在于（　　）。

A. 碳链长度　　　　　　　　　　B. 是否含双键

C. 双键的数量　　　　　　　　　D. 双键的位置

2. 测定蛋白质中的（　　）元素，可以对蛋白质进行定量分析。

A. 氢　　　　　　B. 氧　　　　　　C. 氮　　　　　　D. 硫

3. 下面属于维生素物质的是（　　）。

A. 抗坏血酸　　　B. 亚油酸　　　　C. 多肽　　　　　D. DNA

4. 酶原激活将影响到酶蛋白质的（　　）。

A. 一级结构　　　B. 二级结构　　　C. 三级结构　　　D. 四级结构

5. 双倒数作图法求 K_m 值（　　）。

A. $1/v$ 对 $1/[S]$ 作图

B. 斜率为 $1/V_{max}$

C. 截距为 K_m/V_{max}

D. 与 x 轴相交的一点为 $1/K_m$

6. 在新鲜的动植物中，每克蛋白质可结合（　　）水。

A. 0.3～0.5g　　　B. 0.1～0.2g　　　C. 0.4～0.5g　　　D. 0.7～0.9g

7. 缺乏后会导致脚气病的维生素是（　　　）。

A. 维生素 B_1 　　　B. 维生素 B_2 　　　C. 维生素 C 　　　D. 维生素 PP

8. 用于制油的油料作物主要由于具有大量的（　　　）。

A. 蛋白质 　　　B. 糖类 　　　C. 脂肪 　　　D. 氨基酸

9. 下列代谢物不属于糖代谢的产物或底物的是（　　　）。

A. 乳酸 　　　B. 丙氨酸 　　　C. 丙酮酸 　　　D. 3-磷酸甘油醛

10. 小麦在发芽后，（　　　）活性显著增加，导致面包烘焙品质下降。

A. α-淀粉酶 　　　B. β-淀粉酶 　　　C. 异淀粉酶 　　　D. 葡萄糖淀粉酶

11. 以下哪种不属于单糖（　　　）。

A. 葡萄糖 　　　B. 麦芽糖 　　　C. 果糖 　　　D. 核糖

12. 维生素 A 原是（　　　）。

A. 类胡萝卜素 　　　B. 花青素 　　　C. 固醇 　　　D. 磷脂

13. 下列不属于大豆结构的是（　　　）。

A. 种皮 　　　B. 胚 　　　C. 胚乳 　　　D. 子叶

14. 自然界中最甜的糖是（　　　）。

A. 蔗糖 　　　B. 果糖 　　　C. 葡萄糖 　　　D. 乳糖

15. 在米的淘洗过程中，主要损失的营养素是（　　　）。

A. B 族维生素和无机盐 　　　　　　B. 碳水化合物

C. 蛋白质 　　　　　　D. 维生素 C

16. 又被称为脱支酶的是（　　　）。

A. 葡萄糖淀粉酶 　　　B. 异淀粉酶 　　　C. α-淀粉酶 　　　D. β-淀粉酶

17. 以下不属于水溶性维生素的是（　　　）。

A. 维生素 C 　　　B. 维生素 B_1 　　　C. 维生素 B_5 　　　D. 维生素 D

18. 目前公认的酶与底物结合的学说是（　　　）。

A. 活性中心说 　　　B. 诱导契合学说 　　　C. 锁匙学说 　　　D. 中间产物学说

19. 下列关于酶特性的叙述哪个是不正确的（　　　）。

A. 催化效率高 　　　　　　B. 专一性强

C. 作用条件温和 　　　　　　D. 都有辅因子参与催化反应

20. 蛋白质与氨基酸相似的理化性质是（　　　）。

A. 两性电离 　　　B. 高分子量 　　　C. 胶体性 　　　D. 凝固

二、多项选择（选择正确的答案，将相应的字母填入题内的括号中。每小题 1 分，共 10 分）

1. 构成支链淀粉的化学键是（　　　）。

A. α-1,6-糖苷键 　　　　　　B. β-1,6-糖苷键

C. α-1,4-糖苷键 　　　　　　D. β-1,4-糖苷键

2. 维生素 B_6 分为（　　　）

A. 吡哆醛 　　　B. 吡哆醇 　　　C. 吡哆胺 　　　D. 吡哆酸

3. 小麦是由哪些部分组成（　　　）。

A. 果皮 　　　B. 种皮 　　　C. 胚乳 　　　D. 胚

4. 芳香族氨基酸是（　　　）。

A. 苯丙氨酸 　　　B. 酪氨酸 　　　C. 色氨酸 　　　D. 脯氨酸

5. 维持蛋白质三级结构的主要键是（　　　）。

A. 肽键　　　　　　　B. 疏水键　　　　　　C. 离子键　　　　　　D. 范德华引力

6. 脂肪是由下列那些物质脱水结合而成：（　　　）。

A. 脂肪酸　　　　　　B. 复合甘油酯　　　　C. 单纯甘油酯　　　　D. 甘油

7. 酶促反应速度与下列哪些因素有关系（　　　）。

A. 底物浓度　　　　　B. 浓度　　　　　　　C. 温度　　　　　　　D. pH

8. 以下属于简单脂类的是（　　　）。

A. 糖脂　　　　　　　B. 磷脂　　　　　　　C. 脂肪　　　　　　　D. 蜡

9. 关于蛋白质等电点的叙述，正确的是（　　　）。

A. 在等电点处，蛋白质分子所带净电荷为零

B. 等电点时蛋白质变性沉淀

C. 在等电点处，蛋白质的稳定性增加

D. 等电点处蛋白质是兼性离子

10. 结合水的特征是（　　　）。

A. 在−40℃下不结冰　　　　　　　　　B. 具有流动性

C. 不能作为外来溶质的溶剂　　　　　　D. 不能被微生物利用

三、名词解释（每小题 2 分，共 10 分）

1. 酶的活性中心

2. 糖类

3. 油脂酸败

4. 淀粉的糊化

5. 蛋白质变性

四、填空（每空 1 分，共 20 分）

1. 组成蛋白质的基本单位是（　　　　）。

2. 大多数酶的本质是（　　　　），酶可以分为（　　　　）、（　　　　）、（　　　　）、（　　　　）、（　　　　）、（　　　　）。

3. α-淀粉酶是一种（　　　　）酶，能水解（　　　　）糖苷键。β-淀粉酶是一种（　　　　）酶，能水解（　　　　）糖苷键。

4. 粮油子粒是由（　　　　）、（　　　　）和（　　　　）三部分组成。

5. 粮油在储藏期间，（　　　　）含量总是逐渐下降，而（　　　　）含量先上升后下降。

6. 根据矿物质在人体内的含量可以将其分为（　　　　）和（　　　　）。其分界线含量达到（　　　　）。

五、判断题（将判断结果填入括号中，正确的填"√"，错误的填"×"。每题 1 分，共 20 分）

1. 酶反应速度随着底物浓度的增加直线增加。　　　　　　　　　　　　　　（　　　）

2. 缺乏维生素 A 会导致夜盲、干眼、角膜软化、表皮细胞角化、失明等症。（　　　）

3. 因为羧基碳和亚氨基氮之间的部分双键性质，所以肽键不能自由旋转。（　　　）

4. 测定酶活力时，一般测定产物生成量比测定底物消耗量更为准确。　　（　　　）

5. 盐析法易导致蛋白质变性。　　　　　　　　　　　　　　　　　　　　（　　　）

6. 酶的最适 pH 值是一个常数，每一种酶只有一个确定的最适 pH 值。　（　　）

7. ATP 含有两个高能磷酸键。　（　　）

8. 葡萄糖、甘露糖、果糖在碱性条件下可以发生结构互变。　（　　）

9. 单糖分子中离羰基最远的不对称碳原子上的羟基在右边的为 L 型。　（　　）

10. 胰蛋白酶刚分泌出来时，呈不具活性的酶原。　（　　）

11. 有氧条件下生物体不能发生糖酵解。　（　　）

12. 蛋白质沉淀是由于它发生了变性作用。　（　　）

13. 氨基酸与还原糖在热加工过程中生成类黑色物质，此反应称为脱氨基反应。　（　　）

14. 维生素 D 又叫生育酚，为浅黄色黏稠油状液体。　（　　）

15. 机体缺碘可造成甲状腺肿大，孕妇缺碘可引起新生儿患"呆小症"。　（　　）

16. 碘值越小，说明油脂中双键越少，氧化程度越高。　（　　）

17. 亚油酸是最重要的必需脂肪酸。　（　　）

18. 水分含量相同的食品，其水分活度亦相同。　（　　）

19. 人体缺铁时易引起缺铁性贫血。　（　　）

20. 麦胶蛋白和麦谷蛋白是构成面筋的主要成分。　（　　）

六、**简答**（每小题 5 分，共 20 分）

1. 什么是必需氨基酸？分别有哪几种？

2. 简述结合水与自由水的区别。

3. 简述温度和 pH 值对酶活性的影响。

4. 简述谷物在储藏过程中脂肪的变化。

综合测试（三）

一、**单项选择**（选择一个正确的答案，将相应的字母填入题内的括号中。每题 1 分，共 20 分）

1. 维生素是维持人和动物机体健康所必需的一类（　　）。

A. 无机化合物　　B. 低分子有机化合物　C. 多肽　　　　D. 碳水化合物

2. 各种蛋白质含氮量很接近，平均为（　　）。

A. 24%　　　　　B. 55%　　　　　　C. 16%　　　　　D. 6.25%

3. 下列哪种微生物对水分活度最敏感（　　）。

A. 细菌　　　　　B. 酵母菌　　　　　C. 霉菌　　　　　D. 小球菌

4. 以下物质中不含磷元素的是（　　）。

A. 核酸　　　　　B. 磷脂　　　　　　C. ATP　　　　　D. 色氨酸

5. 组成天然蛋白质的氨基酸有（　　）种。

A. 10　　　　　　B. 20　　　　　　　C. 30　　　　　　D. 40

6. 测得某一蛋白质样品的氮含量为 0.40g，则此样品约含蛋白质（　　）g。

A. 2.00　　　　　B. 2.50　　　　　　C. 3.00　　　　　D. 6.25

7. 米氏常数 K_m 值（　　）。

A. 愈大，酶与底物的亲和力越高

B. 愈小，酶和底物的亲和力越大

C. 愈小，酶和底物的亲和力越低

D. 大小和酶的浓度有关

8. 缺乏维生素 A 将导致（　　）。

A. 坏血病　　　　　B. 夜盲症　　　　　　C. 贫血　　　　　　　D. 癞皮病

9. 蛋白质在等电点所带电荷（　　）。

A. 正电荷　　　　　　　　　　　　　B. 负电荷

C. 不带电荷　　　　　　　　　　　　D. 带等量的正、负电荷

10. 以下不属于低聚糖共性的是（　　）。

A. 可溶于水　　　　　B. 有甜味　　　　　　C. 发生水解　　　　　D. 还原性

11. 具有调节钙、磷代谢，预防佝偻病和软骨病等生理功能的维生素为（　　）。

A. 维生素 B_1　　B. 维生素 C　　　　　C. 维生素 D　　　　　D. 维生素 K

12. 下列哪一项不是蛋白质 α-螺旋结构的特点（　　）。

A. 天然蛋白质多为右手螺旋

B. 肽链平面充分伸展

C. 每隔 3.6 个氨基酸螺旋上升一圈

D. 每个氨基酸残基上升高度为 0.15nm

13. 下列哪些是酶的激活剂（　　）。

A. Na^+　　　　　　B. Ag^+　　　　　　C. Hg^{2+}　　　　　D. CO

14. 玉米胚中含有（　　），这点与其他谷类粮食明显不同。

A. 淀粉　　　　　　　B. 脂肪　　　　　　　C. 蛋白质　　　　　D. 矿物质

15. 酶促反应中决定酶专一性的部分是（　　）。

A. 催化部位　　　　　B. 底物　　　　　　　C. 辅酶或辅基　　　　D. 结合部位

16. 下列不能显著吸收紫外线的氨基酸是（　　）。

A. 酪氨酸　　　　　　B. 色氨酸　　　　　　C. 赖氨酸　　　　　D. 苯丙氨酸

17. 要保持大米品质，（　　）最好。

A. 充二氧化碳储藏　　　　　　　　　B. 自然缺氧储藏

C. 常规储藏　　　　　　　　　　　　D. 低温储藏

18. 米面供给人体最多的是（　　）。

A. 脂肪　　　　　　　B. 糖类　　　　　　　C. 蛋白质　　　　　D. 无机盐

19. 食品中结合水的含量与水分活度的关系下面表述正确的是（　　）。

A. 食品中结合水的含量越高，水分活度就越高

B. 食品中结合水的含量越高，水分活度就越低

C. 食品中结合水的含量对其水分活度没有影响

D. 食品中结合水的含量越低，水分活度就越高

20. 维生素 B_{12} 中所含的矿物质为（　　）。

A. 锌　　　　　　　　B. 铜　　　　　　　　C. 铬　　　　　　　　D. 钴

二、多项选择（选择正确的答案，将相应的字母填入题内的括号中。每小题 1 分，共 10 分）

1. 下列哪种蛋白质在 pH5 的溶液中带正电荷（　　）。

A. pI 为 4.5 的蛋白质　　　　　　　B. pI 为 7.4 的蛋白质

C. pI 为 7 的蛋白质　　　　　　　　D. pI 为 6.5 的蛋白质

2. 结合酶类的特点是（　　　）。

A. 辅助因子种类少，酶蛋白种类多

B. 一种酶蛋白可以与多种辅助因子结合

C. 酶蛋白与辅助因子组成全酶才有活性

D. 一种酶蛋白只能与一种辅助因子结合

3. 降低食品水分活度的方法有（　　　）。

A. 自然干燥　　　　B. 热风干燥　　　　C. 真空干燥　　　　D. 喷雾干燥

4. 丙酮酸的无氧降解包括（　　　）。

A. 酒精发酵　　　　B. 乳酸发酵　　　　C. 氧化脱羧　　　　D. 三羧酸循环

5. 酶的抑制作用可分为（　　　）。

A. 不可逆抑制作用　　　　　　　　　　B. 可逆抑制作用

C. 竞争性抑制作用　　　　　　　　　　D. 非竞争性抑制作用

6. 下列维生素中不属于脂溶性维生素的是（　　　）。

A. 维生素 C　　　B. 维生素 B_1　　　C. 维生素 A　　　　D. 维生素 B_2

7. 下列物质哪些能参与人体的抗氧化作用（　　　）。

A. 硒　　　　　　B. 铬　　　　　　　C. 维生素 C　　　　D. 维生素 E

8. 维生素缺乏的主要原因是（　　　）。

A. 维生素摄入不足　　　　　　　　　　B. 需要量相对增加

C. 由于年龄太小或太大　　　　　　　　D. 吸收利用障碍

9. 下列糖中，属于单糖的是（　　　）。

A. 葡萄糖　　　　B. 葡聚糖　　　　　C. 阿拉伯糖　　　　D. 果糖

10. 影响油脂自动氧化的因素有（　　　）。

A. 受热　　　　　B. 水分活度　　　　C. 重金属离子　　　D. 血红素

三、名词解释（每小题 2 分，共 10 分）

1. 酸价

2. 米氏常数

3. 蛋白质的一级结构

4. 维生素

5. 粮食安全水分

四、填空（每空 1 分，共 20 分）

1. 脂肪能在酸或酶及加热的条件下水解为（　　　）和（　　　）。

2. 纤维素是由（　　　）组成，它们之间通过（　　　）相连。

3. 可逆抑制分为三种类型：（　　　）、（　　　）和（　　　）。

4. 加入低浓度的中性盐可使蛋白质溶解度（　　　），这种现象称为（　　　），而加入高浓度的中性盐，当达到一定的盐饱和度时，可使蛋白质的溶解度（　　　）并发生（　　　）现象，这种现象称为（　　　）。

5. 米氏方程表达了（　　　）和（　　　）之间的关系。

6. 依据化学结构可将糖类化合物分为（　　　）、（　　　）和（　　　）三类。

7. 氨基酸和茚三酮反应生成（　　　）色化合物，仅（　　　）和（　　　）生成黄色化合物，上述反应用于氨基酸的比色。

五、判断题（将判断结果填入括号中，正确的填"√"，错误的填"×"。每题 1 分，共 20 分）

1. 在具有四级结构的蛋白质分子中，每个具有三级结构的多肽链是一个亚基。（　　）
2. 一般来说通过降低 A_w，可提高食品稳定性。（　　）
3. 蛋白质的变性是蛋白质立体结构的破坏，因此涉及肽键的断裂。（　　）
4. 老化是糊化的逆过程，糊化淀粉充分老化后，其结构可恢复为生淀粉的结构。
（　　）
5. 酶活性中心是酶分子的一小部分。（　　）
6. 直链淀粉遇碘产生紫红色，支链淀粉遇碘产生蓝色。（　　）
7. 当蛋白质溶液处于等电点时，其溶解度达到最大值。（　　）
8. 维生素 D、乳糖、蛋白质都可以促进钙的吸收。（　　）
9. 维生素不能供能，但可构成机体组织。（　　）
10. 竞争性抑制剂在结构上与酶的底物相类似。（　　）
11. 果糖是酮糖，不属于还原糖。（　　）
12. 所有的蛋白质都具有一、二、三、四级结构。（　　）
13. 酶促反应速率随底物浓度的增大而加快。（　　）
14. 纤维素不能被人体消化，故无营养价值。（　　）
15. 天然氨基酸都有一个不对称 α-碳原子。（　　）
16. 人体内若缺乏维生素 B_6，会引起氨基酸代谢障碍。（　　）
17. 维生素 C 又称生育酚。（　　）
18. 纯净的脂肪酸及甘油酯是黄绿色的。（　　）
19. 谷物中的结合水是以毛细管力与谷物相结合的。（　　）
20. 三羧酸循环提供大量能量是因为底物水平磷酸化直接生成 ATP。（　　）

六、简答（每小题 5 分，共 20 分）

1. 何谓葡萄糖的构型？怎样决定为何种构型？
2. 什么是蛋白质的等电点？在等电点时蛋白质具有哪些性质？
3. 在观察粮粒剖面时，为什么有些子粒或子粒的某些部分是不透明或粉质的，有些是玻璃质的？
4. 维生素有哪些共同特点？

附录二 各章练习及综合测试答案

第二章 练习答案

一、名词解释

原粮：是指收获后尚未经过加工的粮食的统称。

油脂：油料经压榨或浸提等工艺制取得到的符合一定质量标准的油脂成品。

成品粮：是原粮经过碾磨加工而成的符合一定质量标准的粮食成品。

粮油副产品：是指粮油经加工除主产品以外的其他副产物。它可分为粮食副产品和油脂副产品两大类。

糙米：稻谷加工去壳后的颖果部分。

硬质小麦：角质率达 70% 以上的小麦为硬质小麦。

软质小麦：粉质率达 70% 以上的小麦为软质小麦。

硬度指数：指在规定条件下粉碎小麦样品，留存在筛网上的样品占试样的质量分数，用 HI 表示。

花生仁：花生果脱去果壳后的种子。

双低油菜籽：油菜籽的脂肪酸中芥酸含量不大于 3.0%，粕（饼）中的硫苷含量不大于 35.0μmol/g 的油菜籽。

二、单项选择

1. A 2. C 3. B 4. C 5. A 6. B 7. B 8. C 9. A 10. C

三、多项选择

1. ABC 2. AB 3. AC 4. ABCD 5. ABCD 6. ACD 7. AB 8. ABC 9. BCD
10. ABD

四、填空

1. 粮食；油料与油脂；粮油副产品；粮油食品

2. 原粮；成品粮

3. 皮层；胚乳；胚

4. 胚根；胚轴；子叶；胚芽

5. 果皮；种皮；糊粉层；胚和胚乳

6. 角质；粉质

7. 皮层；胚乳；胚

8. 大豆是双子叶无胚乳的种子

9. 白芝麻；黑芝麻；其他纯色芝麻；杂色芝麻

10. 水分；糖类；脂肪；蛋白质；维生素；矿物质

五、判断题

1. √　2. ×　3. √　4. ×　5. ×　6. √　7. √　8. √

六、简答

1. 简述稻谷的分类。

答：（1）根据种植地形、土壤类型、水层厚度和气候条件，可分为灌溉稻、无水低地稻、潮汐湿地稻、深水稻和旱稻。

（2）按收获季节、粒形和粒质分为早籼稻谷、晚籼稻谷、粳稻谷、籼糯稻谷和粳糯稻谷。

2. 简述小麦的分类。

答：（1）按播种期可将小麦分为冬小麦和春小麦。

（2）按皮色可将小麦分为红皮小麦和白皮小麦。

（3）按粒质可将小麦分为硬质小麦和软质小麦。

（4）根据 GB 1351—2008《小麦》的规定，小麦按其皮色和粒质分为硬质白小麦、软质白小麦、硬质红小麦、软质红小麦和混合小麦。

3. 玉米胚区别于一般谷物的主要特点。

答：一般谷物胚中不含淀粉，而玉米子叶所有细胞中都含有淀粉，胚芽、胚芽鞘及胚根鞘中也含有淀粉。

4. 简述玉米的分类。

答：（1）根据玉米子粒外部形态和内部结构，以及玉米子粒中直链淀粉和支链淀粉的比例，可将玉米分为硬质型、马齿型、半马齿型、糯质型、爆裂型、粉质型、甜质型和有稃型八个类型。

（2）按照玉米粒色可将玉米分为黄玉米、白玉米。

（3）按照玉米生育期长短可将玉米分为早熟品种、中熟品种、晚熟品种三类。

（4）按照用途可将玉米分为食用、饲用及食饲兼用三类。

（5）根据 GB 1353—2009《玉米》规定，玉米按种皮颜色分为黄玉米、白玉米、混合玉米三类。

5. 简述大豆的分类。

答：大豆一般根据种皮的颜色和子粒的大小进行分类。

（1）按大豆子粒的大小可分为大粒、中粒和小粒三类。

（2）根据 GB 1353—2009《大豆》的规定，大豆按皮色分为黄大豆、青大豆、黑大豆、其他大豆和混合大豆五类。

6. 简述高粱的用途。

答：（1）食用高粱　子粒大，饱满充实，粒形扁平，品质较佳，可供食用。

（2）糖用高粱　子粒品质差，其茎秆含有较多糖，可用于制糖。

（3）帚用高粱　品质最差，穗长而有较多枝梗，脱粒后穗可做帚把。

7. 简述小麦的化学成分与制粉的工艺关系。

答：水分：含量直接影响面粉品质。淀粉：是面粉的主要成分，存在于小麦的胚乳中。蛋白质：面筋的主要成分，与小麦加工品质息息相关。脂肪：大量存在于胚中，易使面粉氧化。矿物质：主要分布在皮层，提供面粉灰分含量。粗纤维：主要分布在皮层，影响面粉的白度和细度。

8. 简述稻谷形态与出米率的关系。

答：颖果在未碾去皮层时，表面光滑，具有蜡状光泽，并有纵向沟纹五条，纵沟的深浅随稻谷品种的不同而异，它对出米率有一定的影响。碾米主要是碾去颖果的皮层，而纵沟内的皮层往往很难全部碾去，若要全部碾去，必然使胚乳造成很大的损伤。因此，在其他条件相同的情况下，要达到同一精度（米粒表面去皮的程度），则纵沟越浅，皮层越易碾去，胚乳损失小，出米率就高，反之，出米率则低。

9. 小麦为什么只能制粉而不能制米？

答：（1）小麦有腹沟，不能完全去皮。

（2）皮层和胚乳结合紧密，去皮制成完整颗粒难度大。

（3）胚乳中含有面筋蛋白，只有制粉加水调和后才能用。

10. 在观察粮粒剖面时，为什么有些子粒或子粒的某些部分是不透明或粉质的，有些是玻璃质的？

答：这是因为糙米的胚乳有角质和粉质之分。胚乳中的淀粉细胞腔中充满着晶状的淀粉粒，在淀粉的间隙中填充有蛋白质。若填充的蛋白质较多时，其胚乳结构紧密，组织坚实，米粒呈透明状，称为角质胚乳。如果填充的蛋白质较少，淀粉粒之间有空隙，则胚乳组织松散而成粉状，使子粒呈现不透明或粉质，为粉质胚乳。

第三章　练习答案

一、名词解释

糖类：由 C、H、O 三种元素组成的，含有多羟基醛或多羟基酮及其聚合物和某些衍生物的总称。

低聚糖：又叫寡糖，是由 2～10 个单糖分子缩合而成的聚合物，彼此以糖苷键连接，水解后产生单糖。

同聚多糖：由同一种单糖缩合而成的多糖。

异聚多糖：由两种以上单糖或其衍生物缩合形成的多糖。

不对称碳原子：在有机化合物分子中，与四个不相同的原子或基团相连接的碳原子叫作不对称碳原子。

变旋性：新配置的旋光性物质的溶液放置后，其比旋光度发生改变最后趋于稳定的现象。

淀粉的糊化：干淀粉悬于水中并加热时，淀粉粒吸水溶胀并发生破裂，淀粉分子进入水中形成半透明的胶悬液，同时失去晶态和双折射性质，这个过程称为糊化。

淀粉的凝沉：当凝胶化的淀粉液缓慢冷却并长期放置时，淀粉分子会自动聚集并借助分

谷物与谷物化学概论

子间的氢键键合形成不溶性微晶束而重新沉淀。这种现象称为淀粉的凝沉。

改性淀粉：淀粉经适当的化学处理，分子中引入相应的化学基团，分子结构发生变化，产生了一些符合特殊需要的理化性能，这种发生了结构和性状变化的淀粉衍生物称为改性淀粉。

糖苷：单糖环状结构中的半缩醛（或半缩酮）羟基与醇、酚类化合物发生失水缩合反应，生成缩醛（或缩酮）式衍生物，称为糖苷。

二、单项选择

1. D 2. B 3. A 4. A 5. C 6. C 7. C 8. A 9. A 10. B 11. A

三、多项选择

1. ABD 2. ABD 3. AD 4. AD 5. AC 6. AD 7. ABCD 8. ABC 9. ACD 10. AB

四、填空

1. 直链淀粉；支链淀粉

2. 糖酵解；三羧酸循环

3. 单糖；低聚糖；多糖

4. D-葡萄糖；β-1,4

5. 葡萄糖；糖原；糖原

6. 糖的半缩醛（或半缩酮）羟基；或缩酮

7. 离羰基最远的一个不对称碳原子上羟基的位置

8. 蓝；紫

9. 葡萄糖；果糖；α-1,2

10. 半乳糖；葡萄糖；果糖

五、判断题

1. × 2. × 3. × 4. × 5. × 6. × 7. √ 8. × 9. × 10. ×

六、写出下列物质的结构式

见教材

七、简答

1. 斐林试剂鉴定葡萄糖为还原糖的原理。

答：具有还原性且与弱氧化剂发生反应的糖叫还原糖。斐林试剂是由硫酸铜与酒石酸钾钠制得的氢氧化铜蓝色沉淀溶液，葡萄糖是还原糖，能将氢氧化铜中 2 价铜离子还原成 1 价 Cu_2O，使溶液变成砖红色。

2. 试述方便面、方便米饭等食品加热水即可食用的原理。

答：方便面、方便米饭等食品的制作利用了淀粉糊化的原理。面条或米饭在加水煮熟以后，在 100℃以上的热风中快速脱水干燥，或者在 150℃左右的油中快速脱水干燥，淀粉分子就被固定呈松散不定形的糊化淀粉状态，加入适量的热水即可食用。

3. 简述糖类对谷物储藏的稳定性的影响。

答：谷物收获过早或发芽，糖分有增高的现象。葡萄糖及蔗糖均是生物体最易吸收的营养物质，糖分高的谷物容易受害虫、霉菌的侵袭，引起谷物发热不易保管。谷物中的单糖、双糖含量虽然不多，但是谷物中主要的多糖如淀粉是由葡萄糖组成的，一定条件下会分解成单糖或双糖，危害谷物的储藏效果。

4. 糖的 D-型，L-型，α-，β-是如何区别的？

答：在单糖的环状结构表示法中，在标准定位（即含氧环上的碳原子按顺时针序数排列）的 Haworth 式中羟甲基在环平面上方的为 D-型糖，在环平面下方的为 L-型糖。

α-型和 β-型葡萄糖，这两种环形半缩醛是非对映异构体，因为它们的区别只在于 C_1 的构型相反，其他碳原子的构型相同。新形成的手性碳原子上的羟基（即半缩醛的羟基）与 C_5（即决定糖构型的碳原子）上的羟基在碳链的同侧的叫 α-型，新形成羟基与 C_5 上的羟基在碳链的反侧的是 β-型。

5. 简述淀粉与纤维素的异同。

答：（1）淀粉和纤维素都是植物多糖，但功能不同，淀粉是糖的储存形式，纤维素是植物细胞壁的结构成分。

（2）淀粉和纤维素都是由葡萄糖构成，但结构不同，葡萄糖以 α-1,4-和 α-1,6-糖苷键形成淀粉，以 β-1,4-糖苷键结合形成纤维素。

（3）淀粉包括直链淀粉和支链淀粉，后者有分支；纤维素都是直链结构，没有分支。

（4）直链淀粉溶于水，溶液与碘呈色，纤维素不溶于水，与碘不呈色。

6. 简述单糖及其分类。

答：单糖是最简单的糖，只含一个多羟基醛或多羟基酮单位。按分子中所含碳原子的数目，单糖可分为丙糖、丁糖、戊糖和己糖等。自然界中最丰富的单糖是含 6 个碳原子的葡萄糖。按分子中羰基的特点，单糖又分为醛糖和酮糖，如葡萄糖是醛糖，果糖是酮糖。

7. 简述鉴定酮糖和醛糖的化学方法。

答：（1）溴水的缓冲溶液（pH6）能很好地氧化醛糖成为一羧酸，醛糖酸。而酮糖则不能被溴氧化；

（2）酮糖在酸的条件下与间苯二酚生成红色缩合物，而醛糖慢得多。

8. 单糖为什么具有旋光性？

答：（1）旋光性是一种物质使直线偏振光的震动平面发生旋转的特性。

（2）单糖分子结构中均含有手性碳原子，故都具有旋光性。

9. 糖类物质在生物体内起什么作用？

答：（1）糖类物质是异养生物的主要能源之一，糖在生物体内经一系列的降解而释放大量的能量，供生命活动的需要。

（2）糖类物质及其降解的中间产物，可以作为合成蛋白质、脂肪的碳架及机体其他碳素的来源。

（3）在细胞中糖类物质与蛋白质、核酸、脂肪等常以结合态存在，这些复合物分子具有许多特异而重要的生理功能。

（4）糖类物质还是生物体的重要组成成分。

第四章　练习答案

一、名词解释

酸败：油脂及含油脂较多的食物在空气、光线、温度、金属离子、微生物等多种因素的影响下，分解成具有臭味的小分子醛、酮、酸的现象。

酸值：中和1g油脂中游离脂肪酸所需KOH（或NaOH）的毫克数。

脂肪酸值：中和100g粮食试样中游离脂肪酸所需氢氧化钾的毫克数。

皂化值：在规定条件下皂化1g脂肪所需的氢氧化钾的质量（mg），用mg/g表示。

油脂：油和脂的总称，也称真脂、脂肪。习惯上把在常温下呈液态的脂肪叫油，呈固态的脂肪叫脂。

碘值：每100g脂肪所能吸收碘的克数。

脂肪：由甘油和脂肪酸形成的三酰甘油。

乳化剂：能使互不相溶的两相中的一相分散于另一相中的物质。

不饱和脂肪酸：分子中含有一个或多个双键的脂肪酸称为不饱和脂肪酸。

必需脂肪酸：不能由人体自身合成，必须由食物供给的脂肪酸称为必需脂肪酸。

二、单项选择

1. C 2. C 3. B 4. D 5. D 6. D 7. A 8. D 9. A 10. A

三、多项选择

1. AD 2. ABD 3. AC 4. AC 5. AD 6. ABCD 7. ABC 8. AB 9. ABD
10. AB

四、填空

1. 真脂；类脂

2. 丙烯醛

3. 固体；液体

4. 单纯脂质；复合脂质；衍生脂质

5. 甘油；脂肪酸

6. 单不饱和脂肪酸；多不饱和脂肪酸

7. 油包水型；水包油型

8. 醇类；脂肪酸；磷酸；一个含氮化合物

9. 胆固醇

10. 油料中的脂溶性色素溶入油中

五、判断题

1. × 2. × 3. √ 4. √ 5. × 6. × 7. × 8. × 9. √ 10. √ 11. ×
12. ×

六、简答

1. 脂类物质的生理意义。

答：（1）储存能量和氧化功能　　（2）构成机体组织的成分　　（3）提供必需脂肪酸，协调和促进脂溶性维生素的吸收　　（4）具有保温和保护作用

2. 何为油脂氢化？氢化后油脂会发生哪些变化？氢化油脂的用途主要有哪些？

答：（1）油脂氢化是指在催化剂的作用下，油脂的不饱和双键与氢发生的加成反应，油脂氢化是油脂改性的一种有效手段。

（2）油脂氢化后结构会发生变化：双键数目减少，反式双键出现，双键发生异构化。结构的变化导致油脂的性质也发生变化：油脂的熔点提高，塑性改变，抗氧化能力增强，并能

防止油脂回味。

（3）氢化油脂的用途主要是可以作为人造奶油的基料油，起酥油的基料油，可可脂代用品。

3. 阐述引起油脂酸败的原因、类型及影响。

答：（1）油脂酸败的原因：在储藏期间因空气中的氧气、日光、微生物、金属离子、酶等作用。

（2）油脂酸败的类型可分为：水解型酸败、自动氧化酸败、β-型氧化酸败。

（3）油脂酸败的影响为：产生不愉快的气味，味变苦涩，甚至具有毒性，降低油脂的营养价值。

4. 请写出脂肪的结构通式。

答案略

5. 为什么牛油、羊油要趁热食用才容易消化？

答：健康人体温为 37℃ 左右，牛油、羊油的熔点高于人体体温，直接食用难于消化，因此要趁热食用才易于人体消化。

6. 如何避免含脂食品氧化变质？

答：排除 O_2，采用真空或充 N_2 包装和使用透气性低的有色或遮光的包装材料，并尽可能避免在加工时混入铁、铜等金属离子。储藏油脂应用有色玻璃瓶装，避免使用金属容器。

7. 试述乳化剂的工作原理。

答：乳化剂是含有亲水基团和疏水基团的分子。亲水基团是极性的，被水吸引；疏水集团是非极性的，被油吸引。在以水为分散相的乳液中，乳化剂分子的极性"头部"伸向水滴中，而非极性"尾部"伸向油中。由于极性相斥，附于水-油界面的乳化剂分子形成一个围绕水滴的完整保护膜，因而形成稳定的乳浊液。

8. 磷脂的分类有哪些？

答：磷脂结构比较复杂，由醇类、脂肪酸、磷酸和一个含氮化合物所组成。按其组成中醇基部分的种类又可分为甘油磷脂和非甘油磷脂两类。

9. 脂类的共同特征是什么？

答：（1）不溶于水而易溶于乙醚等非极性的有机溶剂。

（2）都具有酯的结构，或与脂肪酸有成酯的可能。

（3）都是由生物体所产生，并能为生物体所利用。

10. 什么是必需脂肪酸？人体所需的必需脂肪酸有哪些？

答：必需脂肪酸是指机体生命活动必不可少，但机体自身又不能合成，必须由食物供给的多不饱和脂肪酸。包括亚油酸、亚麻酸、花生四烯酸。

第五章　练习答案

一、名词解释

蛋白质的等电点（pI）：蛋白质在某 pH 条件时，所带的正电荷与负电荷恰好相等，即净电荷为零，在电场中既不向阳极移动，也不向阴极移动，此时溶液的 pH 称为蛋白质的等电点（pI）。

蛋白质的一级结构：蛋白质分子中氨基酸的组成、连接方式以及氨基酸在多肽链中的排列顺序。

蛋白质的二级结构：蛋白质多肽链中主链原子在局部空间的排布，不包括氨基酸残基侧链的构象。

蛋白质的三级结构：整条多肽链中全部氨基酸的相对空间位置，即肽链中所有原子在三维空间的排布位置。

蛋白质的四级结构：具有两个或两个以上的蛋白质三级结构通过非共价键彼此缔合而形成的特定的蛋白质分子。

蛋白质的空间结构：蛋白质分子中各种原子、基团在三维空间上的相对位置，包括蛋白质的二级、三级、四级结构。

亚基：蛋白质四级结构中每条具有独立三级结构的多肽链单位称为亚基或亚单位。

蛋白质的变性：在某些理化因素的作用下，蛋白质特定的空间结构破坏而导致理化性质改变和生物学活性丧失，这种现象称为蛋白质的变性。

盐析：向蛋白质溶液中加入高浓度的中性盐致使蛋白质溶解度降低而从溶液中析出的现象，称为盐析。

完全蛋白质：所含必需氨基酸种类齐全、数量充足、相互比例适当，不但可以维持人体健康，还可以促进生长发育的一类优质蛋白质。

二、单项选择

1. D 2. B 3. C 4. B 5. B 6. A 7. D 8. D 9. C 10. D

三、填空

1. 16%

2. 氨基末端；羧基末端

3. α-螺旋；β-折叠；β-转角；无规则卷曲

4. 肽键；氢键；疏水作用；范德华力

5. pH 值

6. 水化层；同性电荷层

7. 球状蛋白质；纤维状蛋白质

8. 盐析；有机溶剂沉淀；重金属盐沉淀；生物碱试剂沉淀

9. 氨基；羧基；肽键

10. 麦胶蛋白；麦谷蛋白；面筋

四、判断题

1. × 2. × 3. √ 4. √ 5. √ 6. × 7. × 8. × 9. ×

五、简答

1. 蛋白质变性的实质是什么？

答：蛋白质变性的实质是蛋白质次级键被破坏，二级、三级、四级结构改变，天然构象解体。但一级结构不变，无肽键断裂。

2. 何谓必需氨基酸？写出八种必需氨基酸的名称。

答：动物及人体不能合成或者合成不足，必须由食物中供给的氨基酸称为必需氨基酸。赖氨酸、苯丙氨酸、缬氨酸、蛋氨酸、色氨酸、亮氨酸、异亮氨酸、苏氨酸。

3. 简述蛋白质的生物学功能。

答：（1）蛋白质是构成生物体的基本成分。

（2）蛋白质具有多样性的生物学功能。①生物催化和代谢调节作用。②物质的转运和生物膜的功能。③免疫保护作用。④运动功能。

4. 简述蛋白质发生沉淀作用的原因。

答：蛋白质由于带有电荷和水化膜，因此在水溶液中呈稳定的胶体溶液，当条件改变时，破坏了蛋白质的水化膜或中和了蛋白质的电荷，稳定性就被破坏，蛋白质分子相聚集而从溶液中析出，这种现象称为蛋白质的沉淀作用。

5. 什么是蛋白质的等电点？在等电点时蛋白质具有哪些性质？

答：（1）蛋白质的等电点：与氨基酸类似，对某一蛋白质来说，在某一 pH 条件时，它所带的正电荷与负电荷恰好相等，即净电荷为零，在电场中既不向阳极移动，也不向阴极移动，此时溶液的 pH 称为蛋白质的等电点。

（2）蛋白质在等电点时的特性：蛋白质在等电点条件下，蛋白质的溶解度、黏度、渗透压和溶胀能力降到最低。

6. 什么是盐析？简述盐析的基本原理。

答：（1）盐析：当中性盐浓度增加到一定程度时，蛋白质的溶解度明显下降并沉淀析出的现象，叫作盐析。

（2）基本原理：当盐浓度较高时，中性盐可以破坏蛋白质胶体周围的水化膜，同时又中和了蛋白质分子的电荷，降低蛋白质的溶解度，使蛋白质发生沉淀。

7. 影响蛋白质变性的因素有哪些？举例说明蛋白质变性在实践中的应用。

答：物理因素有高温、高压、超声波、剧烈振荡、搅拌、X 射线和紫外线等；

化学因素如强酸、强碱、尿素、胍、去污剂、重金属盐（Hg^{2+}、Ag^+、Pb^{2+} 等）、三氯乙酸、浓乙醇等都能使蛋白质变性。

一般情况下，变性蛋白质更易被人体消化。食品加工中利用蛋白质的变性可以制成豆腐、腌蛋等。食品卫生中的乙醇消毒灭菌和加热蒸煮杀菌，均是蛋白质变性的实践应用。

8. 根据分子组成，蛋白质分成哪两类？

答：蛋白质根据分子组成和特性分为单纯蛋白质和结合蛋白质。单纯蛋白质亦称简单蛋白质，是指蛋白质完全水解后的产物只有氨基酸。结合蛋白质亦称缀合蛋白质，是由一个蛋白质分子与一个或多个非蛋白质分子结合而成。按组分分为五类：核蛋白、脂蛋白、糖蛋白、磷蛋白和色蛋白。

9. 蛋白质的空间结构可分为几种类型，稳定这些结构的主要化学键分别为哪些？

答：蛋白质的空间结构有一级结构、二级结构、三级结构、四级结构。

主要化学键有：氢键、疏水键、二硫键、盐键、范德华力。

10. 简述面团形成的基本过程。

答：麦胶蛋白和麦谷蛋白是构成面筋的主要成分，又称面筋蛋白。小麦中含有的小麦面筋蛋白质，约占面粉蛋白质的 85%，它决定面团的特性。当面粉加水和成面团的时候，麦胶蛋白和麦谷蛋白按一定规律相结合，构成像海绵一样的网络结构，组成了面筋软胶的骨架。其他成分如脂肪、糖类、淀粉和水都包藏在面筋骨架的网络之中，这就使得面筋具有弹性和可塑性。

11. 用凯氏定氮法测得 0.1g 大豆中氮含量为 4.4mg，试计算 100g 大豆中含多少克蛋白质?

答：0.1g 大豆中氮含量为 4.4mg 即为 0.0044g，100g 大豆的含氮量为 0.0044g×1000＝4.4g

100g 大豆中蛋白质含量 4.4×6.25＝27.5g。

第六章　练习答案

一、名词解释

酶：酶是由生物体活细胞产生的具有特殊催化活性和特定空间构象的生物大分子，包括蛋白质和核酸，又称为生物催化剂。

全酶：酶蛋白与辅助因子单独存在时，均无催化活力，只有二者结合成完整的酶分子时才具有活力。此完整的酶分子称为全酶。

辅酶：是指与酶蛋白结合比较松弛的小分子有机物质，通过透析的方法可以除去，如辅酶Ⅰ和辅酶Ⅱ等。

辅基：是以共价键与酶蛋白结合，不能通过透析方法除去，需经过一定的化学处理才能与酶蛋白分开，如细胞色素氧化酶中的铁卟啉等。

酶原：某些酶在最初合成和分泌时，并无催化活性，这种没有催化活性的酶的前体称为酶原。

酶的活性中心：酶分子中直接与底物结合并催化底物发生化学反应的部位称为酶的活性中心。

必需基团：酶分子中有些基团若经化学修饰（如氧化、还原、酰化等）使其改变，则酶的活性丧失，这些基团即称为必需基团。

米氏常数：用 K_m 值表示，K_m 值是当酶反应速率达到最大反应速率一半时底物浓度。

不可逆抑制作用：抑制剂与酶的必需基团以共价键结合而引起酶活力丧失，不能用透析、超滤等物理方法除去抑制剂而使酶恢复活力，称为不可逆抑制作用。

可逆抑制作用：抑制剂与酶以非共价键结合而引起酶活力降低或丧失，能用物理方法除去抑制剂而使酶复活，称为可逆抑制作用。

二、单项选择

1. D　2. B　3. D　4. D　5. B　6. C　7. A　8. D　9. B　10. A

三、多项选择

1. ABCD　2. ACD　3. BCD　4. ABC　5. ABCD　6. AB　7. ABCD　8. ABCD

9. ABC　10. AC

四、填空

1. 蛋白质

2. 氧化还原酶类；转移酶类；水解酶类；裂合酶类；异构酶类；合成酶类

3. 结合部位；催化部位；结合部位；催化部位

4. 酶蛋白；辅助因子；全酶

5. 温度升高，可使反应速度加快；温度太高，会使酶蛋白变性而失活

6. 酶原；酶原激活；酶活性部位

7. $-1/K_m$；$1/V_{max}$

8. 不可逆抑制作用；可逆抑制作用

9. 竞争性抑制；非竞争性抑制；反竞争性抑制

10. α-淀粉酶；β-淀粉酶；葡萄糖淀粉酶；异淀粉酶

五、判断题

1. ×　2. √　3. ×　4. ×　5. √　6. ×　7. √　8. ×　9. √　10. √

六、简答

1. 简述酶作为生物催化剂与一般化学催化剂的共性及其个性。

答：（1）共性：用量少而催化效率高；能够缩短反应达到平衡所需的时间，但不改变化学反应的平衡点；能加快反应速率，而其本身在反应前后不发生结构和性质的改变；可降低化学反应的活化能。

（2）个性：酶催化的高效性、酶催化的高度专一性、酶催化的反应条件温和、酶活性受到调节和控制、酶的催化活性与辅酶、辅基和金属离子有关。

2. 举例说明酶的专一性。

（1）绝对专一性：有些酶对底物的要求非常严格，只作用于一种底物，底物分子上任何细微的改变酶都不能作用，这种专一性称为绝对专一性，例如，脲酶只水解尿素。

（2）相对专一性：有一些酶对底物的要求不是十分严格，可作用于一类结构相近的底物，这种专一性称为相对专一性。例如，酯酶催化酯键的水解。

（3）立体异构专一性：一种酶仅作用于立体异构体中的一种，酶对立体异构物的这种选择性称为立体异构专一性。例如，乳酸脱氢酶只作用于 L-乳酸，而不催化 D-乳酸。

3. 比较三种可逆性抑制作用的特点。

（1）竞争性抑制：抑制剂的结构与底物结构相似，共同竞争酶的活性中心，当抑制剂与酶结合后，就妨碍了底物与酶的结合，减少了酶的作用机会，因而降低了酶的活力。抑制作用大小与抑制剂和底物的浓度以及酶对它们的亲和力有关。

（2）非竞争性抑制：抑制剂与酶结合后，并不妨碍酶再与底物结合，但所形成的酶-底物-抑制剂三元复合物不能进一步转变为产物。该抑制作用的强弱只与抑制剂的浓度有关。

（3）反竞争性抑制：抑制剂只与酶-底物复合物结合，生成的三元复合物不能解离出产物，因而影响酶活力。

4. 酶蛋白与辅助因子的相互关系如何？

答：（1）酶蛋白与辅助因子一同组成全酶，单独哪一种均无催化活性。

（2）一种酶蛋白只能结合一种辅助因子形成全酶，催化一定的化学反应。

（3）一种辅助因子可与不同酶蛋白结合成不同的全酶，催化不同的化学反应。

（4）酶蛋白决定反应的特异性，而辅助因子具体参加化学反应，决定酶促反应的性质。

5. 简述米氏常数 K_m 的物理意义？

答：K_m 值是当酶反应速率达到最大反应速率一半时的底物浓度。K_m 值是酶的特征常数之一，K_m 的大小只与酶的性质有关，而与酶的浓度无关。K_m 值随测定的底物、反应温度、pH 及离子强度而改变。每一种酶在一定条件下，都有它特定的 K_m 值。如果一种酶可作用于几种底物，则对每一种底物，都各有一 K_m 值。其中 K_m 值最小的底物，一般称为该酶的最适底物或天然底物。$1/K_m$ 可以近似地表示酶对底物亲和力的大小，K_m 值愈小，

$1/K_m$ 愈大，底物和酶的亲和力愈大，这时达到最大反应速率一半所需的底物浓度就愈小，因此酶的最适底物就是酶亲和力最大的底物。

6. 何谓酶原与酶原激活？酶原与酶原激活的生理意义是什么？

答：某些酶在最初合成和分泌时，并无催化活性，这种没有催化活性的酶的前体称为酶原。酶原在一定条件下，经适当的物质作用，可转变成有活性的酶。使无活性的酶原转变为有活性酶的过程称为酶原激活。在组织细胞中，某些酶以酶原的形式存在，具有重要的生物学意义，因为分泌酶原的组织细胞含有蛋白质，而酶原无催化活性，因此可以保护组织细胞不被水解破坏。

7. 影响酶促反应速度的因素有哪些？

答：酶的催化作用是在一定条件下进行的，酶促反应的速度要受到各种因素的影响。如酶的浓度、底物浓度、温度、pH 以及抑制剂和激活剂的存在，都能在不同程度上影响酶促反应的速度。

8. pH 影响酶反应速度的三种可能原因是什么？

答：（1）影响酶分子的构象。过高或过低的 pH 值可以使酶的空间结构破坏，引起酶的构象的改变，酶变性失活。

（2）影响酶的解离。在最适 pH 时，酶分子上的活性基团的解离状态最适于与底物结合，pH 低于或高于最适 pH 时，活性基团的解离状态发生改变，酶和底物的结合力降低，因而酶促反应速率降低。

（3）影响底物的解离。不同的 pH 值对不同种类的底物的基团影响不同，从而影响底物的解离，进而影响底物与酶的作用，降低酶的反应速度。

9. 脲酶的 K_m 值为 25mM，为使其催化尿素水解的速度达到最大速度的 95%，反应系统中尿素浓度应为多少？写出计算过程。

答：米氏方程为：

$$V = \frac{V_{max}[S]}{K_m + [S]}$$

所以

$$95\% = \frac{[S]}{K_m + [S]} = \frac{[S]}{25 + [S]}$$

得到反应中尿素的浓度为 475mM。

10. 温度对酶反应速度的双重影响是什么？

答：酶促反应在一定的温度范围内，其反应速率随温度的升高而加快。酶的化学本质是蛋白质，随着温度升高，使酶蛋白逐渐变性而失活，引起酶促反应速率下降。低温抑制酶的反应速度而不会使酶失活。酶有一定的最适反应温度。

第七章 练习答案

一、名词解释

维生素：维生素是维持人和动物机体健康所必需的一类低分子有机化合物，它们不能在体内合成，或者所合成的量难以满足机体的需要，所以必须由食物供给。

脂溶性维生素：能溶于油脂及脂溶剂（如乙醇、乙醚、苯及氯仿等）中的维生素称为脂溶性维生素，包括维生素 A、维生素 D、维生素 E、维生素 K。

水溶性维生素：能够溶于水而不溶于脂肪和有机溶剂的一类维生素称为水溶性维生素，主要包括 B 族维生素和维生素 C。

维生素 A 原：能转化成视黄醇的类胡萝卜素称为维生素 A 原。

辅酶 I：是多种不需氧脱氢酶的辅酶，其化学本质是维生素 PP 在体内与核糖、磷酸、腺嘌呤组成的尼克酰胺腺嘌呤二核苷酸（NAD^+），能可逆的加氢和脱氢，在生物氧化过程中起递氢的作用。

辅酶 II：是多种不需氧脱氢酶的辅酶，其化学本质是维生素 PP 在体内与核糖、磷酸、腺嘌呤组成的尼克酰胺腺嘌呤二核苷酸磷酸（$NADP^+$），能可逆的加氢和脱氢，参与体内的氧化还原反应。

辅酶 A：是泛酸与巯基乙胺和 3'-磷酸腺苷 5'-焦磷酸组成，是酰基转移酶的辅酶，在物质代谢中起转移酰基的作用。

黄素酶：体内以 FMN 和 FAD 为辅基的酶系统称为黄素酶。

生物素：生物素又称维生素 B_7 或维生素 H，它是多种羧化酶的辅酶。

维生素缺乏症：当缺乏维生素时，机体不能正常生长，甚至发病，这种由于缺乏维生素而发生的疾病称为维生素缺乏症。

二、单项选择

1. D　2. C　3. A　4. A　5. B　6. D　7. A　8. D　9. A　10. D

三、多项选择

1. ABC　2. ABCD　3. ACD　4. ACD　5. BD　6. ABCD　7. ABC　8. ABC　9. ABCD
10. ACD

四、填空

1. B；C

2. 麦角固醇；7-脱氢胆固醇

3. FMN；FAD

4. 四氢叶酸；一碳单位转移酶

5. 丙酮酸；脚气病

6. 维生素 A；维生素 D；维生素 E；维生素 K

7. 吡哆醇；吡哆醛；吡哆胺；吡哆醛；吡哆胺；磷酸吡哆醛；磷酸吡哆胺

8. 多种羧化酶；固定 CO_2

9. 吡啶；尼克酸；尼克酰胺；递氢作用

10. 凝血酶原

五、判断题

1. √　2. √　3. ×　4. ×　5. ×　6. ×　7. √　8. ×　9. ×　10. √

六、简答

1. 脂溶性和水溶性维生素的体内代谢各有何特点？

答：脂溶性维生素不溶于水，溶于脂肪及脂溶剂，在食物中多与脂类共存，故在肠道的吸收与脂类有密切关系。在血液中与脂蛋白或特殊结合蛋白质结合运输，超过生理需要量时，在体内大多储存于肝，其排泄主要是通过胆汁由粪便排出。水溶性维生素溶于水，不溶于脂溶剂，吸收与运输无特殊特点，在组织中多以功能形式存在，体内一般不储存，超过机体生理需要量时，可由尿排出。

2. 维生素分类的依据是什么？每类包含哪些维生素？

答：根据它们的溶解性质将其分为脂溶性维生素和水溶性维生素两大类。脂溶性维生素溶于非极性溶剂，包括维生素 A、维生素 D、维生素 E、维生素 K。水溶性维生素溶于水，包括 B 族维生素和维生素 C。

3. 引起维生素缺乏症的原因有哪些？

答：引起维生素缺乏症常见的原因有：（1）维生素的摄入量不足；（2）机体的吸收利用率降低；（3）食物以外的维生素供给不足；（4）机体对维生素的需要量增加。

4. NAD^+、$NADP^+$ 是何种维生素的衍生物？作为何种酶类的辅酶？在催化反应中起什么作用？

答：NAD^+、$NADP^+$ 是维生素 PP 的衍生物。作为脱氢酶类的辅酶参与氧化还原反应，在反应中做氢和电子的受体或供体，起着递氢、递电子的作用。

5. 试述维生素与辅酶、辅基的关系？

答：维生素既不是构成组织细胞的原料，也不是体内的能源物质。很多维生素是在体内转变为辅酶或辅基，参与物质的代谢调节。所有 B 族维生素都是以辅酶或辅基的形式起作用的，但是辅酶或辅基则不一定都是由维生素组成的，如细胞色素氧化酶的辅基为铁卟啉，辅酶 Q 不是维生素等。

6. 维生素 B_6 包括哪些物质？有何生理功能？

答：维生素 B_6 包括吡哆醇、吡哆醛、吡哆胺三种物质，它们都是吡啶的衍生物。维生素 B_6 在体内以磷酸酯形式存在，参与代谢反应的主要是磷酸吡哆醛和磷酸吡哆胺，二者在体内可以相互转化。它们在氨基酸代谢中作为转氨酶、脱羧酶、消旋酶的辅酶起作用。

7. 维生素 C 为何又称抗坏血酸？有何生理功能？

答：维生素 C 能够防治坏血症，所以又称抗坏血酸。维生素 C 通过自身的氧化和还原性在生物氧化过程中作为氢的载体，激活脯氨酸羟化酶，促进组织及细胞间黏合物质——胶原蛋白的合成，因此维生素 C 对伤口愈合、骨质钙化、增加微血管壁致密性及减低其脆性等方面有重要作用；维生素 C 可以使被重金属离子结合的巯基酶类还原为—SH，达到解毒的效果；增强人体对疾病的抵抗力；帮助色氨酸及无机铁的吸收利用；还能促进叶酸转化为四氢叶酸。

8. 治疗恶性贫血病时，为什么使用维生素 B_{12} 针剂？

答：由于缺乏维生素 B_{12} 而患恶性贫血病的患者，大多数不是因为食物中维生素 B_{12} 的含量不足，而是因为不能很好吸收维生素 B_{12} 所致。故用维生素 B_{12} 治疗这种疾病时应该注射针剂，若口服则由于不能吸收而无效。

9. 维生素 E 有何生理功能？

答：维生素 E 是人体内的一种强抗氧化剂，可保护细胞免受自由基的危害，抑制细胞内和细胞膜上的脂类不被氧化，还可与过氧化物反应，使其转变为对细胞无毒害的物质。作为抗氧化剂，维生素 E 的存在也能防止维生素 A、维生素 C 的氧化，保证它们在体内的营养功能。维生素 E 还能促进毛细血管增生，改善微循环，可防止动脉粥样硬化和其他心血管疾病，具有预防血栓发生的效能。维生素 E 还与性器官的成熟和胚胎的发育有关。近年来，还发现维生素 E 有抗癌作用，能预防胃、皮肤、乳腺癌的发生和发展。

10. TPP 是何种维生素的衍生物？是什么酶的辅酶？

答：维生素 B_1 进人体内后，被磷酸化生成焦磷酸硫胺素（TPP^+）。维生素 B_1 以 TPP^+ 的形式作为 α-酮酸氧化脱羧酶及转酮基酶的辅酶，在丙酮酸、α-酮戊二酸的氧化脱羧反应中起重要作用。

第八章　练习答案

一、名词解释

自由水：又称游离水，是指那些没有被非水物质化学结合的水，主要是通过一些物理作用而滞留的水。

结合水：又称束缚水，它存在于植物细胞内，与谷物内部的亲水胶体物质以氢键的形式结合的水。

谷物平衡水分：在一定温度和空气相对湿度的条件下，当谷物从周围环境中吸收水分的速率与谷物从周围环境中散失水分的速率相等时，则谷物子粒湿度与外界空气湿度处于动态平衡，这时谷物所含的水分，叫做谷物平衡水分。

平衡相对湿度：与谷物周围空气相平衡的相对湿度叫做平衡相对湿度。

粮食安全水分：是指在常规储藏条件下，粮食能够在当地安全度夏而不发热、霉变的水分值。

水分活度：是指谷物或食品的水蒸气分压（P）与同温度纯水的饱和蒸汽压 P_0 之比，其数值在 $0\sim1$ 之间。

矿物质：即无机物，是谷物中除去碳、氢、氧、氮四种元素以外的其他元素的统称。

常量元素：人体中矿物质含量在 0.01% 以上的称为常量元素或大量元素，如钙、磷、硫、钾、钠、氯、镁七种元素。

微量元素：含量在 0.01% 以下的称为微量元素或痕量元素，如铁、锌、铜、碘、锰等。

灰分：即矿物质，谷物经过高温灼烧后发生一系列变化，有机成分挥发逸去，而无机物大部分以氧化物的形式存在于灰分中，因此矿物质又称为灰分。

二、单项选择

1. A　2. B　3. D　4. C　5. A　6. A　7. A　8. B　9. C　10. B

三、多项选择

1. ACD　2. CD　3. ABC　4. ABCD　5. ABCD　6. BD　7. ACD　8. BD　9. ABCD　10. AC

四、填空

1. 自由水；结合水

2. 氢键；范德华力；静电作用

3. $A_w=P/P_0$；$A_w=ERH/100$

4. 细菌；酵母菌；霉菌

5. 常量元素；微量元素；0.01%

6. 碘；甲状腺肿大

7. 必需元素；非必需元素；有毒元素

8. 钠；钾；氯

9. 钙；血红素铁；非血红素铁；缺铁性贫血

10. 毛细管力；氢键

五、判断题

1. ×　2. √　3. ×　4. ×　5. ×　6. ×　7. √　8. √　9. ×　10. ×

六、简答

1. 矿物质的概念与分类。

答：矿物质即无机物，是谷物中除去碳、氢、氧、氮四种元素以外的其他元素的统称。由于谷物经过高温灼烧后发生一系列变化，有机成分挥发逸去，而无机物大部分以氧化物的形式存在于灰分中，因此又称为灰分。按矿物质元素在人体内的含量和人体对膳食中矿物质的需要量，可将矿物质分为两大类：即常量元素和微量元素。

2. 简述矿物质在体内的作用。

答：矿物质的主要功能有：（1）是人体诸多组织的构成成分；（2）调节机体生理机能：保持机体的酸碱平衡；维持组织细胞的渗透压；维持神经、肌肉兴奋和细胞膜透性；各种酶的激活剂或组成成分，直接或间接影响新陈代谢的进行。

3. 什么是常量元素和微量元素，并举例。

答：人体中矿物质含量在 0.01% 以上的称为常量元素或大量元素，如钙、磷、硫、钾、钠、氯、镁七种元素；含量在 0.01% 以下的称为微量元素或痕量元素，如铁、锌、铜、碘、锰等。

4. 自由水和结合水有何区别？

答：（1）首先结合水的量与有机分子的极性集团的数量有比较固定的比例关系。

（2）结合水的蒸气压比自由水低得多，所以在一般温度下结合水不能从食品中分离出来。

（3）结合水的沸点高于一般水，而冰点却低于一般水。

（4）自由水能为微生物所利用而结合水不能。

5. 简述钙的缺乏症状及强化方法。

答：缺乏症：对儿童会造成骨质生长不良和骨化不全，会出现囟门晚闭、出牙晚、"鸡胸"或佝偻病，成年人则患软骨病，易发生骨折并发生出血和瘫痪等疾病。食物中钙的来源以乳及乳制品为最好，不但其含量丰富，吸收率也高。豆类和油料种子含钙较多，谷类含钙量较少，且谷类含植酸较多，钙不易吸收。

6. 简述磷的主要生理功能及含磷丰富的食物有哪些。

答：磷除了组成骨骼和牙齿外，还以有机磷的形式存在于细胞核和肌肉中，参与氧化磷酸化过程，形成高能磷酸化合物——ATP（三磷酸腺苷）储存能量，供生命活动所需。同时磷是酶的重要成分，调节机体酸碱平衡。磷普遍存在于各种动植物食品中，食物中以豆类、花生、肉类、核桃、蛋黄中磷的含量比较丰富。但谷类及大豆中的磷主要以植酸盐形式存在，不易被人体消化。

7. 什么是水分活度？为什么要研究水分活度？

答：水分活度是指食品中水分存在的状态，是谷物或食品的水蒸气分压（P）与同温度纯水的饱和蒸汽压 P_0 之比，其数值在 0～1 之间。由于不同种类的谷物之间水分含量的高低并不能表明谷物或食品是否能安全储藏，因为不同种类的谷物中各种化学成分的含量不同，所以谷物或食品的水分含量多少不能正确表示出谷物储藏的安全性，必须用"水分活度"来衡量谷物或食品中自由水的含量，以便正确表示谷物或食品能否安全储藏。

8. 粮食安全水分的概念与影响因素。

答：粮食安全水分是指在常规储藏条件下，粮食能够在当地安全度夏而不发热、霉变的水分值。粮食的安全水分不仅与粮食的种类有关，同时也受温度的影响。因地区气温的差异，粮食安全水分也各异，南方地区气温高于北方地区，故储粮安全水分一般低于北方。

9. 简述水分活度与微生物生长繁殖的关系。

答：不同的微生物在谷物中繁殖时，都有它最适宜的水分活度范围，细菌最敏感，其次是酵母菌和霉菌。一般情况下 $A_w < 0.90$ 时，细菌不能生长繁殖；$A_w < 0.87$ 时，大多数酵母菌生长繁殖受到抑制；$A_w < 0.8$ 时，大多数霉菌不能生长。水分活度低于 0.50 时，一切微生物都不能生长繁殖。

10. 简述稻谷含水量对稻谷制米加工过程中的影响。

答：稻谷含水量对稻谷制米加工的影响很大。水分过高，会造成筛理困难，影响清理效果；会使子粒强度降低，碎米增加，出米率降低；还会增加碾米机的动力消耗，增加成本。水分过低，使稻谷子粒发脆，也容易产生碎米，降低出米率。

第九章　练习答案

一、名词解释

有氧呼吸：是指活的粮油子粒在游离氧存在的条件下，通过一系列酶的催化作用，有机物质（葡萄糖）彻底氧化分解成 CO_2 和 H_2O，并释放能量的过程。

糖酵解途径：是指糖原或葡萄糖分子分解至生成丙酮酸的阶段，是体内糖代谢最主要的途径。

氧化酸败：油脂不饱和脂肪酸氧化生成过氧化物，之后过氧化物分解，生成低分子羰基化合物，如醛、酮、酸类物质，形成臭味。

水解酸败：脂肪在脱酰水解酶的作用下水解生成甘油和游离脂肪酸，造成粮食脂肪酸值增加。

粮堆发热：储粮生态系统中由于热量的集聚，使储粮（粮堆）温度出现不正常的上升或粮温该降不降反而上升的现象，称为粮堆发热。

谷物呼吸作用：是谷物内活的组织在酶和氧气的参与下将本身的储藏物质进行一系列的氧化还原反应，消耗 O_2，放出 CO_2 和 H_2O，同时释放能量的过程。

胚芽米：胚芽保留率达 80% 以上的符合大米等级标准的精米。由于它含有较多的胚芽，所以胚芽米中维生素 B_1、维生素 B_2、维生素 E 等含量较高，营养价值高。

大米食用品质：是指大米在米饭制作过程中所表现出的各种性能，以及食用时人体感觉器官对它的反映，如色泽、滋味、硬度等。

后熟作用：后熟期间，粮食的种用品质、工艺品质逐步改善的过程称之为后熟作用。

种子休眠：具有活力但停留在不能萌发或发芽困难的状态中。

二、单项选择

1. C　2. B　3. A　4. A　5. D　6. C　7. D　8. A　9. B　10. C

三、填空

1. 制米；制粉

2. 越高；越少；越高

3. 非还原；还原糖

4. 氧化酸败；水解酸败

5. α-淀粉酶；β-淀粉酶；异淀粉酶

6. 有氧呼吸；无氧呼吸

7. 甘油；游离脂肪酸

8. 6；6；38

9. 水分；温度；氧气供给；粮粒生理状态

10. 下降；升高；增加；减少；下降

四、简答

1. 试述影响谷物储藏稳定性的主要因素。

答：影响谷物储藏稳定性的主要因素：水分、温度、氧气、生理状态。

（1）水分。水分活动是影响储藏稳定性的第一要素。粮食在储藏过程中，由于水分存在的量及状态，在一定的条件下能使得粮食的品质下降和储藏稳定性下降。

（2）温度。在粮食储藏过程中，温度主要影响粮食本身的呼吸作用，同时影响粮食害虫的生长以及粮食微生物的生长。

（3）氧气的供给。谷物与寄附在谷物上的微生物所进行的有氧呼吸，一方面消耗 O_2，另一方面放出 CO_2，这一过程均受到供氧量的限制。呼吸作用越强，有机物质的损耗越大，造成粮食品质下降，甚至丧失利用价值。粮堆的呼吸作用是粮食、粮食微生物和储粮害虫呼吸作用的总和。

（4）生理状态。粮堆的呼吸强度也与其品质有关。实验证明，在控制温度、供氧与含水量的条件下，不健全的小麦种子呼吸强度显著大于健全的小麦种子。

2. 什么是粮堆发热？引起粮堆发热的主要原因是什么？

答：储粮生态系统中由于热量的集聚，使储粮（粮堆）温度出现不正常的上升或粮温该降不降反而上升的现象，称为粮堆发热。

粮堆发热是储粮生态系统内生物群落的生理活动与物理因子相互作用的结果。有害生物（微生物）的活动是造成储粮发热的重要因素

3. 试述谷物储藏过程中主要组分的变化。

答：（1）糖类。淀粉在储藏期间，其含量下降不明显。但随着储藏时间的延长，淀粉的性质发生改变，黏性下降，糊化温度升高，吸水率增加，碘蓝值明显下降。另外，非还原糖含量下降和还原糖含量增加。

（2）蛋白质。粮食在储藏过程中的蛋白质总含量基本保持不变，一旦发现变化即为变质。

（3）脂肪。在储藏过程中，粮食中脂类氧化水解。

（4）酶类。当粮食子粒活力丧失时，与呼吸作用有关的酶（如过氧化氢酶、过氧化物酶、谷氨酸脱羧酶和脱氢酶）活力降低。而水解酶类（如蛋白酶、淀粉酶、脂肪酶和磷脂酶）活性却增加。

（5）维生素。在正常储藏条件下，安全水分以内的谷物的维生素 B_1 的损失比高水分谷物要小得多。

（6）矿物质。谷物中的矿物质在储藏期间很少变化。

4. 引起粮堆水分变化的主要原因是什么？

答：一是谷物通过吸湿或散湿与仓湿、气湿进行水分交换；二是谷物、微生物等生物成分的代谢活动产生水汽使谷物水分发生变化，导致粮堆水分的分布不均匀。

5. 为什么谷物在低温条件下更易储藏？

因为低温可以有效抑制粮堆中生物体的生命活动，减少储粮的损失，延缓粮食陈化，特别是能使面粉、大米、油脂、食品等安全度夏，保鲜效果显著，同时不用或少用化学药剂，避免或减少了污染，保持储粮卫生。

6. 呼吸作用对谷物有什么影响？

答：（1）种子重量降低，品质下降。

（2）种子水分增加。

（3）种堆内气体成分发生变化。

（4）种子发热。

7. 什么是谷物的呼吸作用？呼吸作用的类型有几种？

答：呼吸作用是谷物内活的组织在酶和氧气的参与下将本身的储藏物质进行一系列的氧化还原反应，消耗 O_2，放出 CO_2 和 H_2O，同时释放能量的过程。谷物的呼吸作用有两种类型，即有氧呼吸与无氧呼吸。

8. 试述谷物在储藏过程中脂肪的变化。

答：谷物中脂类变化主要有两方面：一是氧化酸败，这是脂肪酸败的主要形式。油脂不饱和脂肪酸氧化生成过氧化物，之后过氧化物分解，生成低分子羰基化合物，如醛、酮、酸类物质，形成臭味。二是水解酸败。脂肪在脱酰水解酶的作用下水解生成甘油和游离脂肪酸，造成粮食脂肪酸值增加。

9. 影响种子呼吸强度的因素有哪些？

答：水分、湿度、通气、种子本身状态、化学物质、仓虫和微生物。

10. 试述谷物在储藏过程中糖类的主要变化。

答：粮食在储藏期间，非还原糖含量总是逐渐下降，而还原糖含量会逐渐上升。但还原糖含量上升到一定程度后又会下降。还原糖上升是由于淀粉水解之故，之后下降的原因是粮食自身和储粮微生物的呼吸消耗。还原糖上升再下降意味着储粮不稳定。

综合测试（一）答案

一、单项选择（每小题 1 分，共 20 分）

1. D 2. B 3. C 4. A 5. C 6. B 7. A 8. B 9. C 10. B 11. A 12. C 13. B 14. A 15. B 16. C 17. A 18. A 19. D 20. A

二、多项选择（每小题 1 分，共 10 分）

1. ABC 2. ACD 3. ABCD 4. AB 5. ABCD 6. ACD 7. AB 8. AB 9. ABCD 10. ABCD

三、名词解释（每小题 2 分，共 10 分）

1. 酶：酶是由生物体活细胞产生的具有特殊催化活性和特定空间构象的生物大分子，包括蛋白质和核酸，又称为生物催化剂。

2. 氨基酸的等电点：当调节氨基酸溶液的 pH，使氨基酸分子上的氨基和羧基的解离度完全相等时，即氨基酸所带净电荷为零，在电场中既不向阴极移动也不向阳极移动，此时氨基酸所处溶液的 pH 值称为该氨基酸的等电点，用 pI 表示。

3. 原粮：是指收获后尚未经过加工的粮食的统称。

4. 水分活度：是指谷物或食品的水蒸气分压（P）与同温度纯水的饱和蒸汽压 P_0 之比，其数值在 0~1 之间。

5. 盐析：向蛋白质溶液中加入高浓度的中性盐致使蛋白质溶解度降低而从溶液中析出的现象，称为盐析。

四、填空（每空 1 分，共 20 分）

1. 两性离子；最小

2. 有机溶剂；水

3. 单纯蛋白酶；结合蛋白酶；酶蛋白；辅助因子

4. 可逆抑制作用；不可逆抑制作用

5. α-淀粉酶；β-淀粉酶；异淀粉酶

6. 细菌；酵母菌；霉菌

7. 直链；支链

8. 脂溶性维生素；水溶性维生素

五、判断题（每小题 1 分，共 20 分）

1. ×　2. ×　3. √　4. √　5. ×　6. ×　7. ×　8. ×　9. ×　10. ×　11. √　12. √　13. ×　14. ×　15. ×　16. ×　17. ×　18. ×19. √　20. √

六、简答（每小题 5 分，共 20 分）

1. 什么是蛋白质变性？引起蛋白质变性的因素有哪些？

答：天然蛋白质受到外界各种理化因素的影响后，其分子内部原有结构被破坏，多肽链按特定方式折叠卷曲的有序状态展开成松散的无规则排列的长链，导致蛋白质的理化性质和生物学性质都有所改变，但并不导致蛋白质一级结构的破坏，这种现象叫蛋白质变性作用。引起蛋白质变性的因素很多，物理因素有高温、高压、剧烈振荡、X 射线和紫外线等；化学因素如强酸、强碱、尿素、重金属盐、三氯乙酸、浓乙醇等都能使蛋白质变性。

2. 酶催化作用的特点是什么？

答：（1）酶催化的高效性；（2）酶催化的高度专一性；（3）酶催化的反应条件温；（4）酶活性受到调节和控制；（5）酶的催化活性与辅酶、辅基和金属离子有关。

3. 什么是谷物的呼吸作用？呼吸作用的类型有几种？

答：呼吸作用是谷物内活的组织在酶和氧气的参与下将本身的储藏物质进行一系列的氧化还原反应，消耗 O_2，放出 CO_2 和 H_2O，同时释放能量的过程。

谷物的呼吸作用有两种类型，即有氧呼吸与无氧呼吸。

4. 什么是必需脂肪酸？人体所需的必需脂肪酸有哪些？

答：必需脂肪酸是指机体生命活动必不可少，但机体自身又不能合成，必须由食物供给的多不饱和脂肪酸。包括亚油酸、亚麻酸、花生四烯酸。

综合测试（二）答案

一、单项选择（每小题 1 分，共 20 分）

1. B 2. C 3. A 4. A 5. A 6. A 7. A 8. C 9. B 10. A 11. B 12. A 13. C 14. B 15. A 16. B 17. D 18. B 19. D 20. A

二、多项选择（每小题 1 分，共 10 分）

1. AC 2. ABC 3. ABCD 4. ABC 5. BCD 6. AD 7. ABCD 8. CD 9. AD 10. ACD

三、名词解释（每小题 2 分，共 10 分）

1. 酶的活性中心：酶分子中直接与底物结合并催化底物发生化学反应的部位称为酶的活性中心。

2. 糖类：是多羟基醛类或多羟基酮类化合物及其缩聚物和某些衍生物的总称。

3. 油脂酸败：油脂及含油脂较多的食物在空气、光线、温度、金属离子、微生物等多种因素的影响下，分解成具有臭味的小分子醛、酮、酸的现象。

4. 淀粉的糊化：干淀粉悬于水中并加热时，淀粉粒吸水溶胀并发生破裂，淀粉分子进入水中形成半透明的胶悬液，同时失去晶态和双折射性质，这个过程称为糊化。

5. 蛋白质变性：蛋白质的变性作用是指蛋白质受到外界物理或化学因素的作用，使蛋白质的物理性质、化学性质和生物学性质改变，这个过程就称为变性作用。

四、填空题（每空 1 分，共 20 分）

1. 氨基酸

2. 蛋白质；氧化还原酶；转移酶；水解酶；裂合酶；异构酶；合成酶

3. 内切；α-1,4；外切；α-1,4

4. 皮层；胚乳；胚

5. 非还原糖；还原糖

6. 常量元素；微量元素；0.01%

五、判断题（每小题 1 分，共 20 分）

1. × 2. √ 3. √ 4. √ 5. × 6. × 7. √ 8. √ 9. × 10. √ 11. × 12. × 13. × 14. × 15. √ 16. × 17. √ 18. × 19. √ 20. √

六、简答（每小题 5 分，共 20 分）

1. 什么是必需氨基酸？分别有哪几种？

答：必需氨基酸是指人体生长发育和维持氮平衡所必需的，体内不能自行合成，必须由食物中摄取的氨基酸。人体所需的必需氨基酸包括赖氨酸、苯丙氨酸、缬氨酸、蛋氨酸、色氨酸、亮氨酸、异亮氨酸和苏氨酸 8 种。

2. 简述结合水与自由水的区别。

答：（1）首先结合水的量与有机分子的极性集团的数量有比较固定的比例关系。

（2）结合水的蒸汽压比自由水低得多，所以在一般温度下结合水不能从食品中分离出来。

（3）结合水的沸点高于一般水，而冰点却低于一般水。

（4）自由水能为微生物所利用而结合水不能。

3. 简述温度和 pH 值对酶活性的影响。

答：（1）温度对酶促反应的影响有两个方面：一方面，随着温度的升高，活化分子数增多，酶促反应速率加快；另一方面，随着温度升高，酶蛋白逐渐变性失活，反应速率随之降低。因此，在低温范围，随着温度升高，酶促反应速率加快，当温度升到一定限度时，温度继续增加，酶促反应速率反而下降。

（2）在一定条件下，能使酶发挥最大活性的 pH 称为酶的最适 pH。偏离最适 pH 越远，酶的活性就越低。

4. 简述谷物在储藏过程中脂肪的变化。

答：谷物中脂类变化主要有两方面：一是氧化酸败，这是脂肪酸败的主要形式。油脂不饱和脂肪酸氧化生成过氧化物，之后过氧化物分解，生成低分子羰基化合物，如醛、酮、酸类物质，形成臭味。二是水解酸败。脂肪在脱酰水解酶的作用下水解生成甘油和游离脂肪酸，造成粮食脂肪酸值增加。

综合测试（三）答案

一、单项选择（每小题 1 分，共 20 分）

1. B 2. C 3. A 4. D 5. B 6. B 7. B 8. B 9. D 10. D 11. C 12. B 13. A 14. A 15. D 16. C 17. D 18. B 19. B 20. D

二、多项选择（每小题 1 分，共 10 分）

1. BCD 2. ACD 3. ABCD 4. AB 5. AB 6. ABD 7. ACD 8. AD 9. ACD 10. ABCD

三、名词解释（每小题 2 分，共 10 分）

1. 酸价：是中和 1g 油脂中的游离脂肪酸所需要的氢氧化钾的毫克数。

2. 米氏常数：K_m 值是指反应速度达到最大反应速度一半时的底物浓度。

3. 蛋白质的一级结构：蛋白质分子中氨基酸的组成、连接方式以及氨基酸在多肽链中的排列顺序。

4. 维生素：维生素是维持人和动物机体健康所必需的一类低分子有机化合物，它们不能在体内合成，或者所合成的量难以满足机体的需要，所以必须由食物供给。

5. 粮食安全水分：是指在常规储藏条件下，粮食能够在当地安全度夏而不发热、霉变的水分值。

四、填空题（每空 1 分，共 20 分）

1. 甘油；脂肪酸

2. D-葡萄糖；β-1,4 糖苷键

3. 竞争性抑制；非竞争性抑制；反竞争性抑制

4. 增大；盐溶；减小；沉淀；盐析

5. 酶促反应速度；底物浓度

6. 单糖；低聚糖；多糖

7. 蓝紫；脯氨酸；羟脯氨酸

五、判断题（每小题 1 分，共 20 分）

1. √ 2. √ 3. × 4. × 5. √ 6. × 7. × 8. √ 9. × 10. √ 11. ×
12. × 13. × 14. × 15. × 16. √ 17. × 18. × 19. × 20. ×

六、简答（每小题 5 分，共 20 分）

1. 何谓葡萄糖的构型？怎样决定为何种构型？

答：（1）所谓构型就是指分子内部手性碳原子所连接的原子或基团在空间排布的相对位置。

（2）凡葡萄糖分子中的第 5 个碳原子上的羟基在右面，都是 D 型葡萄糖，在左面的都是 L 型葡萄糖。实验证明天然存在的葡萄糖为右旋，属于 D 型构型，所以写成 D-（+）-葡萄糖。

2. 什么是蛋白质的等电点？在等电点时蛋白质具有哪些性质？

答：（1）蛋白质的等电点：与氨基酸类似，对某一蛋白质来说，在某一 pH 条件时，它所带的正电荷与负电荷恰好相等，即净电荷为零，在电场中既不向阳极移动，也不向阴极移动，此时溶液的 pH 称为蛋白质的等电点。

（2）蛋白质在等电点时的特性：蛋白质在等电点条件下，蛋白质的溶解度、黏度、渗透压和溶胀能力降到最低。

3. 在观察粮粒剖面时，为什么有些子粒或子粒的某些部分是不透明或粉质的，有些是玻璃质的？

答：这是因为糙米的胚乳有角质和粉质之分。胚乳中的淀粉细胞腔中充满着晶状的淀粉粒，在淀粉的间隙中填充有蛋白质。若填充的蛋白质较多时，其胚乳结构紧密，组织坚实，米粒呈透明状，称为角质胚乳。如果填充的蛋白质较少，淀粉粒之间有空隙，则胚乳组织松散而成粉状，使子粒呈现不透明或粉质，为粉质胚乳。

4. 维生素有哪些共同特点？

答：（1）维生素是维持人体健康和生长发育所必需的一类低分子有机化合物。

（2）绝大多数维生素不能在体内合成，必须由食物供给。

（3）维生素参加机体的代谢作用，但不能提供能量。

参 考 文 献

[1] 佘纲哲. 粮食生物化学. 北京：中国商业出版社，1987.
[2] 李敏. 粮食生物化学. 北京：中国财政经济出版社，2002.
[3] 李晓华. 生物化学. 北京：化学工业出版社，2005.
[4] 天津轻工业学院、无锡轻工业学院合编. 食品生物化学. 北京：中国轻工业出版社，2005.
[5] 李丽娅. 食品生物化学. 北京：高等教育出版社，2006.
[6] 潘宁. 食品生物化学. 北京：化学工业出版社，2006.
[7] 靳利娥，刘玉香，秦海峰等. 生物化学基础. 北京：化学工业出版社，2007.
[8] 李凤林等. 食品营养学. 北京：化学工业出版社，2009.
[9] 于国萍，吴非主. 谷物化学. 北京：科学出版社，2010.
[10] 国娜. 粮油质量检验. 北京：化学工业出版社，2011.
[11] 国娜. 粮食生物化学. 北京：化学工业出版社，2013.